Carolin Bahr

Realdatenanalyse zum Instandhaltungsaufwand öffentlicher Hochbauten

Ein Beitrag zur Budgetierung

**Karlsruher Reihe
Bauwirtschaft, Immobilien und Facility Management
Band 2**

Universität Karlsruhe (TH), Institut für Technologie und
Management im Baubetrieb

Hrsg. Prof. Dr.-Ing. Dipl.-Wi.-Ing. Kunibert Lennerts

Eine Übersicht über alle bisher in dieser Schriftenreihe erschienenen Bände
finden Sie am Ende des Buchs.

Realdatenanalyse zum Instandhaltungsaufwand öffentlicher Hochbauten

Ein Beitrag zur Budgetierung

von
Carolin Bahr

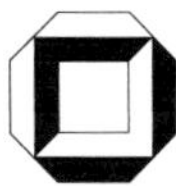

universitätsverlag karlsruhe

Die Arbeit wurde mit dem Immobilien-Forschungspreis 2008
der Gesellschaft für Immobilienwirtschaftliche Forschung e.V. (gif) ausgezeichnet.

Dissertation, genehmigt von der Fakultät für
Bauingenieur-, Geo- und Umweltwissenschaften
der Universität Fridericiana zu Karlsruhe (TH)
Tag der mündlichen Prüfung: 28. April 2008
Referenten: Prof. Dr.-Ing. Dipl.-Wi.-Ing. Kunibert Lennerts,
Prof. Dr. Hans-Rudolf Schalcher

Impressum

Universitätsverlag Karlsruhe
c/o Universitätsbibliothek
Straße am Forum 2
D-76131 Karlsruhe
www.uvka.de

Universitätsverlag Karlsruhe 2008
Print on Demand

ISSN: 1867-5867
ISBN: 978-3-86644-303-7

Vorwort des Herausgebers

Bei der vorliegenden Arbeit von Dipl.-Ing. Carolin Bahr handelt es sich um die erste Dissertation, die am Institut für Technologie- und Management im Baubetrieb seit dessen Gründung im Jahre 1967 von einer Frau erstellt wurde. Es handelt sich darüber hinaus um eine sehr fundierte Promotion die im Rahmen des an der Professur für Facility Management laufenden Forschungsprojektes BEWIS (Optimierte Bewirtschaftungsstrategie zum Werterhalt von Bestandsimmobilien) entstanden ist.

Für Sie als Leser hat die Arbeit von Frau Bahr eine erhebliche Bedeutung, da Sie durch die Lektüre verstehen können, welcher Handlungsbedarf im Bereich der Instandhaltung von Gebäuden insbesondere der Budgetierung der dafür notwendigen Mittel besteht. Frau Bahr ist es gelungen ein innovatives Berechnungsverfahren zu entwickeln, das es ermöglicht das Budget zur Instandhaltung öffentlicher Hochbauten erstmals belastbar zu bestimmen. Neben der Validierung bisheriger Budgetierungsansätze konnte Frau Bahr mit Hilfe einer Realdatenanalyse von 17 Immobilien die maßgeblichen kostenbestimmenden Parameter und deren Auswirkung auf die Höhe der Instandhaltungskosten bestimmen und hierauf aufbauend das Berechnungsverfahren PABI (praxisorientierte, adaptive Budgetierung von Instandhaltungsmaßnahmen) schrittweise entwickeln. Das Verfahren unterscheidet aufgrund der neuartigen Erkenntnis, dass die Kosten für regelmäßige bzw. außerordentliche Instandhaltungsmaßnahmen durch unterschiedliche Parameter beeinflusst werden, zwischen diesen beiden Maßnahmenarten. Insgesamt ist es für die Instandhaltungsverantwortlichen der öffentlichen Hand ein wichtiges Hilfsmittel, um die für die Instandhaltung von Gebäuden anfallenden Kosten prospektiv zu ermitteln und die notwendigen Mittel zum richtigen Zeitpunkt gezielt bereitzustellen.

Sowohl seitens der Wissenschaft als auch seitens der Praxis besteht ein enormes Interesse an der Arbeit von Frau Bahr, welches durch die zahlreichen nationalen und internationalen Veröffentlichungen ihrer Ergebnisse sowie Kongressvorträge unterstrichen wird.

Kunibert Lennerts

Vorwort des Verfassers

Die vorliegende Arbeit entstand während meiner Tätigkeit als wissenschaftliche Mitarbeiterin am Institut für Technologie und Management im Baubetrieb / Abteilung Facility Management im Rahmen des Forschungsprojekts BEWIS („Optimierte Bewirtschaftungsstrategie zum Werterhalt von Bestandsimmobilien"). Für die finanzielle Unterstützung der Landesstiftung Baden-Württemberg bedanke ich mich hier ausdrücklich. Darüber hinaus bedanke ich mich insbesondere bei den Immobilienbesitzern für die Bereitstellung der notwendigen Daten.

Dem Hauptreferenten, Herrn Professor Dr.-Ing. Dipl.-Wi.-Ing. Kunibert Lennerts danke ich sehr herzlich für das mir entgegengebrachte Vertrauen, seine vielfältigen Anregungen sowie seine Diskussionsbereitschaft, welches zum Gelingen der Arbeit maßgeblich beigetragen hat.

Herrn Professor Dr. Hans-Rudolf Schalcher danke ich für die Übernahme des Korreferats, die gründliche Durchsicht meiner schriftlichen Ausarbeitung sowie für das sehr schnelle und zielführende Feedback das eine wertvolle Unterstützung dieser Arbeit war.

Herrn Professor Dr.-Ing. H.S. Müller danke ich für die spontane Übernahme des Prüfungsvorsitzes. Auch Herrn Prof. Dr.-Ing. habil. Thomas Lützkendorf sowie Frau Professor Dr. rer. nat. Liselotte Schebek danke ich für ihr Mitwirken am Promotionsverfahren und den Gedankenaustausch sowie die reibungslose Vereinbarung und Einhaltung des Disputationstermins.

Mein besonderer Dank gilt meinem Verlobten, der mich stets motiviert und aufgebaut hat, sich immer viel Zeit für sehr konstruktive Diskussionen genommen hat, die Arbeit sowohl inhaltlich als auch formal präzise überprüft und maßgebliche Impulse zum Gelingen dieser Arbeit gegeben hat und darüber hinaus immer viel Geduld und Verständnis hatte.

Ganz besonders danke ich natürlich meinen lieben Eltern für die uneingeschränkte und liebevolle Unterstützung über all die Jahre, die es mir ermöglicht hat diesen Weg zu gehen.

Für die sehr sorgfältige Durchsicht des Manuskriptes bedanke ich mich insbesondere bei Nadine Castellano wie auch bei Anja Uhlig und Sascha Gentes.

Für das ausgezeichnete Arbeitsklima und auch die fachlichen Diskussionen bedanke ich mich bei meinen Kollegen, insbesondere bei meinem Zimmerkollegen und Projektpartner Uwe Pfründer.

Carolin Bahr

Zusammenfassung

Trotz der großen wirtschaftlichen Bedeutung der Gebäudeinstandhaltung stehen Immobilienbesitzern derzeit keine ausgereiften Hilfsmittel zur Planung des Instandhaltungsbudgets zur Verfügung. Aufgrund zahlreicher Einflüsse und langfristiger Effekte sind pauschale Lösungsansätze nicht möglich. Für Instandhaltungsverantwortliche in der Praxis erweist sich dies als großes Problem. Aufgrund der fehlenden Kenntnis hinsichtlich des tatsächlichen Instandhaltungsbedarfs sowie der kostenrelevanten Faktoren, wird bei der Bestimmung des jährlichen Instandhaltungsbudgets oft auf Vorjahreswerte zurückgegriffen. Aufgrund mangelnder Transparenz fehlt das Verständnis und die Akzeptanz hinsichtlich der Notwendigkeit von Instandhaltungsmaßnahmen, was wiederum häufig zu einer Kürzung des Budgets führt. Die fehlenden Mittel haben zur Folge, dass notwendige Instandhaltungsmaßnahmen häufig nicht durchgeführt werden können und führen somit zu einem Substanzverlust der Immobilien. Angesichts der beschränkten Mittel von Bund, Länder und Kommunen in den vergangenen Jahren ist dies insbesondere bei öffentlichen Gebäuden ein Problem. Bei der Vergabe von Mitteln nimmt die fundierte Bemessung der für die Instandhaltung notwendigen Ausgaben einen zentralen Stellenwert ein. Vor diesem Hintergrund ist es Ziel der Arbeit, ein Berechnungsverfahren zu entwickeln, das es Instandhaltungsverantwortlichen der öffentlichen Hand ermöglicht, das zur Instandhaltung ihres Immobilienportfolios notwendige Budget rational und belastbar zu bestimmen.

Im Rahmen dieser Arbeit werden bisher verwendete Ansätze zur Ermittlung des für die Instandhaltung notwendigen Budgets vorgestellt und diskutiert. Mit Hilfe der Analyse von 17 Immobilien mit vollständiger Gebäude- und Maßnahmendokumentation werden diese hinsichtlich der Genauigkeit des damit berechneten Budgets und der Einsetzbarkeit in der Praxis validiert. Hierfür wird das zur Instandhaltung notwendige Budget durch die Verwendung der bisherigen Budgetierungsverfahren theoretisch berechnet und den tatsächlichen Instandhaltungsaufwendungen der analysierten Immobilien gegenübergestellt. Die Analyse zeigt, dass die bisherigen Verfahren zur Budgetierung den realen Anforderungen der Immobilien nicht gerecht werden, wobei die Höhe der für die Instandhaltung notwendigen Mittel von verschiedenen Institutionen sehr unterschiedlich eingeschätzt und bemessen wird.

Aufgrund zahlreicher Faktoren, die auf die Immobilie einwirken und deren Einfluss von den

Institutionen unterschiedlich berücksichtigt oder gar vernachlässigt wird, weichen die Kosten-angaben teilweise um mehr als 200 % voneinander ab. Jedoch existieren derzeit keine wissen-schaftlich fundierten Kenntnisse hinsichtlich der kostenbestimmenden Parameter und deren Auswirkung auf die Höhe der Instandhaltungskosten. Vor diesem Hintergrund stellen die I-dentifizierung der maßgeblichen Faktoren und die fachgemäße Bewertung ihrer Einflusswir-kung auf die Höhe der Instandhaltungskosten einen wesentlichen Schwerpunkt dieser Arbeit dar. Basis hierfür bilden zunächst Angaben aus der Literatur. Diese werden mit Hilfe der Ana-lyse empirischer Daten aus den Fallbeispielen validiert und bewertet. Darüber hinaus wird überprüft, ob es Einflussfaktoren gibt, die in der Literatur bisher noch nicht erkannt wurden. Die Ergebnisse zeigen, dass die Einflussparameter und deren Auswirkungen auf die Höhe der Instandhaltungskosten von der Art der Maßnahme abhängen.

Aufgrund der unterschiedlichen kostenbeeinflussenden Faktoren ist im Rahmen der Budgetie-rung eine differenzierte Betrachtung von regelmäßigen Instandhaltungsmaßnahmen, wie zum Beispiel Wartungsarbeiten, Inspektionen oder Maßnahmen der Instandsetzung nach DIN 31051 und ausserordentlichen Instandhaltungsmaßnahmen, wie zum Beispiel Maßnahmen der Verbesserung, erforderlich. Vor diesem Hintergrund wird im Rahmen dieser Arbeit ein zwei-geteiltes, analytisches Budgetierungsverfahren entwickelt, das es ermöglicht verschiedene Einflussfaktoren zu berücksichtigen. Das Verfahren kann den Anforderungen entsprechend skaliert werden und unterscheidet sich durch die Zweiteilung von den bisherigen Verfahren maßgeblich.

Summary

Building maintenance is of high economic importance. Nevertheless, building owners lack reliable methods for the planning of maintenance budgets. Due to the high number of relevant factors and long-term effects, global approaches are not possible. The calculation of budgets therefore constitutes a major challenge. As maintenance experts lack reliable information on the actual maintenance needs as well as all cost-determining factors, they often refer to last year's values when drawing up their annual maintenance budget. Intransparent cost forecasts then often lead to the refusal of maintenance activities and to reduced maintenance budgets. Lacking financial resources mean that necessary maintenance work cannot be carried out; the consequence is asset erosion. Due to the scarce financial means of the federal, state and local authorities over the past years, this problem severely affects the public building stock. For the allocation of maintenance budgets, reliable cost forecasts are of vital importance. This research aims at the development of a calculation method that enables maintenance experts at the public authorities to define the maintenance costs of their building portfolio in a rational and reliable manner.

This thesis presents and discusses several existing calculation methods for maintenance budgets. Based on the comprehensive building and maintenance data of 17 buildings, each method is validated regarding its practical use and the accuracy of the calculated budgets. These maintenance budgets are determined using the respective method and then compared to the real maintenance costs of the buildings. Analysis shows that the existing calculation methods fail to determine the real maintenance costs of the buildings; also, the different institutions calculated and used the necessary financial means in very different ways.

Due to the high number of influencing factors, which the institutions took into account differently or not at all, some of the costs calculated vary by over 200 %. At present, there is little scientific knowledge on the cost-relevant parameters and their influence on maintenance costs. One of the main aims of this thesis is therefore the identification and scientific analysis of the cost-determining factors and their influence. Data obtained from literature is validated and evaluated using empiric data from real-life cases. The thesis also analyses if further cost factors exist that have been neglected so far in literature. It becomes clear that the influencing parameters and their effect on maintenance costs depend on the type of maintenance measure.

Due to the different cost-determining factors, annual maintenance costs, e.g. preventive maintenance, service inspection or corrective maintenance according to DIN 31051, as well as one-off measures, e.g. improvements, need to be analysed separately. This research develops an analytical calculation method that is split into two parts and takes different influencing parameters into account. This leads to a completely new calculation method that varies considerably from known methods.

Inhaltsverzeichnis

Abbildungsverzeichnis

Abkürzungsverzeichnis

BauNVO	Baunutzungsverordnung
BG	Berechnungsgrundlage
BGF	Brutto-Grundfläche
BI	Baupreisindex
Bil.	Billion
BP	Bemessungsparameter
BRI	Brutto-Rauminhalt
bzw.	beziehungsweise
DIN	Deutsches Institut für Normung
FNW	Friedensneubauwert
G	Gewichtungsfaktor
GF	Grundfläche
HK	Herstellungskosten
I	Inspektion
IHK	Instandhaltungskosten
IPBau	Impulsprogramm Bau
IS	Instandsetzung
k.A.	keine Angabe
KF	Korrekturfaktor
KG	Kostengruppe
LCC	Life Cycle Costs/Costing
NF	Nutzfläche
NGF	Netto-Grundfläche
NKG	Nutzungskostengruppe
NVO	Nutzungsverordnung
OBB	Oberste Baubehörde im Bayerischen Staatsministerium des Innern
ÖNORM	Österreichische Norm vom Österreichischen Institut für Normung
ORH	Oberster Rechnungshof
SIA	Schweizerischer Ingenieur- und Architektenverein
SN	Schweizer Norm
TA	Technikanteil
V	Verbesserung
W	Wartung
WBW	Wiederbeschaffungswert
WF	Wohnfläche
WLC	Whole Life Cycle Costs
WSVO	Wärmeschutzverordnung

1 Einführung

1.1 Ausgangssituation und Problemstellung

Instandhaltungskosten stellen mit 25 – 30 % der Nutzungskosten bei Industriegebäuden neben den infrastrukturellen Dienstleistungen den größten Kostenblock dar [Helb00]. Dies kann zwar nicht ohne weiteres auf andere Immobilienarten übertragen werden, jedoch unterstreichen diese Zahlen die wirtschaftliche Bedeutung der Instandhaltung. Dennoch stehen Immobilienbesitzern derzeit noch keine ausgereiften Hilfsmittel zur Planung der Instandhaltungskosten zur Verfügung. Dabei ist Deutschland in Besitz eines enormen Gebäudebestandes: Das Bruttobauanlagevermögen beläuft sich 2007 auf über 10 Bil. €., wovon 5,7 Bil. € auf Wohnbauten und 4,3 Bil. € auf Nichtwohnbauten entfallen [dest07b]. Dieser Gebäudebestand verlangt nach einer umfassenden und zunehmend komplexen Instandhaltung. Nach Angaben des Bundeskreises Altbauerneuerung wurden im Jahr 2006 bei einem Bauvolumen von insgesamt 126,2 Mrd. € mehr als 60 % für den Gebäudebestand ausgegeben [BAKA07]. Während Architekten und Planern für die Planung und Berechnung der Herstellungskosten von Neubauten zahlreiche Hilfsmittel zur Verfügung stehen, liegen hinsichtlich der Berechnung der Baunutzungskosten und somit auch der Instandhaltungskosten von Bestandsbauten noch erhebliche Defizite vor [ifB01]. Aufgrund komplexer Zusammenhänge und Abhängigkeiten verschiedener Parameter nimmt die prospektive Berechnung von Instandhaltungskosten einer Immobilie eine besondere Stellung ein. Die Höhe der Instandhaltungskosten wird sowohl durch gebäudeabhängige Faktoren als auch durch nutzungs- und standortabhängige Parameter bestimmt. Darüber hinaus spielen weitere Faktoren wie zum Beispiel politische Einflüsse oder die Wahl der Instandhaltungsstrategie eine wichtige Rolle. Bislang liegen kaum quantifizierbare Informationen über Kosten für die Instandhaltung von Gebäuden vor. Darüber hinaus existieren keine fundierten und realitätsbezogenen Berechnungsmethoden zur Budgetierung von Instandhaltungskosten. Pauschale Lösungsansätze sind aufgrund der zahlreichen Einzeleinflüsse und langfristigen Effekte nicht möglich. In der Praxis erweist sich dies als großes Problem. Verantwortliche im Bereich der Instandhaltung stehen jedes Jahr von neuem vor der schweren Aufgabe das Budget für die Instandhaltung ihres Gebäudebestands zu ermitteln. Aufgrund der fehlenden Kenntnis über den tatsächlichen Instandhaltungsbedarf der Immobilien sowie über kostenrelevante Faktoren, wird meist auf Vorjahreswerte zurückgegriffen. Jedoch ist eine auf Vorjahreswerten basierende Budgetierung nur ungenau und hierdurch wenig glaubwürdig. Es mangelt entscheidend an der Transparenz hinsichtlich der Planung und Budgetierung der Instandhaltungsmaßnahmen und dadurch auch an deren Akzeptanz. Die Bedeutung der Instandhaltung bei größeren Immobilienbesitzern wie zum Beispiel der öffentlichen Hand wird ohnehin vielfach unterschätzt, sodass andere Bereiche häufig einen höheren Stellenwert einnehmen [HeKl04]. Insbesondere bei knappen finanziellen Ressourcen wird bei der Instandhaltung gespart, was häufig zu Kürzungen des Instandhaltungsbudgets führt [SpOs00]. Der Umfang des letztendlich genehmigten Instandhaltungsbudgets hängt bislang von weichen Faktoren wie zum Beispiel dem Verhandlungsgeschick des Verantwortlichen ab. Notwendige Instandhaltungsmaßnahmen können aufgrund nicht vorhandener finanzieller Mittel zum entsprechenden Zeitpunkt häufig nicht durchgeführt werden [KaOe03]. Aufgrund der beschränkten Mittel von Bund, Länder und Kommunen in den vergangenen Jahren, ist dies insbesondere bei öffentlichen Gebäuden ein Problem. Die Auswirkungen sind inzwischen in Form von maroden Gebäuden deutlich sichtbar. Diese Eindrücke bestätigen sich auch bei Betrachtung des Modernitätsgrades oder des Instandhaltungsrückstaus. Laut Angaben des Statistischen Bundesamts hat der Modernitätsgrad (Verhältnis von Brutto- zu Nettoanlagevermögen) der Immobilien der öffentlichen Hand innerhalb der letzten 15 Jahre um über 20 Prozent abgenommen [stat05]. Diese Entwicklungen erklären auch den vom Deutschen Institut für Urbanistik prognostizierten Investitionsbedarf von 686 Mrd. Euro bis zum Jahr 2009 [difu05].

Die aufgezeigte Ausgangssituation verdeutlicht, dass eine fundierte Bemessung der für die Instandhaltung notwendigen Mittel einen hohen Stellenwert bei der Mittelvergabe einnimmt. Somit wird die Dringlichkeit, sich intensiv mit dieser Thematik auseinander zu setzen augenscheinlich. Aus wissenschaftlicher Sicht besteht insbesondere bezüglich quantifizierbarer Angaben über die Kosten der Instandhaltung sowie hinsichtlich der Erforschung maßgeblicher Kosten beeinflussender Faktoren großer Handlungsbedarf. In der Praxis werden fundierte Kenntnisse über Instandhaltungskosten im Hochbau dringend benötigt.

1.2 Zielsetzung

Ziel dieser Arbeit ist die Entwicklung eines Berechnungsverfahrens, das es Instandhaltungs-verantwortlichen der öffentlichen Hand ermöglicht, das zur Instandhaltung ihres Immobilien-portfolios notwendige Budget rational und belastbar zu bestimmen. Ausgangsbasis bildet die Analyse von Realdaten. Das Berechnungsverfahren soll als Hilfsmittel für die prospektive Ermittlung der Instandhaltungskosten dienen und dazu beitragen, dass die finanziellen Mittel zur Instandhaltung der öffentlichen Gebäude zum richtigen Zeitpunkt gezielt veranschlagt werden können. Gelder, die bisher für eventuell anfallende Instandhaltungsmaßnahmen zu-rückgelegt wurden, sollen dadurch gezielt anderweitig verwendet werden können.

Zur Entwicklung des Verfahrens wird überprüft, ob auf bisherige Budgetierungsverfahren aufgebaut werden kann, oder ein komplett neuartiger Ansatz zur Berechnung der Instandhal-tungsmittel notwendig ist. Hieraus ergibt sich die Validierung bestehender Berechnungsver-fahren hinsichtlich ihrer Verwendungsmöglichkeit zur Budgetierung von Instandhaltungs-maßnahmen als untergeordnetes Ziel.

Um die Genauigkeit des berechneten Instandhaltungsbudgets gegenüber bisherigen Methoden zu erhöhen, sind bei der Entwicklung des Berechnungsverfahrens wesentliche Kosten beein-flussende Faktoren zu berücksichtigen. Vor diesem Hintergrund ist es ein weiteres Ziel dieser Arbeit, die wesentlichen Kostentreiber, die im Rahmen der Budgetierung der Instandhal-tungsmittel zu berücksichtigen sind, zu identifizieren und zu gewichten.

Das Berechnungsverfahren soll als Instrument zur Unterstützung der Verantwortlichen bei der Begründung der für die Instandhaltung notwendigen finanziellen Mittel dienen. Es soll ratio-nal und belastbar aufzeigen, warum welche Mittel zur Instandhaltung benötigt werden. Hier-durch soll eine Transparenz geschaffen werden, die das Vertrauen in das mit dem Verfahren ermittelte Budget seitens der Instandhaltungsverantwortlichen bei der öffentlichen Hand im Vergleich zu bisherigen Methoden erhöht und dessen Akzeptanz steigert. Mittelkürzungen, welche bei knapper Haushaltslage bisher bevorzugt bei der Instandhaltung durchgeführt wur-den, sollen durch das bessere Verständnis reduziert werden. Hierdurch sollen zum entschei-denden Zeitpunkt erforderliche Instandhaltungsmaßnahmen durchgeführt und der Wert des Gebäudebestandes langfristig erhalten werden.

Umgekehrt sollen finanzielle Mittel mit Hilfe des Budgetierungsverfahrens zielgerichtet eingeplant und zu hohe Rückstellungen vermieden werden.

1.3 Vorgehensweise

Die vorliegende Arbeit gliedert sich in folgende übergeordnete Kapitel:

1. Einführung

2. Theoretische Grundlagen

3. Verfahren zur Budgetierung von Instandhaltungsmaßnahmen

4. Validierung der Verfahren mit Hilfe von Fallbeispielen

5. Einflussfaktoren auf die Kosten der Instandhaltung

6. Entwicklung des Berechnungsverfahrens PABI

7. Fazit und Ausblick

Nach einer kurzen Beschreibung der Problemstellung sowie der Zielsetzung und dem erwarteten Nutzen dieser Arbeit im ersten Kapitel, werden im zweiten Kapitel zunächst die theoretischen Grundlagen hinsichtlich der im Rahmen der Instandhaltung notwendigen Begriffe erläutert. Begriffsverständnisse, die der Fachliteratur sowie der entsprechenden Normung zugrunde liegen, werden in diesem Abschnitt vorgestellt und diskutiert. Abschließend werden die im Rahmen dieser Arbeit gewählten Begriffsdefinitionen abgegrenzt und definiert.

In Kapitel 3 werden bestehende Verfahren zur Budgetierung von Instandhaltungsmaßnahmen im Hochbau vorgestellt sowie deren Vor- und Nachteile herausgearbeitet. Das Kapitel bildet die Grundlage für den späteren Vergleich mit den Realdaten der Fallbeispiele, sowie die hierauf aufbauende Entwicklung des neuen Berechnungsverfahrens. Hinsichtlich der existierenden Budgetierungsmethoden wird zwischen den kennzahlenorientierten, den wertorientierten sowie den analytischen Budgetierungsverfahren differenziert. Darüber hinaus wird die Möglichkeit der Budgetierung durch die Beschreibung des Gebäudezustandes vorgestellt. In diesem Zusammenhang werden jeweils die maßgeblichen Verfahren betrachtet. Mit Hilfe empirischer Instandhaltungsdaten von 17 realen Immobilien, die im Rahmen dieser Arbeit als Fallbeispiele exemplarisch analysiert werden, werden in Kapitel 4 die zuvor vorgestellten

Verfahren validiert und hinsichtlich der beiden Kriterien „Praxistauglichkeit des Verfahrens" und „Genauigkeit des berechneten Budgets" bewertet.

In Kapitel 5 wird der Einfluss maßgeblicher Parameter auf die Höhe der Instandhaltungskosten analysiert. Differenziert wird hierbei zwischen gebäudeabhängigen sowie nutzungs- und standortabhängigen Einflüssen. Diese werden zunächst aus theoretischer Sicht vorgestellt und diskutiert. Mit Hilfe der im Rahmen dieser Arbeit erhobenen Realdaten werden die tatsächlichen Auswirkungen dieser Parameter verifiziert und quantifiziert. Es wird überprüft, welche der festgestellten Einflussfaktoren im Rahmen der Budgetierung von Instandhaltungsmaßnahmen relevant sind und somit berücksichtigt werden müssen und welche der Faktoren keinen maßgeblichen Einfluss auf die Höhe der Instandhaltungskosten haben und deshalb vernachlässigt werden können.

Die letztendliche Entwicklung des Budgetierungsverfahrens mit dem Namen PABI (praxisorientierte, adaptive Budgetierung von Instandhaltungsmaßnahmen) im sechsten Kapitel baut auf den Erkenntnissen der beiden vorherigen Kapitel auf. Zur Berücksichtigung der identifizierten maßgeblichen Einflussparameter werden für die analysierten Fallbeispiele entsprechende Gewichtungsfaktoren entwickelt. Die Entwicklung des Verfahrens erfolgt insbesondere hinsichtlich der im Rahmen der Budgetierung notwendigen Genauigkeit sowie der für die Integration in den Planungsalltag der Instandhaltungsverantwortlichen erforderlichen Praxistauglichkeit. Der modulare Aufbau des Verfahrens ermöglicht den Immobilienbesitzern eine Skalierung der Rechengenauigkeit und somit auch des Erhebungsaufwandes.

Im abschließenden Kapitel 7 werden die im Rahmen dieser Arbeit gewonnenen Erkenntnisse kritisch beleuchtet und ein Ausblick hinsichtlich des weiteren Forschungsbedarfes im Bereich der Instandhaltung von Gebäuden gegeben.

2 Theoretische Grundlagen

Im Rahmen der Instandhaltung werden sowohl in der Praxis als auch in der Fachliteratur und der zugrunde liegenden Normung wichtige Begriffe nicht einheitlich verwendet. Für einen Sachverhalt werden mehrer Ausdrücke gebraucht und umgekehrt werden einem Begriff auch mehrere Bedeutungen zugeschrieben. Verwechslungen und Widersprüche sind die Folge. Es stellt sich die Frage, warum sich das entsprechende Vokabular noch nicht im allgemeinen Sprachgebrauch verankert hat. Die Antwort wird durch die noch sehr jungen Entwicklungen im Bereich der Erhaltung des Gebäudebestandes gegeben. Während der Schwerpunkt der Baumaßnahmen einst auf dem Neubau von Gebäuden lag, geht die Entwicklung heute hin zum Bauen im Bestand. Begriffe wie „Neubau" oder „Unterhaltung" und „Renovierung" waren früher zur Beschreibung der Bauprozesse ausreichend. Im Vergleich dazu ist heute eine differenziertere Beschreibung der wesentlich komplexen Aufgaben im Bereich der Instandhaltung erforderlich [Schr92]. Die Herausforderung liegt in der systematischen Einführung und der eindeutigen Beschreibung der „neuen" Begriffe, was bisher große Probleme bereitet hat. Es existieren zahlreiche Normen, Verordnungen, Richtlinien und Gesetze, die sich mit diesen Begriffsdefinitionen beschäftigen. Einige Beispiele sind nachfolgend aufgeführt:

- DIN 18960

- DIN 31051

- EN 13306

- SIA 469

- GEFMA-Richtlinie 122

- GEFMA-Richtlinie 108

- VDI-Richtlinie 2895

- Honorarordnung für Architekten und Ingenieure (HOAI)

- Richtlinien für die Durchführung von Bauaufgaben des Bundes (RBBau)

- II. Berechnungsverordnung (II. BV)

Um einen Überblick zu geben, werden im Folgenden die wichtigsten Definitionen dargestellt und gegenüber anderen Begriffen abgegrenzt.

2.1 Instandhaltungsdefinition vorhandener Normen und Richtlinien

2.1.1 Deutsches Institut für Normung / DIN 18960

Die erste Fassung der DIN 18960 trat im Jahr 1976 in Kraft. Seither wurde Sie zwei Mal überarbeitet, wobei die letzte Fassung vom März 2007 derzeit als Entwurf vorliegt. In den unterschiedlichen Fassungen wurden neben der Gliederung der Nutzungskosten auch die Inhalte sowie die Begriffe geändert. Der Titel und der jeweilige Erscheinungszeitpunkt der DIN 18960 lauten wie folgt:

- DIN 18960:1976-04: *Baunutzungskosten von Hochbauten;*
  Begriff, Kostengliederung [DIN76]

- DIN 18960:1999-08: *Nutzungskosten im Hochbau* [DIN99]

- DIN 18960:2007-03: *Nutzungskosten im Hochbau* (Entwurf) [DIN07]

Die verschiedenen Fassungen der DIN 18960 werden nachfolgend, beginnend mit der ältesten, kurz beschrieben.

DIN 18960:1976-04 [DIN76]: Baunutzungskosten von Hochbauten; Begriff, Kostengliederung

In der ersten Fassung der DIN 18960:1876-04 *Baunutzungskosten von Hochbauten* [DIN76] wurden Maßnahmen zum Werterhalt einer Immobilie der Kostengruppe 6 „Bauunterhaltungskosten" zugeordnet. Hierin waren sämtliche Maßnahmen zur Wiederherstellung des Sollzustandes von Gebäuden und Anlagen vereinigt. Der Begriff „Instandhaltung" nach DIN 31051 wurde bewusst nicht verwendet, da zu damaliger Zeit im Bauwesen der Ausdruck „Bauunterhaltung" wesentlich geläufiger war. Darüber hinaus schloss die Instandhaltung nach DIN 31051 auch Maßnahmen aus der Kostengruppe 5, den Betriebskosten mit ein. Unter 5.5 wurde das „Bedienen" und unter 5.6. die „Wartung und Inspektion" separat aufgeführt [KöSc88]. Diese Kosten wurden entgegen den Bauunterhaltungskosten nach DIN 18960 als regelmäßige und jährlich gleich hohe Kosten betrachtet. Jedoch sind sowohl die Kostengruppe 6 als auch die Kostengruppen 5.5 und 5.6 auf die Alterung und den Verschleiß der Immobilie zurückzuführen, woraus auch gegenseitige Abhängigkeiten und Substitutionsmöglichkeiten resultieren. Beispielsweise könnten durch hohe Wartungsarbeiten Bauunterhaltungsmaßnahmen verringert werden und umgekehrt [SiSa80]. Vor diesem Hintergrund wurden in der DIN 31051 die Kostengruppen Wartung und Inspektion unter dem Begriff *Instandhaltung* zusammengefasst. Das Festhalten an der Trennung in DIN 18960 wurde zum einen dadurch begründet, dass die DIN 31051 vom Betreiben und Unterhalten eines Gebäudes aus „einer Hand" ausgeht. Dies traf zwar auf einige Bereiche der Wirtschaft sowie der Kommunen zu, jedoch sind in den Bauverwaltungen des Bundes und der Länder zum Teil Organisationen gewachsen, die eine Trennung erforderlich machte. Insbesondere bei hoch installierten Gebäuden, bei denen eigenes Personal zum „Bedienen" der Anlagen erforderlich sind [KöSc88]. Zum anderen lässt sich die Diskrepanz zur DIN 31051 aus dem Bereich der Wohnungswirtschaft begründen. In diesem Fall können Wartungskosten in Form der Nebenkosten auf den Mieter umgelegt werden, wohingegen Instandhaltungskosten nicht direkt an den Mieter weiter gegeben werden dürfen [SiSa80].

DIN 18960:1999-08 [DIN99]: Nutzungskosten im Hochbau

In der zweiten Fassung der DIN 18960 aus dem Jahre 1999 mit dem geänderten Titel *Nutzungskosten im Hochbau* [DIN99] wurden die Nutzungskostengliederung und die damit verbundenen Definitionen komplett neu überarbeitet. Maßnahmen zur Werterhaltung von Immobilien beziehungsweise der Wiederherstellung des Soll-Zustandes werden jetzt der Nutzungskostengruppe 400 „Instandsetzungskosten" zugeordnet. Hierdurch wurde der Begriff „Bauunterhaltung" aus der vorherigen Fassung abgelöst. Der Ausdruck „Instandhaltung" wurde vorher lediglich für technische Anlagen gebraucht, hat sich durch die Änderung der DIN 18960 jedoch auch im Bauwesen etabliert [KaOe03].

Die DIN 18960:1999-08 bezieht sich sowohl auf das Gebäude, als auch auf die technischen Anlagen, die Außenanlagen sowie die Innenausstattung der Immobilien. Im Gegensatz zur vorherigen Fassung wird bezüglich des Werterhalts zwischen den nachfolgenden vier Nutzungskostengruppen differenziert:

- Nutzungskostengruppe 410: *Instandsetzung der Baukonstruktion*

- Nutzungskostengruppe 420: *Instandsetzung der technischen Anlagen*

- Nutzungskostengruppe 430: *Instandsetzung der Außenanlagen*

- Nutzungskostengruppe 440: *Instandsetzung der Ausstattung*

Analog zur Systematik der DIN 276 [DIN93] gliedert sich die DIN 18960 jetzt in 3 Ebenen, wobei die letzte Ebene eine Unterteilung in einzelne Bauelemente, wie z.B. Nutzungskostengruppe 415 *Instandsetzung Dächer,* vornimmt.

Wie auch in der vorangegangenen Version werden die Kosten für „Bedienung" sowie „Wartung" und „Inspektion" unter den Betriebskosten in der Kostengruppe 300 aufgeführt. Die Gründe hierfür entsprechen den bereits aufgezeigten der DIN 18960:1976-04 *Baunutzungskosten von Hochbauten.*

Zusammenfassend kann gesagt werden, dass sich die Kosten der Instandhaltung nach DIN 31051 auf die Nutzungskostengruppen 340 *Inspektion und Wartung der Baukonstruktion,* Nutzungskostengruppe 350 *Inspektion und Wartung der technischen Anlagen,* sowie die bereits aufgeführte gesamte Nutzungskostengruppe 400 *Instandsetzungskosten* aufteilen.

DIN 18960:2007-03 [DIN07]: Nutzungskosten im Hochbau (Entwurf)

Im derzeitigen Entwurf der dritten Fassung der DIN 18960 aus dem Jahr 2007 wurden wichtige Begriffe dem Stand der Technik angepasst. Wie auch in der vorangegangenen Version teilen sich die Kosten der Instandhaltung nach DIN 31051 auf die Nutzungskostengruppen 300 und 400 auf. Jedoch wurden bezüglich der Nummernsystematik einige Änderungen vorgenommen. Die Nutzungskostengruppe für „Bedienung, Inspektion und Wartung" wurde zu einer Nutzungskostengruppe zusammengefasst (NKG 360). In der Nutzungskostengruppe 400 wurden jedoch keine Veränderungen vorgenommen.

Die schnelle Überarbeitung der DIN 18960 veranschaulicht sehr deutlich die eingangs beschriebene Problematik. Laufende Änderungen erschweren eine einheitliche Kostenerfassung über mehrere Jahre hinweg, was als sehr kritisch zu betrachten ist. Außerdem führen solche Veränderungen seitens der Anwender zu starkem Misstrauen und Resignation.

2.1.2 Deutsches Institut für Normung / DIN 31051

Auch die DIN 31051 wurde bereits mehrfach neu verfasst. Im Jahr 1985 trat die DIN 31051 mit dem Titel *Instandhaltung, Begriffe und Maßnahmen* [DIN85] in Kraft. Nach einer gründlichen Überarbeitung trat die aktualisierte Version im Jahr 2003 mit dem Titel *Grundlagen der Instandhaltung* [DIN03] in Kraft.

DIN 31051:1985-01 [DIN85]: Instandhaltung, Begriffe und Maßnahmen

In der ersten Fassung der DIN 31051 aus dem Jahr 1985 mit dem Titel *Instandhaltung, Begriffe und Maßnahmen* sollten die Begriffe aus dem Bereich der Instandhaltung einheitlich definiert werden. Der Begriff „Instandhaltung" umfasste hiernach die Gesamtheit aller Wartungs-, Inspektions- und Instandsetzungsmaßnahmen von Maschinen und technischen Anlagen. Definiert wird die Instandhaltung als: *„Maßnahmen zur Erhaltung des Soll-Zustandes sowie zur Feststellung und Beurteilung des Ist-Zustandes"* [DIN85]. Herausgegeben wurde die DIN 31051 vom Normenausschuss Maschinenbau. In Bezug auf die DIN 18960: 1976-04 [DIN76] deckt sie die Nutzungskostengruppen 5.6 „Wartung und Inspektion" sowie 6 „Bauunterhalt" ab. Deutlicher wird die eingeschränkte Reichweite der DIN 31051 [DIN85] in Bezug auf die zweite Fassung der DIN 18960:1999-08 *Nutzungskosten im Hochbau* [DIN99]. Hier deckt sie lediglich die Nutzungskostengruppen 350 „Inspektion und Wartung der technischen Anlagen" und 420 „Instandsetzung der technischen Anlagen" ab. Anwendung findet die DIN 31051 jedoch durchaus auch im Gebäudebereich. Nicht zuletzt vor dem Hintergrund der zunehmenden technischen Gebäudeausstattung [KaOe03].

Die Maßnahmen der Instandhaltung sowie deren Ziele und die darin enthaltenen Einzelmaßnahmen sind in nachfolgender Abbildung zusammengefasst dargestellt:

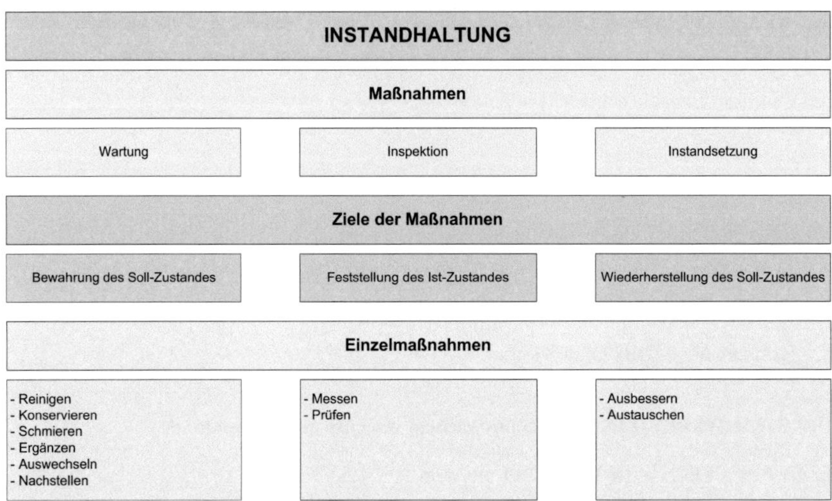

Abbildung 2-1: Maßnahmen der Instandhaltung nach DIN 31051:1985-01 [Nogg04]

DIN 31051:2003-06 [DIN03]: Grundlagen der Instandhaltung

In der zweiten Fassung der DIN 31051 aus dem Jahr 2003 mit dem geänderten Titel *Grundlagen der Instandhaltung* wurde sowohl der Anwendungsbereich als auch die Grundfunktionen und deren Definitionen grundlegend überarbeitet. Auslöser war die Europäische Norm EN 13306 *Begriffe der Instandhaltung* [EN01]. Die DIN 31051 dient als Ergänzung zur Europäischen Norm, welche die Begriffe aus der DIN nur teilweise abdeckt und auch keine Strukturierung der Instandhaltung vorgibt.

In der überarbeiteten Fassung wurden die drei bestehenden Grundfunktionen der Instandhaltung „Wartung", „Inspektion" und „Instandsetzung" um eine vierte Grundfunktion, die „Verbesserung" ergänzt. Darüber hinaus wurden gegenüber der DIN 31051:1985-01 [DIN85] die Definitionen der Begriffe „Instandhaltung" und „Instandsetzung" neu gefasst, sowie unter Berücksichtigung des Konzeptes der Abnutzung die Definition der Begriffe „Wartung" und „Inspektion" geändert. Während die alte Fassung Instandhaltung als *„Maßnahmen zur Erhaltung des Soll-Zustandes sowie zur Feststellung und Beurteilung des Ist-Zustandes"* definiert, geht die neue Definition von Instandhaltung darüber hinaus und bezeichnet Instandhaltung als *„Kombination aller technischen und administrativen Maßnahmen sowie Maßnahmen des Managements während des Lebenszyklus einer Betrachtungseinheit zur Erhaltung des funktionsfähigen Zustandes oder der Rückführung in diesen, so dass sie die geforderte Funktion erfüllen kann"* [[DIN03] S. 3]. Neu ist also die Lebenszyklusbetrachtung sowie die Einbindung des Managements in die Aufgaben der Instandhaltung. Die Instandhaltung als Überbegriff der Grundmaßnahmen „Wartung", „Inspektion", „Instandsetzung" und „Verbesserung" berücksichtigt neben inner- und außerbetrieblichen Forderungen auch entsprechende Instandhaltungsstrategien und stimmt die Instandhaltungsziele mit den Unternehmenszielen ab [DIN03].

Innerhalb der Instandhaltung schließt die Wartung sämtliche *„Maßnahmen zur Verzögerung des Abbaus des vorhandenen Abnutzungsvorrates"* [[DIN03] S. 3] ein. Die Inspektion dient der *„Feststellung und Beurteilung des Istzustandes"* und schließt die *„Bestimmung der Ursachen der Abnutzung"* sowie das *„Ableiten der notwendigen Konsequenzen für eine künftige Nutzung"* [[DIN03] S. 3] mit ein. Während die Instandsetzung *„Maßnahmen zur Rückführung einer Betrachtungseinheit in den funktionsfähigen Zustand"* einschließt, stellt die Verbesserung eine *„Kombination aller technischen und administrativen Maßnahmen sowie Maßnahmen des Managements zur Steigerung der Funktionssicherheit"* dar und zwar ohne die *„geforderte Funktion zu ändern"* [[DIN03] S.4].

Die nachfolgende Abbildung 2-2 zeigt die Maßnahmen der Instandhaltung nach der neuen Fassung der DIN 31051 [DIN03] auf.

Abbildung 2-2: Maßnahmen der Instandhaltung nach DIN 31051:2003-06 [Nogg04]

Ein Vergleich mit Abbildung 2-1 verdeutlicht die Änderungen zur Vorgängerversion.

2.1.3 Europäische Norm / EN 13306

Die Europäische Norm EN 13306 [EN01] wurde durch das Europäische Komitee für Normung (CEN-TC 319) im März 2001 mit dem Titel *Begriffe der Instandhaltung* verabschiedet. Sie ist dreisprachig verfasst und primär als Definition der Grundbegriffe sowie als Übersetzungshilfe für „...*alle Instandhaltungsarten und für das Instandhaltungsmanagement, unabhängig von der Art der betrachteten Einheit, mit Ausnahme von Software"* [[DIEN01] S. 7] zu verstehen. Alle europäischen Mitgliedstaaten sind angehalten, der EN 13306 [EN01] ohne Änderung den Status einer Nationalen Norm zu geben. Das Deutsche Institut für Normung hat dieser Forderung mit der DIN EN 13306 [DIEN01] Rechnung getragen.

Jedoch gibt die EN 13306 [EN01] keine Strukturierung der Instandhaltung vor und enthält zahlreiche für Deutschland wichtige Begriffe aus dem Bereich der Abnutzung nicht. Vor diesem Hintergrund ist die DIN EN 13306 [DIEN01] in Deutschland somit nicht als Ersatz der DIN 31051 geeignet. Jedoch hat sie zu einer Überarbeitung der DIN 31051 hinsichtlich einer zur DIN EN 13306 [DIEN01] widerspruchsfreien Festlegung geführt, indem sie zum Beispiel der Begriff der Instandhaltung übereinstimmend definiert als: *„Kombination aller technischen und administrativen Maßnahmen sowie Maßnahmen des Managements während des Lebenszyklus einer Betrachtungseinheit zur Erhaltung des funktionsfähigen Zustandes oder der Rückführung in diesen, so dass sie die geforderte Funktion erfüllen kann"* [[DIEN01] S. 8].

Auch in der Schweiz ist die so genannte SN EN 13306 [SNEN01] nur eine Ergänzung der nationalen Norm SIA 469 *Erhaltung von Bauwerken* [SIA97]. Im Gegensatz hierzu führte in Österreich die so genannte ÖNORM EN 13306 [ÖNEN01] zur Aufhebung der Österreichischen Norm ÖNORM M 8100 „Instandhaltung; Benennungen, Definitionen und Maßnahmen" [ÖNOR85].

2.1.4 Schweizerischer Ingenieur- und Architektenverein / SIA 469

Der Schweizerische Ingenieur- und Architektenverein (SIA) hat 1997 die SIA 469 *Erhaltung von Bauwerken* [SIA97] verabschiedet. Ziel der SIA 469 ist die *„...fachgerechte und wirtschaftliche Erhaltung von Bauwerken..."* [[SIA97] S. 4]. Das „Bauwerk" umfasst das Tragwerk, die gesamte Gebäudehülle sowie den Ausbau und die gebäudetechnischen Anlagen. Bemerkenswert ist, dass die schweizerische Norm ausschließlich für den Erhalt von Bauwerken entwickelt wurde, während sowohl das deutsche als auch das europäische Pendant sehr allgemein gehalten sind und sich nicht auf spezielle Objekte festlegen.

Die *Erhaltung* von Bauwerken ist der Überbegriff für Maßnahmen der *Überwachung*, des *Unterhalts* sowie der *Veränderung* und ist definiert als: *„Gesamtheit der Tätigkeiten und Massnahmen zur Sicherstellung des Bestandes sowie der materiellen und kulturellen Werte eines Bauwerks. Die Bauwerkserhaltung ist der bauspezifische Teil der Bauwerksbewirtschaftung. Sie beginnt nach erfolgter Inbetriebnahme eines Bauwerks und erstreckt sich über dessen gesamte Nutzungsdauer."* [[SIA97] S. 6]. Die ganzheitliche Betrachtung der Immobilie in der SIA 469 [SIA97] über den gesamten Lebenszyklus hinweg ist hierbei sehr bezeichnend.

Das Ablaufschema der Bauwerkserhaltung nach SIA 469 [SIA97] ist in nachfolgender Abbildung 2-3 grafisch dargestellt:

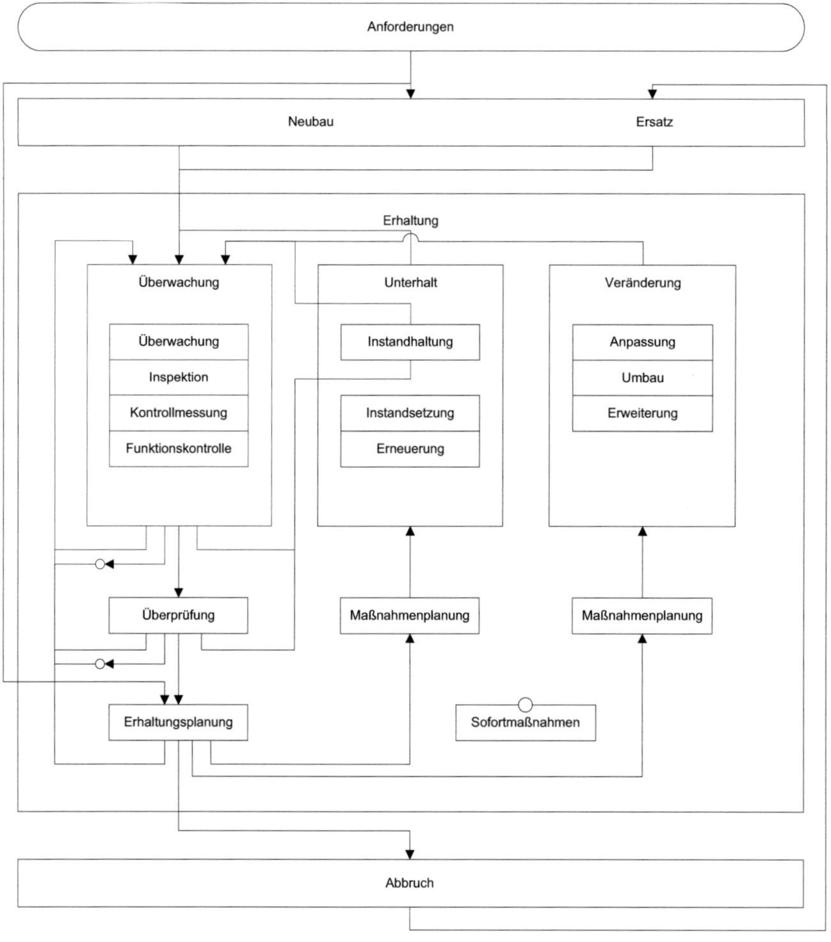

Abbildung 2-3: Ablaufschema der Bauwerkserhaltung nach SIA 469 [SIA97]

Die Grundmaßnahmen der *Überwachung*, des *Unterhalts* und der *Veränderung* sind gemäß SIA 469 [[SIA97] S. 6] wie folgt definiert:

- Überwachung: *„Feststellen und Bewerten des Zustandes mit Empfehlungen für das weitere Vorgehen"*

- Unterhalt: *„Bewahren oder Wiederherstellen eines Bauwerks ohne wesentliche Änderungen der Anforderungen"*

- Veränderung: *„Eingreifen in ein Bauwerk zwecks Anpassung an neue Anforderungen"*

Diese Grundmaßnahmen sind jeweils wieder in drei bis vier Arbeitsschritte gegliedert, welche abschließend durch die *Maßnahmenplanung* und die *Überprüfung* ergänzt werden.

Generell ist festzuhalten, dass die schweizerische Norm die Erhaltung von Gebäuden wesentlich umfassender beleuchtet als die Deutsche DIN 31051 [DIN03]. Dies liegt nicht zuletzt auch an der Berücksichtigung vorbeugender Maßnahmen oder der Maßnahmenplanung neben den reinen Sofortmaßnahmen, welche in der DIN nicht erwähnt sind.

2.1.5 Deutscher Verband für Facility Management e.V. / GEFMA Richtlinie 122

Mit dem Entwurf der GEFMA-Richtlinie 122 *Betriebsführung von Gebäuden, gebäudetechnischen und Außenanlagen* [GEFM96] aus dem Jahr 1996 unternimmt der Deutsche Verband für Facility Management e.V. (GEFMA) den Versuch einen Beitrag zu einer einheitlichen Begriffsbestimmung im Rahmen der Werterhaltung von Gebäuden und deren Anlagen zu leisten. Grundlage hierfür bilden die teilweise bereits beschriebenen Normen und Richtlinien, insbesondere die DIN 31051:1985-01 *Instandhaltung, Begriffe und Maßnahmen* [DIN85] sowie die II. Berechnungsverordnung. Der Entwurf wurde 1996 veröffentlicht, jedoch zur Überarbeitung wieder zurückgezogen.

Die GEFMA 122 [GEFM96] umfasst neben der Betriebsführung von Gebäuden und deren technischen Anlagen auch die Außenanlagen von Immobilien. Die Herausforderung bei der Begriffsbestimmung im Rahmen der GEFMA 122 [GEFM96] liegt im Spannungsfeld zwischen der theoretischen Normung durch die DIN 31051 auf der einen Seite und der Integration in die Praxis der öffentlichen Hand sowie der Wohnungswirtschaft auf der anderen Seite.

Während die DIN 31051 [DIN85] die Grundfunktionen „Wartung", „Inspektion" und „Instandsetzung" unter dem Oberbegriff „Instandhaltung" zusammenfasst, ist in der Praxis eine Trennung zwischen Betriebs- und Unterhaltskosten notwendig. Darüber hinaus fordert die Arbeit in der Praxis eine Differenzierung zwischen kleiner und großer Instandsetzung. Vor diesem Hintergrund nimmt die GEFMA-Richtlinie 122 [GEFM96] die in nachfolgender Abbildung 2-4 dargestellte Unterscheidung vor.

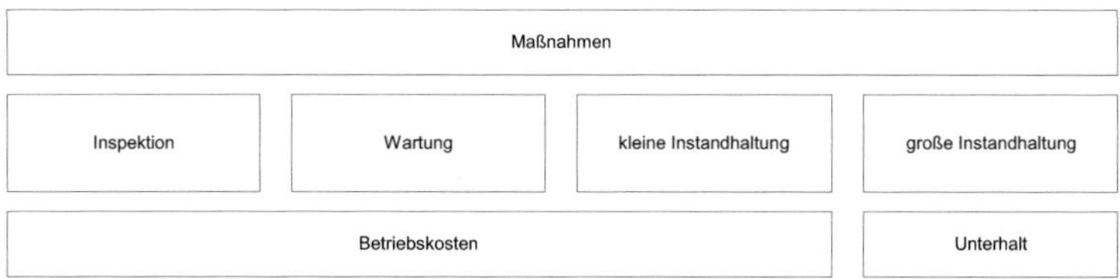

Abbildung 2-4: Struktur der Instandhaltung nach GEFMA 122 [GEFM96]

Die Kosten der kleinen Instandsetzung können nach der zweiten Berechnungsverordnung [BV03] im Rahmen der Betriebskosten auf den Mieter umgelegt werden. Die Kosten der großen Instandsetzung sind vom Vermieter selbst zu tragen.

Die Betriebskosten umfassen nach GEFMA 122 [GEFM96] folglich die Kosten für Inspektion, Wartung und die kleine Instandsetzung. Kosten im Rahmen der großen Instandsetzung sind den Unterhaltskosten zuzuordnen.

Leistungen wie Umbau, Sanierung oder Modernisierung sind nicht Bestandteil der Richtlinie [GEFM96].

2.1.6 Deutscher Verband für Facility Management e.V. / GEFMA Richtlinie 108

Als Ergänzung zur GEFMA-Richtlinie 122 [GEFM96] hat der Deutsche Verband für Facility Management e.V. (GEFMA) im April 1998 den Entwurf der Richtlinie 108 verabschiedet. Ziel war es, ein einheitliches Verständnis hinsichtlich der in der Praxis häufig benutzten Begriffe des Betriebs, der Instandhaltung und des Unterhaltes von Gebäuden zu schaffen und die Begriffe gegenseitig abzugrenzen. Der Titel des Richtlinienentwurfes lautet *Betrieb-*

Instandhaltung-Unterhalt von Gebäuden und gebäudetechnischen Anlagen – Begriffsbestimmungen.

Hinsichtlich der Begriffsbestimmung der beiden Grundmaßnahmen „Wartung" und „Inspektion" gibt es bei der GEFMA-Richtlinie 108 keine Abweichung zur DIN 31051 [DIN85]. Bei der „Instandsetzung" folgt der Richtlinienentwurf jedoch den Vorgaben des AMEV (Arbeitskreis Maschinen- und Elektrotechnik staatlicher und kommunaler Verwaltungen) und teilt die Instandsetzung auf in:

- Kleine Instandsetzung, die im Rahmen von Wartungsarbeiten durchgeführt wird und deren Aufwendungen auch im Sinne der II. BV als Betriebskosten gelten.

- Große Instandsetzung, die Bestandteil des Unterhaltes ist. Die große Instandsetzung beinhaltet eine Wiederherstellung des Soll-Zustandes im Sinne von Einbau von Ersatzteilen oder auch Ersatz der Gesamtanlage.

Im Gegensatz zur GEFMA 122 [GEFM96] definiert der GEFMA-Richtlinienentwurf 108 [GEFM98] auch die Begriffe Modernisierung und Sanierung, wobei die Modernisierung dazu dient, die Nutzungsqualität zu verbessern. Die Sanierung hat hingegen die Beseitigung von Missständen wie zum Beispiel Asbest zum Ziel.

Der GEFMA-Richtlinienentwurf 108 [GEFM98] wurde zwar 1998 veröffentlicht, zur Bearbeitung jedoch wieder zurückgezogen.

2.1.7 Verein Deutscher Ingenieure / VDI-Richtlinie 2895

Bezüglich der Begriffsdefinition von Instandhaltung übernimmt die VDI-Richtlinie 2895 *Organisation der Instandhaltung* [VDI96] die Definition der alten DIN 31051 *Instandhaltung, Begriffe und Maßnahmen* [DIN85]. Jedoch schließt die VDI-Richtlinie darüber hinaus auch *„Aufgaben zur Planung und Steuerung der Auftragsabwicklung"* [[DIN85] S. 2] im Rahmen der Instandhaltung mit ein. Auch die VDI-Richtlinie 2895 richtet den Fokus primär auf Maschinen und technischen Anlagen, weniger auf Gebäude an sich. Jedoch soll die Richtlinie für alle Bereiche gelten, in denen Aufgaben der Instandhaltung durchgeführt werden. Hinsichtlich der Aufgaben im Rahmen der Instandhaltung differenziert die Richtlinie zwischen Instandhaltungsplanung, -steuerung sowie Instandhaltungsanalyse und Maßnahmendurchführung, die wie folgt definiert sind:

- Instandhaltungsplanung: *„…planmäßige Vorbereitung aller Instandhaltungsaktivitäten"* [[VDI96] S. 4].

- Instandhaltungssteuerung: es werden *„…die zur Abwicklung von Instandhaltungsmaßnahmen notwendigen Abläufe veranlasst, überwacht und gesichert"* [[VDI96] S. 6].

- Instandhaltungsanalyse: *„Im Rahmen der Instandhaltungsanalyse werden Auswertungen wie zum Beispiel die Soll-Ist-Vergleiche, die Auftragsabweichungsanalyse, die Schwachstellenanalyse, die Schadensursachenanalyse sowie die Ersatzteilverbrauchsanalyse erstellt."* [[VDI96] S. 7].

- Maßnahmendurchführung: *„Sie umfasst alle Maßnahmen zur Bewahrung und Wiederherstellung des Sollzustandes sowie zur Feststellung und Beurteilung des Istzustandes von technischen Mitteln eines Systems."* [[VDI96] S. 8].

2.1.8 Honorarordnung für Architekten und Ingenieure, HOAI § 3

Auch die Honorarordnung für Architekten und Ingenieure HOAI [HOAI01] definiert in §3 Begriffe aus dem Bereich der Werterhaltung. Dies sind insbesondere die Modernisierung, die Instandsetzung sowie die Instandhaltung. Letzteres wird hierbei analog zur DIN 31051:1985-01 [DIN85] definiert als *„Maßnahmen zur Erhaltung des Soll-Zustandes eines Objektes"* [[HOAI01] S. 211]. Objekte beschränken sich nach HOAI jedoch auf Gebäude, sonstige Bauwerke, Anlagen, Freianlagen und raumbildende Ausbauten. Während die Instandhaltung den Soll-Zustand erhalten soll, ist es nach HOAI §3 Aufgabe der Instandsetzung diesen wieder herzustellen. Es handelt sich bei der Instandhaltung also um präventive Maßnahmen, wohingegen die Bausubstanz bei der Instandsetzung bereits beeinträchtigt bzw. der Gebrauch eingeschränkt sein muss. Durch Instandhaltung und Instandsetzung wird der Gebrauchswert eines Objektes lediglich erhalten oder wieder hergestellt. Demgegenüber stehen Maßnahmen der Modernisierung, die den Gebrauchswert eines Objektes nachhaltig erhöhen.

In der HOAI wird jedoch weder eine Struktur noch eine Abfolge der Maßnahmen zur Werterhaltung der Objekte vorgegeben.

2.1.9 Richtlinien für die Durchführung von Bauaufgaben des Bundes - RBBau

Die RBBau regeln den Vorgang bei der Durchführung von Bauaufgaben des Bundes. Ein Teil hiervon stellt auch die Bauunterhaltung dar. Dazu gehören *„alle konsumtiven Maßnahmen, die der Erhaltung der baulichen Anlagen, einschließlich der Technischen Anlagen (Betriebstechnik) und der Außenanlagen dienen"* [[RBBa03] S. 9]. Betrachtet wird folglich das gesamte Gebäude, also von der baulichen Anlage über die technische Gebäudeausstattung bis hin zu den Außenanlagen. Ausgaben für die Unterhaltung der Grundstücke und baulichen Anlagen werden im Haushaltsplan unter dem Titel 519 *„Unterhaltung der Grundstücke und baulichen Anlagen"* geführt. In der Bauunterhaltung an sich sind jedoch weder präventive Maßnahmen wie die Wartung und Inspektion noch das Herrichten des Gebäudes für eine neue Zweckbestimmung eingeschlossen. Ausgaben für die Instandhaltung von technischen Anlagen beispielsweise werden der Gebäudebewirtschaftung und somit dem Titel 517 *„Bewirtschaftung der Grundstücke, Gebäude und Räume"* zugeordnet [RBBa03].

Die RBBau wurde auch für die Verfahren bei Landesbauaufgaben eingeführt. Die jeweiligen Länder haben die hierin vorgegebenen Definitionen in ihre Landesrichtlinien (RLBau) meist übernommen. Teilweise ordnen sie jedoch große Sanierungsmaßnahmen den Bautiteln zu oder weisen auch Kostengrenzen für wertsteigernde Maßnahmen aus, wodurch sie die Vorgaben der RBBau teilweise einschränken und in den Ländern nicht einheitlich ist.

2.1.10 Zweite Berechnungsverordnung (II. BV)

Die Verordnung über wohnungswirtschaftliche Berechnungen (II.BV) [BV03] gilt für weite Teile der Wohnungswirtschaft. Unter anderem werden in der II. BV Art und Umfang der Instandhaltung definiert, sowie die daraus resultierenden Kosten festgelegt. Nach § 28 *„Instandhaltungskosten"* sind dies *„...Kosten, die während der Nutzungsdauer zur Erhaltung des bestimmungsgemäßen Gebrauchs aufgewendet werden müssen, um die durch Abnutzung, Alterung und Witterungseinwirkung entstehenden baulichen oder sonstigen Mängel ordnungsgemäß zu beseitigen"* [[BV03] S. 19]. Ähnlich wie in DIN 31051 [DIN03] wird die Instandhaltung als Überbegriff zur Funktions- bzw. Gebrauchserhaltung eingesetzt. Aufgrund der Annahme, dass durch Abnutzung, Alterung oder Witterung bereits ein Schaden vorliegt, schließt die Definition der II.BV insbesondere auch die Kosten der Instandsetzung mit ein. Wird für einzelne Bauteile oder bauliche Anlagen bzw. Einrichtungen eine besondere Abschreibung angesetzt, so handelt es sich bei den Kosten für deren Erneuerung ausdrücklich nicht um Instandhaltungskosten.

Die II. BV enthält zwar Maßnahmen der Instandsetzung, jedoch werden Erneuerungs- bzw. Modernisierungsmaßnahmen sowie präventive Maßnahmen wie Wartung und Inspektion nicht berücksichtigt.

Die *„Verordnung über Grundsätze für die Ermittlung der Verkehrswerte von Grundstücken"* (Wertermittlungsverordnung-WertV) [WertV97] greift auf die Definition der Instandhaltung der II. Berechnungsverordnung [BV03] zurück. Darüber hinaus sind die in der dazugehörenden *„Richtlinie für die Ermittlung der Verkehrswerte von Grundstücken"* (Wertermittlungsrichtlinie WertR) [WertR02] angegebenen Instandhaltungskosten der II. Berechnungsverordnung entlehnt.

2.2 Instandhaltungsdefinition im Rahmen dieser Arbeit

Im Rahmen dieser Arbeit wird der Begriff „Instandhaltung" gemäß der DIN 31051:2003-06 *Grundlagen der Instandhaltung* [DIN03] definiert als: *„Kombination aller technischen und administrativen Maßnahmen sowie Maßnahmen des Managements während des Lebenszyklus einer Betrachtungseinheit zur Erhaltung des funktionsfähigen Zustandes oder der Rückführung in diesen, so dass sie die geforderte Funktion erfüllen kann"* [[DIN03] S. 3].

Instandhaltung wird als Überbegriff der Grundmaßnahmen „Wartung", „Inspektion", „Instandsetzung" und „Verbesserung" verwendet. Bezüglich dieser Grundmaßnahmen existieren in der Praxis jedoch noch erhebliche Abgrenzungsschwierigkeiten. Zum einen bedingen sich die Maßnahmen gegenseitig, sodass eine Substitution einzelner Maßnahmen stattfinden kann. Zum anderen bestehen zwischen diesen Maßnahmen starke Interdependenzen. Beispielsweise kann eine unterlassene Wartung ein Auslöser für umfassende Instandsetzungsmaßnahmen sein. Vor diesem Hintergrund wird im Rahmen dieser Arbeit auf eine detaillierte begriffliche Differenzierung der einzelnen Grundmaßnahmen verzichtet, sodass diese unter den zwei nachfolgenden Überbegriffen subsumiert werden:

- Regelmäßige Instandhaltungsmaßnahmen subsumieren die Grundmaßnahmen Wartung, Inspektion und Instandsetzung nach DIN 31051 [DIN03].

- Ausserordentliche Instandhaltungsmaßnahmen umfassen die Maßnahmen der Verbesserung nach DIN 31051 [DIN03].

Die summarische Betrachtung der Kostengruppen ermöglicht bei den folgenden Analysen die bestmögliche Transparenz.

Bezüglich des Anwendungsbereiches bezieht sich die Instandhaltung auf die Baukonstruktion sowie die technischen Anlagen eines Gebäudes. Im Gegensatz zur DIN 18960:1999-08 werden die Außenanlagen und die Innenausstattung der Immobilien im Rahmen der Untersuchungen nicht einbezogen, sodass sich die vorliegende Arbeit auf die reine Gebäudesubstanz konzentriert.

2.3 Zusammenfassung

Im Zentrum des Grundlagenkapitels stehen die Abgrenzung der Begrifflichkeiten aus dem Bereich der Instandhaltung sowie das Aufzeigen der Schwierigkeit hinsichtlich einer einheitlichen Definition der Begriffe.

Neben der DIN 31051 [DIN03] existieren in Deutschland zahlreiche Normen, Richtlinien und Verordnungen, die versuchen die Begriffe einheitlich zu definieren. Die Tatsache, dass Richtlinien wie zum Beispiel die GEFMA 108 [GEFM98] und GEFMA 122 [GEFM96] zwar entworfen wurden, jedoch wieder zurückgezogen wurden, unterstreicht die Schwierigkeit hinsichtlich dieser Thematik.

Eine Überarbeitung und insbesondere auch eine Vereinheitlichung der Definitionen der aufgeführten Werke ist sowohl auf nationaler als auch auf europäischer Ebene erforderlich. Mit der EN 13306 wurde diesbezüglich ein erster wichtiger Schritt unternommen. Jedoch wird die Norm den spezifischen Anforderungen der einzelnen Länder nicht gerecht, sodass diese meist nur als Ergänzung der nationalen Normen eingesetzt wird.

Die im vorliegenden Kapitel aufgeführten Normen, Richtlinien und Verordnungen sind in nachfolgender Tabelle mit ihrem jeweiligen Status, dem Datum ihres Inkrafttretens sowie dem Titel und dem Anwendungsbereich als Übersicht zusammengefasst.

Tabelle 2-1: Normen, Richtlinien und Verordnungen zur Instandhaltung

Norm / Richtlinie / Verordnung	Status	Inkraft-treten	Titel	Anwendungsbereich
DIN 18960	zurückgezogen	1976-04	*Baunutzungskosten von Hochbauten; Begriff, Kostengliederung*	Planung und Nutzung von Gebäuden
	definitiv	1999-08	*Nutzungskosten im Hochbau*	Planung und Nutzung von Gebäuden
	Entwurf	2007-03	*Nutzungskosten im Hochbau*	Planung und Nutzung von Gebäuden
DIN 31051	zurückgezogen	1985-01	*Instandhaltung, Begriffe und Maßnahmen*	Anlagen bzw. Anlagenteile im Maschinenbau
	definitiv	2003-06	*Grundlagen der Instandhaltung*	Anlagen bzw. Anlagenteile im Maschinenbau
EN 13306	definitiv	2001-09	*Begriffe der Instandhaltung*	technische und administrative Bereiche sowie Management
SIA 469	definitiv	1997-09	*Erhaltung von Bauwerken*	Erhaltung von Bauwerken über gesamten Lebenszyklus
GEFMA 122	zurückgezogener Entwurf	1996-12	*Betriebsführung von Gebäuden ge-bäudetechnischen und Außenanlagen*	Betrieb von Gebäuden, gebäudetechnischen Anlagen und Außenanlagen
GEFMA 108	zurückgezogener Entwurf	1998-04	*Betrieb-Instandhaltung-Unterhalt von Gebäuden und gebäudetechnischen Anlagen - Begriffsbestimmungen*	technisches Gebäudemanagement
VDI 2895	definitiv	1996-12	*Organisation der Instandhaltung; In-standhalten als Unternehmensaufgabe*	Anlagen bzw. Anlagenteile im Maschinenbau
HOAI			*Honorarordnung für Architekten und Ingenieure*	Gebäude, sonstige Bauwerke, Anlagen, Freianlagen und raumbildende Ausbauten
RBBau			*Richtlinien für die Durchführung von Bauaufgaben des Bundes*	Bauaufgaben des Bundes für Gebäude
II. BV			*Zweite Berechnungsverordnung*	Planung und Nutzung von Wohnbauten

Im Rahmen dieser Arbeit wird der Begriff „Instandhaltung" gemäß DIN 31051:2003-06 [DIN03] verwendet. Im Gegensatz zur DIN wird auf eine detaillierte begriffliche Differenzierung der einzelnen Grundmaßnahmen verzichtet. Unterschieden wird zwischen regelmäßigen Instandhaltungsmaßnahmen (Grundmaßnahmen Wartung, Inspektion und Instandsetzung nach DIN 31051 [DIN03]) und ausserordentlichen Instandhaltungsmaßnahmen mit Projektcharakter, die die Maßnahmen der Verbesserung nach DIN 31051 [DIN03] umfassen. Betrachtungsgegenstand dieser Arbeit sind die baulichen sowie die technischen Anlagen eines Gebäudes.

3 Verfahren zur Budgetierung von Instandhaltungsmaßnahmen

Generell wird zwischen den nachfolgenden, vier grundsätzlich verschiedenen, Ansätzen zur Ermittlung der für die Instandhaltung notwendigen finanziellen Mittel differenziert:

- Die kennzahlenorientierte bzw. historienbasierte Budgetierung,

- die wertorientierte Budgetierung,

- die analytische Berechnung des Instandhaltungsbudgets und

- die Budgetierung durch Zustandsbeschreibung.

Während bei der kennzahlenorientierten bzw. historienbasierten Vorgehensweise die Instandhaltungskosten nach dem Motto: *„Im letzten Jahr wurde soviel ausgegeben, dann braucht man für das nächste Jahr etwas mehr!"* [[Jehl89] S. 36] festgelegt werden, orientiert sich die Budgetierung bei der zweiten Methode am Herstellungswert beziehungsweise Wiederbeschaffungs- oder Friedensneubauwert der Immobilien. Hier sind Prozentwerte der indizierten Herstellungskosten Messlatte für allgemein notwendige Instandhaltungsaufwendungen. Aber auch der Gebrauch derart allgemeiner Vorgaben für Instandhaltungsaufwendungen gibt bestenfalls einen Anhaltspunkt. Eine exakte Budgetierung der Instandhaltungskosten für das kommende Jahr ist hiermit jedoch nicht möglich. Zufriedenstellende Ergebnisse setzen ein differenziertes, analytisches Verfahren voraus, welches die Unterschiede bezüglich der Gebäudesubstanz und Einflüsse wie zum Beispiel das Nutzerverhalten oder die Intensität der Instandhaltung berücksichtigen kann [Jehl89]. Darüber hinaus besteht die Möglichkeit, die für die Instandhaltung notwendigen finanziellen Mittel durch Vorortbegehungen mit ausführlicher Zustandsbeschreibung zu ermitteln. Der Zeitaufwand ist vor dem Hintergrund häufig unvollständiger Daten des eigenen Gebäudebestandes allerdings sehr groß.

Prinzipiell ist festzustellen, dass sich das Instandhaltungsbudget in der praktischen Arbeit bisher entweder sehr grob über allgemeine Pauschalen oder Kennziffern berechnet, oder im Gegensatz hierzu für die Aufstellung sehr detaillierte Kenntnisse über einzelne Bauteile erforderlich sind [Kalu91]. Die analytische Berechnung bildet hierbei die Ausnahme.

In den nachfolgenden Kapiteln werden die aufgeführten Budgetierungsverfahren analysiert und Beispiele verschiedener Institutionen aufgeführt. Zunächst werden im nachfolgenden Kapitel 3.1 die für das Verständnis notwendigen Begriffe und Grundlagen erläutert.

3.1 Grundlagen

3.1.1 Budgetierung

Bei der Planung der Gebäudeinstandhaltung und deren Kosten handelt es sich um Entscheidungen über zukünftige Entwicklungen. Diese sind nur in seltenen Fällen genau vorhersagbar und ihre Beurteilung geht stets mit Unsicherheiten einher [[Kalu91] S.179]. Der Versuch die zukünftigen Ereignisse aufgrund von vergangenheitsbezogenen Analysen möglichst realitätsnah vorher zu sagen, wird als Prognose bezeichnet [Hans87]. Grundlage einer Prognose sind also Daten oder Informationen, die methodisch erhoben wurden. Hierauf aufbauend können Entscheidungen für die Zukunft getroffen werden, die mit einer bestimmten Wahrscheinlichkeit eintreffen werden. Ursprünglich kommt der Begriff aus dem Griechischen und bedeutet das „Vorherwissen" oder die „Vorhersage einer zukünftigen Entwicklung" [[Broc99] S. 284].

Trotz der verbleibenden Ungenauigkeit sind Prognosen ein wichtiger Teil bei der Planung und Budgetierung. Jedoch besteht die Gefahr, dass sie eine Genauigkeit vorgeben, die so in Wirklichkeit nicht gegeben ist. Die Genauigkeit der Prognose hängt letztendlich von den Ihr zugrunde liegenden Daten und Informationen sowie dem Prognosezeitraum und der Kontinuität der Rahmenbedingungen ab. Darüber hinaus spielt die Auswahl des Berechnungsmodells sowie die Annahmen bezüglich eventueller Einflussfaktoren eine maßgebliche Rolle bezüglich der Prognosesicherheit bzw. -genauigkeit [[Rieg04] S.13].

Die Budgetierung im Bereich der Instandhaltung stützt sich auf Prognosen, welche zum Teil statistischer aber auch technischer oder analytischer Natur sein können. Die Herausforderung bei der Erstellung eines Instandhaltungsbudgets liegt in der Berücksichtigung der zahlreichen Einflussfaktoren.

Durch eine Budgetierung werden Planungsgrößen für einen bestimmten Zeitraum, in der Regel für ein Jahr, vorgegeben. Die Festlegung der passenden Budgethöhe ist für Besitzer insbesondere großer Immobilienbestände von maßgeblicher Bedeutung [[Dilg91] S. 5]. Sie ermöglicht eine gezielte Finanzplanung, sodass das Vorhalten liquider Mittel ohne Zinsgewinn für die Instandhaltung auf ein Minimum reduziert werden kann [[HeMe04] S. 22]. Die Methode der Budgetierung sollte folglich möglichst genau sein. Jedoch sollte auch der Integration in den Planungsalltag Rechnung getragen werden. Die Budgetierung befindet sich somit im Spannungsfeld zwischen maximaler Genauigkeit und minimalem Aufwand, was die Bedeutung der vorliegenden Arbeit unterstreicht.

3.1.2 Kennzahlen

In der Literatur besteht bisher kein einheitliches Verständnis hinsichtlich dem Begriff, der Terminologie und Systematik von Kennzahlen. Gleichbedeutend werden auch folgende Bezeichnungen benutzt: Kennziffer, Richtzahl, Kontrollzahl, Standardzahl, Ratio, Messzahl [[Bied 85] S. 8].

Bezeichnend ist der hohe Informationsgehalt sowie der Maßstabscharakter von Kennzahlen [[Grün72] S. 13]. Nach Biedermann [[Bied 85] S. 8] umfassen Kennzahlen Informationen über quantifizierbare betriebliche Sachverhalte und informieren entweder rückblickend oder legen diese vorausschauend fest. Ziel von Kennzahlen ist eine einfache Überwachung von Vorgängen und Ergebnissen.

Grundsätzlich dient eine Kennzahl der Quantifizierung einer Größe, beziehungsweise eines Zustandes oder Ablaufes, wobei entsprechend der Darstellungsform zwischen absoluten und relativen Kennzahlen differenziert wird:

- absolute Kennzahlen: Einzelzahlen, Summen, Differenzen, Mittelwerte; zum Beispiel Summe der Instandhaltungskosten aller Gebäude eines Portfolios

- relative Kennzahlen: Gliederungszahlen, Beziehungszahlen, Indexzahlen; zum Beispiel Instandhaltungskosten pro Quadratmeter oder pro Gebäude

Während absolute Kennzahlen lediglich eine Größenvorstellung eines Sachverhaltes mit begrenzter Aussagekraft vermitteln, haben die relativen Kennzahlen einen höheren Informationsgehalt. Durch sinnvolles „Inbeziehungsetzen" absoluter Zahlen ist es möglich, mit Hilfe dieser sogenannten Verhältniszahlen, Zusammenhänge aufzudecken, die aus den absoluten Kennzahlen allein, nicht direkt ersichtlich sind [[Bied 85] S. 8].

Nach VDI 2893 [VDI06] können Kennzahlen auch im Bereich der Instandhaltung die Basis für die Budgetierung bilden [VDI06]. In diesem Fall handelt es sich um sogenannte Kostenkennwerte, die sich aus dem Verhältnis von Kosten und einer Bezugsgröße bilden [Sage79].

Bezugsgrößen

Hinsichtlich der Instandhaltung können die Kosten sowohl auf einen Zeitraum, als auch auf die Größe der Immobilie, bestimmt durch ihr Volumen oder ihre Fläche oder darüber hinaus weitere eindeutige Größen, wie zum Beispiel Anzahl der Beschäftigen oder Anzahl der Schüler, bezogen werden. Meist beziehen sich die anfallenden Kosten jedoch auf Flächengrößen, weshalb an ihrem Beispiel nachfolgend die Problematik in Zusammenhang mit Bezugsgrößen näher beleuchtet wird.

Abhängig von der Art der für die Kennzahlenbildung gewählten Bezugsfläche unterscheiden sich die Kostenkennzahlen in ihrer Größe. Generell wird zwischen den nachfolgend aufgeführten Flächenarten differenziert:

Tabelle 3-1: Flächenarten [[Sieb97] S. 20]

Flächenart	Abkürzung	Definition
Hauptnutzfläche	HNF	nach DIN 277
Nutzfläche	NF	nach DIN 277
Netto-Grundfläche	NGF	nach DIN 277
Brutto-Grundfläche	BGF	nach DIN 277
beheizbare Bruttogrundfläche	BGF_E	nach VDI 3807
Geschossfläche	GF	nach VDI 3807/nach Bau NVO
Wohnfläche	WF	nach II.BV
Wohn-/Nutzfläche		nach HeizkostenV
Gebäudenutzfläche $A_N=0,32*V$		nach WSVO

Während die Flächen nach DIN 277 [DIN05] eindeutig definiert sind, trifft dies auf die übrigen Flächen oft nicht zu, was zu erheblichen Problemen führen kann [Sieb97]. Beim Einsatz von Kostenkennwerten muss also die Art der Bezugsgröße eindeutig festgelegt werden. Analog kann auch das Volumen als Bezugsgröße spezifischer Kosten dienen [[SiWo77] S.20].

Jedoch ist zu beachten, dass Kennzahlen mit unterschiedlichen Bezugsgrößen nicht vergleichbar sind.

Vor dem Hintergrund, dass sich die Kostenkennzahl in der Regel nicht nur auf eine Fläche oder Volumen bezieht, sondern auch für einen bestimmten Zeitraum gilt, muss auch dieser einheitlich festgelegt werden. In der Regel wird hierfür ein Kalenderjahr verwendet.

Eine weitere Herausforderung in Verbindung mit Kostenkennzahlen im Rahmen der Instandhaltung stellt die eindeutige Abgrenzung des Geltungsbereiches dar. Generell ist auf eine klare Beschreibung und Abgrenzungen zu achten, was durch die Verwendung gesetzlich geregelter Begriffe erreicht werden soll [[Died78] S.1575].

Nach Grüneis ist die Abgrenzung des Geltungsbereiches sowie die eindeutige Darstellung der verwendeten Standards eine maßgebliche Voraussetzung für den Einsatz von Kennzahlen [[Grün72] S.13].

3.1.3 Wertbegriffe

Es existieren zum Teil sehr unterschiedliche Wertbegriffe von Immobilien. Die Rahmen dieser Arbeit verwendeten Begriffe werden nachfolgend definiert.

Herstellungswert

Nach [olev07] entspricht der Herstellungswert einer Immobilie *„...der Summe der bei der Herstellung ... angefallenen Material- und Fertigungseinzelkosten zuzüglich der unmittelbar zurechenbaren Material- und Fertigungsgemeinkosten (ebd.)"* [olev07].

Herstellungswert = Summe aller Herstellungskosten (HK)

Wiederbeschaffungswert

Nach der Kommunalen Gemeinschaftsstelle für Verwaltungsmanagement (KGSt) entspricht der Wiederbeschaffungswert, teilweise auch Wiederbeschaffungszeitwert genannt, dem Betrag, der *„...für die Wiederbeschaffung oder Wiederherstellung (Ersatz / Erneuerung) von Objekten gleicher Leistungsfähigkeit im Zeitpunkt der Bewertung aufzuwenden wären, hier also per Baupreisindex hochgerechnete Baukostensummen"* [[KGSt84] S. 14].

Der Wiederbeschaffungswert lässt sich folglich wie folgt berechnen:

$$WBW(t_2) = \frac{HK(t_1) \cdot BI(t_2)}{BI(t_1)}$$

(3.1)

WBW *Wiederbeschaffungswert [€]*
HK *Herstellungskosten [€]*
BI *Baupreisindex*
t_1 *Jahr der Gebäudeherstellung*
t_2 *beliebiges Jahr*

Friedensneubauwert

Die staatlichen Hochbauverwaltungen verwenden den sogenannten Friedensneubauwert [Klein77]. Dieser kann sich entweder auf das Jahr 1913 oder das Jahr 1914 beziehen und wird dementsprechend auch benannt [Brue76]. Gemäß der Dienstanweisung der staatlichen Hochbauverwaltung des Landes Hessen entspricht der Friedensneubauwert 1913 *„... den Baukosten, die für den Neubau der Gebäude und baulichen Anlagen hätten aufgewendet werden müssen, wenn sie im Jahre 1913 errichtet worden wären"* [[DABa96] S. 3[1]].

Der Friedensneubauwert kann mit nachfolgender Formel berechnet werden:

$$FNW_{1913} = \frac{HK(t_1) \cdot BI_{1913}}{BI(t_1)}$$

(3.2)

FNW_{1913} *Friedensneubauwert [€]*
HK *Herstellungskosten [€]*
BI *Baupreisindex*
t_1 *Jahr der Gebäudeherstellung*

3.2 Kennzahlenorientierte bzw. historienbasierte Budgetierungsverfahren

Die kennzahlen- bzw. historienbasierte Budgetierung von Instandhaltungsaufwendungen bedient sich lediglich empirischer Werte aus der Vergangenheit [[Jehl89] S.36]. In der Regel werden hierfür Kennzahlen bzw. so genannte Benchmarks wie zum Beispiel Instandhaltungs-

---

[1] Abschnitt K 106

aufwendungen in Euro pro Quadratmeter BGF verwendet. Generell ist die Methode mit nur sehr geringem Aufwand verbunden, denn es sind weder aufwendige Berechnungen noch besondere Vorkenntnisse des Anwenders von Nöten [[Rieg04] S. 15]. Jedoch ist zu beachten, dass die Werte lediglich als grobe Anhaltswerte oder zur überschlägigen Abschätzung geeignet sind. Kennzahlen spiegeln im Rahmen der Instandhaltung die über mehrere Jahre durchschnittlichen Ausgaben wieder. Instandhaltungsausgaben verhalten sich jedoch von Natur aus zyklisch, sodass die Angaben für bestimmte Gebäude eines bestimmten Jahres erheblich von den jeweiligen Kostenangaben abweichen können [[BMI05] S.9]. Insbesondere bei der öffentlichen Hand spiegeln die Kostendaten nur die in der Vergangenheit getätigten Ausgaben wieder, die aufgrund ihres vorgegebenen Budgetrahmens bewilligt wurden. Ob die Ausgaben bezüglich der Werterhaltung tatsächlich ausreichend waren bleibt offen. Hierfür wären Informationen bezüglich des Gebäudezustandes nach den durchgeführten Maßnahmen erforderlich [[BMI05] S.9]. Instandhaltungskennzahlen unterliegen darüber hinaus einer hohen Schwankungsbreite. Dies ist zum einen auf die Schwierigkeiten bei der Datenerfassung und zum anderen auf zahlreiche, den Instandhaltungsbedarf beeinflussende Faktoren wie zum Beispiel das Gebäudealter oder der Ausstattungsstand, zurückzuführen. Auch die eindeutige Abgrenzung der Instandhaltungskosten stellt ein Problem dar [[Heck80] S.110]. Es werden zwar von zahlreichen Institutionen Kennzahlen bezüglich der Instandhaltungsaufwendungen veröffentlicht, jedoch mangelt es an einer standardisierten Basis. Dies gilt sowohl hinsichtlich der Datenerhebung als auch hinsichtlich der Kosten- und Bauteilgliederung [[KaOe03] S. 312].

Generell betrachtet handelt es sich hierbei um die klassischen Probleme des Benchmarkings, auf die im Rahmen dieser Arbeit nicht weiter eingegangen wird. Weit reichende Beschreibungen dieser Problematik sowie des Benchmarkingprozesses findet sich zum Beispiel in: [Bahr01], [GEFM96], [SIA82], [VDI03a].

Nachfolgend werden die in diesem Zusammenhang wichtigen Studien und Veröffentlichungen kurz beschrieben. Ältere Arbeiten werden zu Beginn im Kapitel 3.2.1 *„Studien der 70er und 80er Jahre"* zusammengefasst dargestellt. Aufgrund ihres hohen Alters ist vom Gebrauch dieser Kennzahlen dringend abzuraten. Rahmenbedingungen wie zum Beispiel die Qualität der Bauteile und die Art ihrer Materialen wie auch die Nutzeransprüche haben sich in der Zwischenzeit stark verändert. Eine Indexbereinigung kann zwar preisliche Schwankungen ausgleichen, wird aber darüber hinaus gehenden Veränderungen nicht gerecht.

3.2.1 Studien der 70er und 80er Jahre

Aufgrund der Energiekrise wurden die Folgekosten in der Nutzungsphase in den 70er und 80er Jahren systematisch erforscht. In diesem Zusammenhang sind insbesondere die Arbeiten von Küsgen, Kleinefenn [KHKK70] [Küsg83] und Grüneis [Grün72] im Bereich der Hochschulgebäude sowie Forschungs- und Entwicklungsgebäude zu nennen. Im Bereich der Schulgebäude spielen die Arbeiten von Fuchs [Fuch70], Kleinefenn [Klein76] und Sagebiel [BrMS75], [Sage77] eine entscheidende Rolle. Über 100 Büro- und Verwaltungsgebäude wurden hinsichtlich ihrer Baunutzungskosten von Siegel und Wonneberg [SiWo77] detailliert analysiert. Ebenso für Büro- und Verwaltungsgebäude wurde von Dyllick-Brenzinger [DyBr79] statistische Kennwerte ausgewertet und hierauf aufbauend ein Kostenberechnungsverfahren entwickelt. Detaillierte Vorschläge zur Erfassung der Baunutzungskosten über Richtwertsysteme gibt die Arbeit von Simons und Sager [SiSa80]. Muser und Drings [MuDr77] haben umfangreiche Untersuchungen der Baunutzungskosten durchgeführt. In ihrer Arbeit wurden sowohl Wohn- als auch Verwaltungs-, Schul- und Hochschulgebäude und Krankenhäuser analysiert. Kandel [Kand83] hingegen konzentrierte sich auf Wohngebäude.

3.2.2 Zweite Berechnungsverordnung (II. BV)

Die zweite Berechnungsverordnung [BV03] ist eine Bundesrechtsverordnung, die die Wirtschaftlichkeitsberechnung von Wohnraum und somit auch die Instandhaltung im Wohnungsbau regelt. Vorgeschrieben ist die II. BV im öffentlich geförderten, sozialen Wohnungsbau, im steuerbegünstigten Wohnungsbau sowie im frei finanzierten Wohnungsbau. In der Praxis findet sie jedoch auch darüber hinaus in weiteren Bereichen Anwendung. Die Instandhaltungsdefinition der II. Berechnungsverordnung wurde bereits in Kapitel 2.1.10 erläutert. Die Festlegung der jährlichen Instandhaltungskosten pro Quadratmeter erfolgt unter Berücksichtigung des Gebäudealters. Die Angaben der II. BV sind in nachfolgender Tabelle dargestellt:

Tabelle 3-2: Instandhaltungskosten pro m² Wohnfläche nach §28 Abs.2, II. BV [BV03]

Bezugsfertigkeit vor	max. Instandhaltungsrücklage [€/m²a]
max. 22 Jahren	7,10
min. 22 bis max. 31 Jahren	9,00
min. 32 Jahren	11,50

Unter bestimmten Voraussetzungen können diese Angaben erhöht oder reduziert werden. Genauere Angaben sind der II: BV §28 Abs. 2 bis 4 [BV03] zu entnehmen.

3.2.3 Building Maintenance Cost Information Service (BMCIS)

Von der *Royal Institution of Chartered Surveyors* (RICS), eine Vereinigung von Sachverständigen, die internationale Standards im Bereich der Immobilienwertermittlung festsetzt, wurde in Großbritannien im Jahr 1962 der *Building Cost Information Service* BCIS gegründet [[FeBF99] S. 168]. Der BCIS stellte zunächst den Mitgliedern des RICS umfangreiche Lebenszykluskostendaten zur Verfügung. Seit 1972 sind die Daten für jedermann käuflich erwerbbar und das BCIS nimmt im Bereich der Lebenszykluskostendaten eine führende Rolle ein [[FeBF99] S. 168]. Für den Bereich der Instandhaltung wurde 1971 das Tochterunternehmen *Building Maintenance Cost Information Service* BMCIS, welches später durch das BMI Building Maintenance Information ersetzt wurde, gegründet [ChSw96]. Durch die langjährige Erfahrung wird sowohl der Kontinuität als auch der Konsistenz der Kostendaten Rechnung getragen. Diese werden sowohl von öffentlichen als auch von privaten Immobilienbesitzern zur Verfügung gestellt. Allerdings ist festzustellen, dass die von den Immobilienbesitzern zur Verfügung gestellten Daten keine große Bandbreite von Immobilien repräsentieren. Dies gilt weder hinsichtlich der Gebäudeart und Nutzung noch hinsichtlich deren Konstruktion. Bei der Erstellung von Kostenkennwerten für eventuelle Kostenprognosen muss dieser statistische Mangel vor dem Hintergrund einer möglichen Verzerrung der Aussage berücksichtigt werden. Im BMI Special Report 190 [BMI90] wird die Methode für die Ermittlung der Gebäudekostendaten durch aktuelle Indizes und die richtigen Gewichtungsfaktoren regelmäßig aktualisiert veröffentlicht. Bezüglich der Instandhaltung differenziert der BMI zwischen den werterhaltenden Maßnahmen „decorations" (Schönheitsreparaturen), „fabric maintenance" (Instandhaltung Rohbau) und „sevices maintenance" (Wartung)..

Der BMI Special Report 341 *Review of Maintenance Costs* [BMI05] stellt Kostendaten im Rahmen der Instandhaltung zur Verfügung. Die Daten repräsentieren durchschnittliche jährliche Instandhaltungsausgaben für ein „durchschnittliches" Gebäude jeden Typs. Die Kostenangaben können einer langfristigen Planung der Instandhaltungskosten sowie einem Vergleich im Rahmen eines Benchmarkings dienen.

Laut der Definition des BMI Special Report 341 sind Instandhaltungskosten *„the costs are intended to cover all planned and reactive maintenance including internal and external decorations, fabric maintenance and services maintenance"* [[BMI05] S. 8]. Verbesserungen und große Modernisierungen werden hiervon jedoch genauso ausgeschlossen, wie die Instandhaltung von gebäudeunabhängigen Ausstattungen, wie zum Beispiel Telefone, Kühlschränke oder Kochgeräte.

Eine Auswahl der in [BMI05] angegebenen Kosteninformationen sind in nachfolgender Tabelle dargestellt:

Tabelle 3-3: Instandhaltungskosten[2] pro 100 m² nach [[BMI05] S. 9-40]

Gebäudetyp	Schönheitsreparaturen [€/100m²a]	Instandhaltung Rohbau [€/100m²a]	Wartung [€/100m²a]	Total [€/100m²a]
kommunale Verwaltungsgebäude	367,90	1.618,76	1.765,92	3.752,58
Gerichtsgebäude	367,90	1.398,02	2.133,82	3.899,74
Bürogebäude allgemein	367,90	1.398,02	2.133,82	3.899,74
Bürogebäude klimatisiert	367,90	1.471,60	3.016,78	4.856,28
Bürogebäude nicht klimatisiert	294,32	1.471,60	1.765,92	3.531,84
Krankenhäuser allgemein	515,06	1.692,34	2.354,56	4.561,96
Kindergärten	441,48	1.618,76	1.913,08	3.973,32
Grundschule	441,48	1.324,44	1.692,34	3.458,26
Oberschule	367,90	1.250,86	1.324,44	2.943,20
Universität	441,48	1.471,60	2.133,82	4.046,90
Wohngebäude	147,16	882,96	956,54	1.986,66

3.2.4 FM Monitor

Der FM Monitor [pom07] ist eine Studie über den Facility Management-Markt in der Schweiz, die seit 2002 jährlich publiziert wird. Neben der Analyse des Schweizer FM-Marktes werden FM-Kennzahlen zu verschiedenen Gebäudearten veröffentlicht, welche jährlich weiter ausgebaut werden. Die aktuelle Studie wurde von der ETH Zürich (Professur für Planung und Management im Bauwesen) und der ETH Lausanne (Domaine Immobilier et Infrastructures) in Kooperation mit dem Beratungsunternehmen pom+Consulting AG in Zürich sowie mit öffentlichen und privaten Immobilienbesitzern der Schweiz erstellt. Im Rah-

---

[2] Kostenangaben wurden in Euro umgerechnet. Umrechnungskurs: 1£ entspricht 1.4716 €

men der Studie aus dem Jahr 2007 wurden Daten von über 1.200 Immobilien aus den Bereichen Handel und Verwaltung, Wohnen, Industrie, Fürsorge und Gesundheit, Unterricht, Bildung und Forschung, Land- und Forstwirtschaft sowie Justiz und Polizei erhoben. Die Studie gibt Kennzahlen zu Bewirtschaftungskosten der analysierten Immobilien an, unter anderem auch für den Bereich der Instandhaltung. Aufgrund der Differenzierungsschwierigkeit bei der Datenerfassung, wurden die Kosten zur Feststellung des Ist-Zustandes und die Kosten zur Wahrung des Soll-Zustandes unter der Maßnahme *„Überwachungs- und Instandhaltungskosten"* zusammengefasst.

Als Bezugsfläche wurde im Rahmen dieser Studie die Geschossfläche (GF) gewählt, die als „allseitig umschlossene und überdeckte Grundrissfläche der zugänglichen Geschosse einschliesslich der Konstruktionsflächen definiert ist" [[pom07] S. 99]. Die statistischen Kennwerte der Überwachungs- und Instandhaltungskosten aus den Bereichen Handel und Verwaltung sowie Unterricht, Bildung und Forschung sind in nachfolgender Tabelle dargestellt[3] [pom07]:

Tabelle 3-4: Überwachungs- und Instandhaltungskosten pro m² GF [[pom07] S. 25, 41]

Gebäudetyp	Mittelwert [€/m²a]	Median [€/m²a]	Minimum [€/m²a]	Maximum [€/m²a]	Standardabweichung [€/m²a]
Unterricht, Bildung u. Forschung	7,73	5,48	0,24	35,32	7,06
Handel und Verwaltung	9,44	6,03	1,77	47,44	9,38

3.2.5 Office Service Charge Analysis Report (OSCAR)

Seit über 10 Jahren führt Jones Lang LaSalle in Kooperation mit CREIS Real Estate Solutions eine Analyse der Büronebenkosten durch. Die Ergebnisse der sogenannten OSCAR[4] Studie [JoLL06] werden jährlich veröffentlicht, wobei der Detaillierungsgrad und der Stichprobenumfang über die Jahre zugenommen haben. Bezüglich der Nebenkostendaten kann die Studie inzwischen als bekannteste Studie Deutschlands betrachtet werden. Im Jahre 2006 wurden 397 Immobilien analysiert, deren Gesamtfläche nahezu 6 Mio. m² umfasst. Durchgeführt

---

[3] Kostenangaben wurden in Euro umgerechnet. Umrechnungskurs: 1CHF entspricht 0,609 €

[4] OSCAR: Office Service Charge Analysis Report

werden eine Neben- und eine Vollkostenanalyse. Erstere enthält alle umlegbaren Kosten und differenziert die Immobilien hinsichtlich Klimatisierung, Gebäudequalität, Gebäudegröße und Standort. Die Vollkostenanalyse dagegen orientiert sich hinsichtlich der Kostengliederung an der DIN 18960 [DIN99] und enthält im Vergleich zur Nebenkostenanalyse auch die beim Eigentümer verbleibenden Bewirtschaftungskosten wie z.B. die Bauunterhaltung. Diesbezüglich fasst die Studie die Kosten für Wartung, Instandsetzung und Hausmeister zusammen, wobei bei der Vollkostenanalyse lediglich hinsichtlich der Klimatisierung und der Gebäudequalität differenziert wird [[JoLL06] S.18].

Wartungsmaßnahmen beziehen sich nach OSCAR auf die allgemeine Technik. Nicht enthalten sind hierbei technische Geräte, die vom Mieter selbst installiert wurden, wie zum Beispiel Klimaanlagen [[JoLL06] S. 21]. Maßnahmen der Instandsetzung werden im Rahmen der Studie nicht näher abgegrenzt.

Im Gegensatz zur Schweizerischen Studie FM-Monitor werden die Kostenangaben nicht auf die Geschossfläche der Immobilien bezogen, sondern auf deren Nettogrundfläche (NGF). Die Kostenangaben der OSCAR Studie 2006 beziehen sich auf das Jahr 2005 und beinhalten nicht die gesetzliche Mehrwertsteuer.

Nachfolgend sind die Kostenangaben für Maßnahmen der Wartung und Instandsetzung sowie den Hausmeister differenziert nach Klimatisierung und Gebäudequalität aus dem Jahr 2006 dargestellt:

Tabelle 3-5: Kosten für W, IS, Hausmeister und Unterhaltung [€/m²NGF], [[JoLL06] S.7]

Gebäudetyp	Maßnahme	klimatisiert [€/m²a]	unklimatisiert [€/m²a]	Qualität einfach [€/m²a]	Qualität mittel [€/m²a]	Qualität hoch [€/m²a]
Büro- und Verwaltungsgebäude	Bauunterhalt	5,76	4,44	3,84	4,92	6,36
Büro- und Verwaltungsgebäude	Wartung, Instandsetzung, Hausmeister	16,8	13,44	12,24	14,64	18,12

3.2.6 IFMA Benchmarking Report

Der IFMA Benchmarking Report [IFMA05] gibt Auskunft über die Gebäudebewirtschaftungskosten deutscher Unternehmen. Durchgeführt wurde die Studie vom Arbeitskreis

Benchmarking der IFMA Deutschland e.V. in Kooperation mit der m+p Consulting GmbH. Analysiert wurden 359 Immobilien mit einer Brutto-Grundfläche (BGF) von insgesamt 5,3 Mio. Quadratmeter. Neben Bürogebäuden werden auch Forschungs- und Laborgebäude sowie Produktionsgebäude analysiert. Die verwendeten Kostenarten orientieren sich primär an der DIN 32736 [DIN00], teilweise wurden sie auch mit der DIN 18960 [DIN99] sowie den Richtlinien 200 und 300 der GEFMA [GEFM04], [GEFM96] abgeglichen. Durchgeführt wurde eine Vollkostenanalyse, es sind also sämtliche interne und externe Personal- und Materialkosten sowie eventuelle Gebühren enthalten. Die Erfassung der Daten wurde von den teilnehmenden Unternehmen selbst durchgeführt und bezieht sich auf einen Zeitraum von nur zwei bis drei Monaten.

Der IFMA Benchmarking Report [IFMA05] bezieht sich auf die Bruttogrundfläche (BGF) der Immobilien. Die Kostenangaben beziehen sich auf das Jahr 2004, wobei keine Angaben bezüglich der Mehrwertsteuer gemacht werden. Maßnahmen der Instandhaltung setzten sich laut der Kostenstruktur des IFMA Benchmarking Reports aus den Grundmaßnahmen „Wartung & Inspektion" sowie der „Instandsetzung" zusammen. Hinsichtlich der DIN 276 [DIN93] werden nachfolgende Kostengruppen berücksichtigt:

- Kostengruppe 300: *„Bauwerk – Baukonstruktionen"*

- Kostengruppe 400: *„Bauwerk – Technische Anlagen"*

- Kostengruppe 500: *„Außenanlagen"*

- Kostengruppe 600: *„Ausstattung und Kunstwerke"*

In nachfolgender Tabelle sind die Kennzahlen für die Maßnahmen der Instandhaltung verschiedener Gebäudetypen sowie die Instandhaltungsraten bezogen auf den Herstellungswert sowie auf den Wiederbeschaffungswert aufgeführt:

Tabelle 3-6: IHK pro m² BGF und Instandhaltungsgrad [[IFMA05] S. 33, 34, 42, 47, 48]

Gebäudetyp	Instandhalten [€/m²a]	Wartung & Inspektion [€/m²a]	Instandsetzen [€/m²a]	IH-Rate (Herstellungsw.) [%]	IH-Rate (WBW) [%]
Bürogebäude	12,43	3,96	11,08	1,52	0,83
Forschungs- und Laborgebäude	23,22	10,10	12,36	k.A	k.A
Produktionsgebäude	27,75	9,49	8,61	1,83	2,44

3.2.7 Key Report Office

Atisreal Property Management veröffentlichte im Jahr 2005 zum fünften Mal den Key-Report Office [atis05]. Die Studie analysiert 396 Büro- und Verwaltungsgebäude hinsichtlich ihrer Bewirtschaftungskosten. Bezüglich der Werterhaltung werden im Key Report Office Kostenangaben zur Wartung und Inspektion gegeben. Eine Abgrenzung der dahinter stehenden Maßnahmen existiert nicht. Aufgrund der eingeschränkten Betrachtung bezüglich der Instandhaltungsmaßnahmen wird die Studie im Rahmen dieser Arbeit nicht näher analysiert.

3.3 Wertorientierte Budgetierungsverfahren

3.3.1 Basis Herstellungswert

Das Instandhaltungskostenbudget bei der herstellungswertorientierten Methode wird durch Multiplikation eines in seiner Höhe festgelegten Prozentsatzes, dem sogenannten Jahresrichtsatz, mit den Baukosten berechnet. Es wird davon ausgegangen, dass die Instandhaltungskosten im Wesentlichen von den Herstellungskosten einer Immobilie abhängen. Wird ein Gebäude teuer erstellt, so folgen nach dieser Methode automatisch hohe Instandhaltungskosten. Diese werden über die gesamte Lebensdauer durch einen stets gleich bleibenden Prozentsatz berechnet, wodurch sich der Ermittlungsaufwand in Grenzen hält [[Heck80] S.115]. Die Höhe des Prozentsatzes variiert je nach Studie zwischen 0,8 und 3,0 % [Hamp86], [[Koeh76] S.7]. Jährliche Preissteigerungen werden hierbei nicht berücksichtigt. Aufgrund dieser und der stark vereinfachten Annahme einer konstanten Relation zwischen Herstellung- und Instandhaltungskosten handelt es sich bei den mit dieser Methode berechneten Werten lediglich um grobe Näherungen [Heck80]. Die tatsächlich anfallenden Kosten können hiervon erheblich abweichen, nicht zuletzt auch aufgrund unterschiedlicher Beanspruchung wie z.B. unterschiedliche Nutzungsintensität, unterschiedliche Umwelteinflüsse oder sonstige Einflussfaktoren, welche die Höhe der Instandhaltungskosten beeinflussen (vgl. hierzu Kap. 5).

In der Realität verhalten sich die Herstellungskosten meist umgekehrt proportional zu den Instandhaltungskosten. Teurere, hochwertigere Bauteile beispielsweise haben aufgrund der geringeren Schadensanfälligkeit häufig niedrigere Instandhaltungskosten zur Folge [[SiSa80] S. 33]. Jedoch können hohe Herstellungskosten auch durch ein aufwendiges Design oder eine komplexe technische Gebäudeausstattung hervorgerufen werden, sodass dieser Effekt auch wieder überlagert werden kann [[ifB01] S. 5], [[Hamp86] S.2].

Nachfolgend sind die Größenordnungen der Jahresrichtwerte verschiedener Autoren und Institutionen tabellarisch aufgeführt:

Tabelle 3-7: Herstellungswertorientierte Richtwerte für Instandhaltungsmaßnahmen

Studie	Prozent vom Herstellungswert	Gebäudetyp
Füchsle, 1970	1,0	Büro- und Verwaltung
Schulbauinstitut der Länder, 1972	1,0 Bauwerkskosten 3,0 Gerätekosten	Schulgebäude
Burianek, 1973	2,0	bauliche Anlagen
Vogels, 1977	1,0 - 1,5	bauliche Anlagen
Koehn, 1976	1,0 - 2,0 1,0 - 1,5 1,5 - 2,5 3,0	Wohngebäude Fabrikgebäude Bürogebäude größere Wohnblöcke
Gerardy, 1980	1,0 - 1,2	bauliche Anlagen
Simons / Sager, 1980	1,0	Wohngebäude
Peters, 1984	1,9	Wohngebäude
Hampe, 1986	0,8 - 1,8	Wohngebäude
Schröder, 1989	1,1	öffentliche Immobilien

Quellen der Reihe nach: [[Füch70] S. 185], [[SBL72] S. 10], [[Buri73] S. 76], [[Koeh76] S. 7], [[Voge77] S. 82], [[SiSa80] S. 33], [[Gera80] S. 544], [[Pete84] S. 144], [Hamp86], [[Schr89] S. 449]

3.3.2 Basis Wiederbeschaffungswert

Bei der wiederbeschaffungswertorientierten Methode ist der Orientierungswert nicht der Herstellungswert eines Gebäudes, sondern dessen Wiederbeschaffungswert. Die Richtwertermittlung erfolgt jedoch analog zur herstellungswertorientierten Methode, durch Multiplikation eines festgelegten Prozentsatzes mit dem Wiederbeschaffungswert. Durch die Hochrechnung auf den Bewertungszeitpunkt mit Hilfe des Baupreisindexes werden bei diesem Verfahren im Gegensatz zum herstellungswertorientierten Verfahren Preissteigerungen berücksichtigt [[Heck80] S. 122]. Der Baupreisindex wird vom Statistischen Bundesamt jedes Jahr neu festgelegt. Er berücksichtigt die Preisveränderungen hinsichtlich des Neubaus und der Instandhaltung von Gebäuden. Das Statistische Bundesamt erhebt jedes Quartal Preise von 5000 repräsentativen Unternehmen des Baugewerbes und berechnet hieraus den Baupreisindex [dest07a].

Alle weiteren Kritikpunkte aus Kapitel 3.3.1 können auch auf das wiederbeschaffungswertorientierte Verfahren übertragen werden. Die Höhe des Prozentsatzes variiert bei diesem Verfahren je nach Studie und abhängig vom Gebäudetyp zwischen 0,8 und 6 %. Die Größenordnungen der Jahresrichtwerte verschiedener Autoren und Institutionen sind in nachfolgender Tabelle aufgeführt:

Tabelle 3-8: Wiederbeschaffungswertorientierte Instandhaltungsrichtwerte

Studie	Prozent des Wiederbeschaffungswertes	Gebäudetyp
IP Bau, 1994	0,8 - 1,1 Wahrung d. Funktionstauglichkeit 1,6 - 2,6 Wiederherstellung d. Funktionstauglichkeit	Wohngebäude
Frutig / Reiblich, 1995	1,0 - 2,0 2,0 - 4,0 3,0 - 4,0 3,0 - 6,0 2,5 - 5,0	Banken, Versicherungen Handel Stahlhochbauten Krankenhäuser Kongressgebäude
Christen / Meyer-Meierling, 1999	1,25	Wohngebäude
EFNMS Building Maintenance working Group, 2001	1,0 - 3,0	--

Quellen der Reihe nach: [[IPBau94] S. 18], [[FrRe95] S. 45],[[ChMe99] S. 43],[[EFNM01] S. 146]

3.3.3   Basis Friedensneubauwert

Bei der friedensneubauwertorientierten Methode bezieht sich der Richtwert auf den Friedensneubauwert einer Immobilie. Die Ermittlung erfolgt analog zu der in Kapitel 3.3.1 und Kapitel 3.3.2 beschriebenen Methode, durch Multiplikation eines festgelegten Prozentsatzes mit dem Friedensneubauwert. Verwendet wird diese Methode primär von den staatlichen Hochbauverwaltungen. Die Jahresrichtwerte werden von den jeweiligen Bundesländern festgelegt [[Jehl89] S.38].

Nach seiner Definition in Kapitel 3.1.3 ist der Friedensneubauwert ein fest stehender Wert. Demzufolge besteht die Problematik bei dessen Verwendung darin, dass aufgrund von Preissteigerungen der Bemessungssatz jedes Jahr neu festgelegt werden muss. Rechnerisch spielt es zwar keine Rolle, ob sich die Bemessungsgrundlage, wie im Falle des Wiederbeschaffungswertes, jährlich ändert, oder ob sich der Prozentsatz ändert und die Bemessungsgrundlage fest bleibt. Jedoch führt es nach Angaben der KGSt in der Praxis häufig zu Schwierigkeiten, da es dem einmal festgelegten Richtsatz an Beständigkeit fehlt [[KGSt84] S.14].

Der Vorteil des Friedensneubauwertes liegt darin, dass er aufgrund der früher in verschiedenen Bundesländern geltenden Feuer-Pflichtversicherung systematisch erfasst wurde und somit für einen Großteil der Gebäude vorliegt [[KGSt84] S. 14]. Jedoch wurden die Feuerplichtversicherungen zuletzt in Baden-Württemberg im Jahr 1994 abgeschafft, sodass der Friedensneubauwert lediglich für ältere Gebäude vorliegt.

Die Annahme eines konstanten Prozentsatzes suggeriert einen gleich hohen Betrag, der jedes Jahr für Maßnahmen der Instandhaltungsmaßnahmen zur Verfügung steht. Aufgrund der Baupreissteigerung ist dieser Betrag in der Realität jedoch nicht gleich groß, sondern nimmt mit zunehmendem Gebäudealter ab.

3.4 Analytische Verfahren zur Berechnung des Instandhaltungsbudgets

Analytische Methoden gehen im Vergleich zu den in Kapitel 3.2 und 3.3 beschriebenen Budgetierungsmethoden wesentlich differenzierter vor. Die Differenzierung liegt in der Berücksichtigung verschiedener Variablen, wie beispielsweise des Gebäudealters, der technischen Gebäudeausstattung oder der Immobiliengröße. Diese Variablen werden durch sogenannte Korrektur- bzw. Gewichtungsfaktoren bei der Berechnung berücksichtigt. Hierdurch werden genauere und darüber hinaus gebäudespezifische Berechnungen möglich [[KöSc88] S. 33], [[Jehl89] S. 39]. Sind die üblichen Gebäudeinformationen, wie z.B. Geometriedaten, Standort, Technikanteil usw. vorhanden, so ist der Ermittlungsaufwand des Instandhaltungsetats nur unwesentlich höher als bei den bisher beschriebenen Methoden. Bezüglich der Genauigkeit können sich analytische Verfahren an die jeweiligen Anforderungen anpassen und sind somit hinsichtlich Aufwand und Genauigkeit genau skalierbar. Es können jederzeit neue Einflussfaktoren oder Randbedingungen bei der Berechnung hinzugezogen werden, wodurch das Ergebnis „verfeinert" werden kann [[Rieg04] S. 16].

3.4.1 Verfahren von Naber

Das Verfahren von Naber [Nabe02] dient der qualitativen und quantitativen Berechnung von Baunutzungskosten. Durch eine Aufteilung der Kosten gemäß DIN 18960 [DIN76] und mit Hilfe von Gewichtungsfaktoren können vorliegende Vergleichswerte verfeinert und an das jeweilige Gebäude angepasst werden. Diese Modifizierung allgemeiner Vergleichs- oder Kennwerte ermöglicht eine genauere Kostenberechnung mit nur geringem Mehraufwand.

Mit Hilfe von Arbeits- und Datenblättern kann abhängig von der Planungsphase zunächst die Nutzungskostenschätzung und darauf aufbauend die nachfolgende, wesentlich detailliertere Nutzungskostenberechnung durchgeführt werden.

Nutzungskostenschätzung

Basis der Nutzungskostenschätzung bildet die Einstufung maßgeblicher Einflussgrößen der jeweiligen Kostengruppen. Hierauf aufbauend wird eine Bewertung nach Punkten von 1 bis 3 vorgenommen. Die qualitative Schätzung der Kosten erfolgt durch die Bildung von Durchschnittswertungen. Hierfür wird die Gesamtzahl der vergebenen Punkte durch die Summe der Punkte einer mittleren Bewertung dividiert. Das Verfahren wird nachfolgend am Beispiel der Bauunterhaltungskosten näher erläutert:

Tabelle 3-9: Einstufung und Bewertung für die Kostenschätzung, [[KaNa02] S. 32]

6. Bauunterhaltungskosten	Einstufung	Bewertung (einfach=1P, mittel=2P, aufwendig=3P)
6.1 Baukonstruktion	mittel	2
6.2 Technische Anlagen	mittel	2
6.3 Außenanlagen	einfach	1
6.4 Ausstattung	einfach	1
Summe der Punkte		6
Summe der Punkte bei mittlerer Einstufung		8
Bewertungsfaktor		**0,75**

Generell kann für alle Kostengruppen der berechnete Bewertungsfaktor lediglich Werte zwischen 0,5 und 1,5 annehmen. Eine Abweichung vom Mittelwert ist also nur zu 50 % möglich.

Bezüglich der zu erwartenden Kosten nimmt Naber [[Nabe02] S. 101] abhängig vom Bewertungsfaktor nachfolgende Einstufung vor:

- unterdurchschnittliche Kosten (Bewertungsfaktor 0,5 bis 0,83)

- durchschnittliche Kosten (Bewertungsfaktor 0,84 bis 1,17)

- überdurchschnittliche Kosten (Bewertungsfaktor 1,18 bis 1,5)

Liegen geeignete Vergleichs- oder Kennwerte vor, so kann eine quantitative Schätzung der Kosten vorgenommen werden, indem diese mit den ermittelten Bewertungsfaktoren aus der qualitativen Schätzung multipliziert werden. Als Kennwerte können die in Kapitel 3.2 und Kapitel 3.3 beschriebenen Werte dienen. Für die Bauunterhaltungskosten nimmt Naber [Nabe02] nach Simons und Sager [SiSa80] einen jährlichen Satz von 1 % der Herstellungskosten an. Für ein Beispielgebäude mit den Herstellungskosten von 1.202.365,50 € und einer Hauptnutzfläche von 623,79 m² ergibt sich bei der quantitativen Schätzung der Bauunterhaltskosten nachfolgender Betrag:

Tabelle 3-10: Schätzung der Bauunterhaltungskosten, [[KaNa02] S. 32]

6. Bauunterhaltungskosten

Faktor	x	Herstellungskosten	x	1 %	= €/Jahr
0,75	x	1.202.365,50 €	x	0,01	= 9017,74
Bezogen auf HNF: 9017,74 €/623,79 m² HNF				= **14,46 €/m²a**	

Nutzungskostenberechnung

Zur Berechnung der Nutzungskosten wird das Verfahren der Kostenschätzung weiter verfeinert. Analog zur Kostenschätzung erfolgt zunächst eine qualitative Einstufung und eine hieraus folgende Bewertung mit 1 bis 3 Punkten. Zur Berechnung des Bewertungsfaktors wird die Summe der Bewertungen einer Kostenart durch die Summe der mittleren Bewertung dividiert. Der Unterschied zur Kostenschätzung liegt lediglich in der detaillierteren Untergliederung der einzelnen Kostenarten. Teilweise werden die Betriebskosten nach DIN 18960 [DIN76] bis in die dritte Gliederungsebene aufgeteilt. Die Bewertung der Bauunterhaltung erfolgt bei der Nutzungskostenberechnung über die Lebensdauer der einzelnen Bauteile. Naber [Nabe02] schlägt hierbei die Verwendung des Bauelementenkatalogs von Tomm, Rentmeister und Finke [ToRF95] vor. Die Einstufung und Bewertung für die Kostenberechnung ist in nachfolgender Tabelle beispielhaft für die Bauunterhaltung dargestellt.

Tabelle 3-11: Einstufung und Bewertung für die Kostenberechnung, [[KaNa02] S. 33]

6. Bauunterhaltungskosten	Einstufung	Bewertung (lang=1P, mittel=2P, kurz=3P)
6.1 Lebensdauer Baukonstruktionen		
Gründung	mittel	2
Außenwände	lang	1
Innenwände	mittel	2
Decken	kurz	3
...	....	....
Summe der Punkte		
Summe der Punkte bei mittlerer Einstufung		
Bewertungsfaktor		
6.2 Lebensdauer Technische Anlagen		
Abwasser-, Wasser-, Gasanlagen	lang	1
Wärmeversorgungsanlagen	kurz	3
Lufttechnische Anlagen	kurz	3
....	....	...
Summe der Punkte		
Summe der Punkte bei mittlerer Einstufung		
Bewertungsfaktor		
6.3 Außenanlagen		
Geländeflächen	lang	1
...	....	....
...		
Bewertungsfaktor		

Als Bezugsfläche für die Berechnung der Kostenkennwerte nach dem Verfahren von Naber [Nabe02] dient die Hauptnutzfläche (HNF). Die Maßnahmen im Bereich der Erhaltung von Gebäuden werden nach DIN 18960:1976-04 [DIN76] differenziert in Bauunterhaltung, Bedienung, Wartung und Inspektion. Die Bauunterhaltung umfasst nach DIN 276 [DIN93] nachfolgende Kostengruppen:

- 300 Bauwerk – Baukonstruktionen

- 400 Bauwerk – Technische Anlagen

- 500 Außenanlagen

- 600 Ausstattung und Kunstwerke

Der pauschale Kostenansatz von Simons und Sager [SiSa80] mit 1 % der Herstellungskosten wird durch das Verfahren lediglich durch die Berücksichtigung des Ausstattungsstandards sowie die Bauteillebensdauer bei der Einstufung und Bewertung der einzelnen Gruppen bzw. Bauteile verbessert. Kritisch anzumerken ist, dass die Instandhaltungskosten der Baukonstruktion genauso gewichtet werden, wie die Instandhaltungskosten der Außenanlage oder der Innenausstattung. Naber [Nabe02] nennt zwar weitere Einflussfaktoren wie zum Beispiel das Alter, den Standort oder auch Umwelteinflüsse, diese werden bei der Berechnung jedoch nicht berücksichtigt. Die Berechnung des Instandhaltungsbudgets ist bei diesem Verfahren mit geringem Aufwand verbunden, sodass dieses schnell bestimmt werden kann. Jedoch vernachlässigt das Verfahren von Naber [Nabe02] die Baupreissteigerung, sodass den Instandhaltungsverantwortlichen jedes Jahr weniger Mittel zur Verfügung stehen. Vor diesem Hintergrund eignet sich das Verfahren von Naber [Nabe02] nicht einmal für grobe Kostenabschätzungen.

3.4.2 Berechnungsmodell von Riegel

Riegel hat im Rahmen seiner Dissertation [Rieg04] ein softwaregestütztes Berechnungsverfahren entwickelt. Ziel des Verfahrens ist die Prognose und Beurteilung von Nutzungskosten von Büroimmobilien. Im Rahmen der Instandhaltung differenziert Riegel zwischen „Inspektion & Wartung inkl. kleiner Instandsetzung" und „großer Instandsetzung".

Inspektion & Wartung inkl. kleiner Instandsetzung

Zur Berechnung der jährlichen Gesamtkosten für Inspektion & Wartung inkl. kleiner Instandsetzung müssen nach Riegel [[Rieg04] S. 106] nachfolgende Parameter vorliegen:

- Aufwandswerte **A** für die jeweiligen Aktivitäten in [h/Ereignis]

- zugehörige Intervallzyklen **F** pro Jahr [1/a]

- der Stundenverrechnungssatz SVS_M [€/h]

- Materialkosten M_{IS} der kleinen Instandsetzung [€/Ereignis]

Es handelt sich um ein sehr differenziertes Berechnungsverfahren, welches sich auf die Lebensdauer von mehr als 185 verschiedenen Bauelementen eines Gebäudes stützt. Die Berechnung der Kosten für Inspektion & Wartung inkl. kleiner Instandsetzung erfolgt nach folgender Formel:

$$K_{W,IP,IS} = \sum_{b=1}^{n} [(F_{W,b} \cdot A_{W,b} + F_{IP,b} \cdot A_{IP,b}) \cdot SVS_W + M_{IS,b}]$$

(3.3)

b	*Laufindex über Bauteile*	W	*Wartung*
IP	*Inspektion*	IS	*kleine Instandsetzung*
F	*Intervallzyklus [1/a]*	A	*Aufwandswert [h/Ereignis]*
M_{IS}	*Materialkosten M_{IS} [€/Ereignis]*	$SVS_{M(I)}$	*Stundenverrechnungssatz [€/h]*

Während die Kosten für Wartung & Inspektion sowohl die Material- als auch die Personalkosten beinhalten, werden letztere bei den Kosten der kleinen Instandsetzung nicht angesetzt. Die Prognose der Kosten für Wartung & Inspektion erfolgt nach einem geregelten Inspektions- und Wartungsplan. Eine ausfallbedingte Instandhaltungsstrategie, welche zumindest bei der öffentlichen Hand in den meisten Fällen angewandt wird, ist für Immobilienbesitzer hierdurch nicht möglich.

Große Instandsetzung

Kosten für große Instandsetzungen treten in der Regel unregelmäßig auf. Riegel [[Rieg04] S.133] versucht diese näherungsweise unter Berücksichtigung verschiedener Trends wie beispielsweise die Preisentwicklung für die Zukunft abzuschätzen. Aufgrund der unterschiedlichen Lebensdauer einzelner Bauteile wählt Riegel eine Kostengliederung nach Bauteilen analog zur dritten Gliederungsebene der DIN 276 [DIN93]. Zur Schätzung der Lebensdauer schlägt Riegel [Rieg04] den *Leitfaden für Nachhaltiges Bauen* des Bundesministeriums für Verkehr, Bau- und Wohnungswesen [Bund01] vor. Die Berechnung der Kosten für die große Instandsetzung eines beliebigen Betrachtungszeitraumes erfolgt nach folgender Formel:

$$K_{Inst} = f_{Aus} \sum_{n=1}^{i} [(IKi \cdot \sum_{l=1}^{h} (1 + \frac{p}{100})^{h \cdot LD_i}]$$

(3.4)

f_{Aus}	*Faktor des Ausstattungsstandards*	IK	*Investitionskosten [€]*
i	*Kostengruppe KGr.*	n, l	*Variablen aus der Zahlenmenge {N}*
LD	*tatsächliche Lebensdauer [a]*	X	*Betrachtungszeitraum [a]*

p *durchschnittliche Preissteigerungsrate = 4,2 %*

h *Häufigkeit d. Instandsetzungen einer KGr. Innerhalb d. Betrachtungszeitraumes X*
       h = 0 bei X < LDi => falls h = 0, so ist Kinst = 0
       h = 1 bei LDi < X < 2·LDi
       h = 2 bei 2·LDi < X < 3·LDi
       h = k bei (k-1)·LDi < X < k·LDi, mit: k Variable aus der Zahlenmenge {N}

Die nach Riegel [[Rieg04] S. 133] berechneten Kosten umfassen die Kostengruppen 300 und 400 der DIN 276 [DIN93].

Zusammenfassend ist zu sagen, dass es sich bei diesem Verfahren um ein sehr detailliertes Verfahren handelt, welches zur Berechnung des für die Instandhaltung erforderlichen Budgets einen enormen Bedarf an Daten hat. Das Verfahren setzt die Kenntnis von zahlreichen einzelnen Parametern voraus, die in der Praxis von Immobilienbesitzern jedoch meist nicht vorgehalten werden. Darüber hinaus ist die Berechnung des Instandhaltungsbudgets mit einem sehr hohen Rechenaufwand verbunden.

3.4.3 Essener Berechnungsmodell

Dass die Berechnung der Kosten für Maßnahmen der Instandhaltung auch in der Praxis von großer Bedeutung ist, zeigt das sogenannte Essener Berechnungsmodell [SpSt91a]. Das Modell wurde zur Ermittlung der für die Instandhaltung der bahneigenen Hochbauten notwendigen Ressourcen unter Berücksichtigung spezifischer Kenndaten der Deutschen Bahn von der Hochbaubahnmeisterei Essen entwickelt. In Bezug auf die DIN 31051 [DIN03] umfasst das Essener Berechnungsmodell die Maßnahmen der Instandhaltung, jedoch ohne Modernisierung bzw. Verbesserung. Hinsichtlich der betrachteten Objekte sind in dem Modell Gebäude, Hallen sowie Überdachungen enthalten.

Generell werden die Kosten für Instandhaltung mit Hilfe des Gebäudevolumens berechnet, jedoch auf die zwei nachfolgend dargestellten unterschiedlichen Arten:

- in Anlehnung an die II. Berechnungsverordung [BV03]

- in Anlehnung an Rössler [RöLS81]

In Anlehnung an die II. Berechnungsverordnung

Wie bereits in Kapitel 3.2.2 beschrieben, werden in der II. BV [BV03] die jährlichen Instandhaltungskosten pro Quadratmeter Wohnfläche in Abhängigkeit von Gebäudealter und Ausstattungsstandard berechnet. Nicht berücksichtigt sind in der II. BV gewerblich genutzte Räume, sowie Gebäude deren Erstellung vor 1945 erfolgte. Das Essener Berechnungsmodell schlägt eine Berücksichtigung des hierfür in der Regel höheren Instandhaltungsaufwandes durch pauschale Zuschläge vor. Für gewerblich genutzte Räume werden nach [RöLS81] Zuschläge von bis zu 25 % und für Vorkriegsgebäude abhängig, vom Jahr der Fertigstellung, Zuschläge nach folgender Tabelle erhoben:

Tabelle 3-12: Zuschläge zu den Instandhaltungskosten für ältere Gebäude, [[RöLS81] S. 166]

Herstellungsjahr	Zuschlag
vor 1925	15 %
1925 bis 1934	10 %
1934 bis 1945	5 %

Bahnintern wird darüber hinaus der Instandhaltungsstatus der Immobilien berücksichtigt. Dies erfolgt durch einen Prozentsatz, der abhängig von Gebäudetyp und Nutzung, durch die Bahn festgelegt wird:

Tabelle 3-13: Instandhaltungsstatus als Grad der Instandhaltung, [[SpSt91a] S. 557]

Gebäudetyp bzw. Nutzung	Instandhaltungsstatus
Geschäfts- und Verwaltungsgebäude Anlagen für den Betrieb, Verkehr und der techn. Dienste Serviebetriebe	100 %
vermietete od. verpachtete Anlagen mit Teilinstandhaltung für die DB (Toleranzbereich: 40 - 60%)	50 %
stillgelegte, nicht vermietete, nicht verpachtete Anlagen, die zum Verkauf oder zum Abbruch anstehen (nur Verkehrssicherungspflicht)	20 %
vermietete od. verpachtete Anlagen, die von Dritten zu 100% instandzuhalten sind an Wohnungsbaugesellschaften übergegebene Gebäude	0 %

Wie in nachfolgender Formel dargestellt, ergeben sich die Kosten für Instandhaltung folglich aus dem Produkt der Wohn- bzw. Gewerbefläche und dem mit Hilfe der Zuschläge bzw. Instandhaltungsstatus modifiziertem Quadratmeterpreis zu:

$$K_1 = F \cdot QP$$

(3.5)

F *Wohnfläche bzw. gewerbliche Nutzfläche [m²]*
QP *Quadratmeterpreis für Instandhaltung [€/m²]*

In Anlehnung an Rössler

Nach dem zweiten Berechnungsweg des Essener Berechnungsmodells berechnen sich die Kosten für die jährlichen Instandhaltungsaufwendungen aus dem Produkt des Neubauwertes und einem Instandhaltungsprozentsatz:

$$K_2 = NW \cdot I \qquad (3.6)$$

NW *Neubauwert [€]*
I *Instandhaltungsprozentsatz [%]*

Das Essener Berechnungsmodell empfiehlt, den Neubauwert über das Volumen des Bauwerkes und den Raummeterpreis wie folgt zu berechnen:

$$NW = V \cdot RP \qquad (3.7)$$

V *Volumen [m³]*
RP *Raummeterpreis [€/m³]*

Das Modell geht davon aus, dass der Raummeterpreis mit zunehmender Geschosshöhe sinkt und berücksichtigt daher das sogenannte Ausbauverhältnis, ausgedrückt durch den Quotienten Bauwerksvolumen zu Wohn- bzw. Nutzfläche. In Anlehnung an [Krän77] wird der Raummeterpreis mit nachfolgendem Faktor modifiziert:

$$MF = 1{,}1 - \frac{V/F}{50} \qquad (3.8)$$

MF *Modifizierungsfaktor für Raummeterpreis*
V *Bauwerksvolumen [m³]*
F *Wohn- bzw. Nutzfläche [m²]*

Der für Gleichung (3.6) benötigte Instandhaltungsprozentsatz I wird auf Grundlage bahninterner Durchschnittssätze für die Instandhaltungskosten bestimmt.

Das Essener Berechnungsmodell berechnet die Instandhaltungskosten auf zwei unterschiedlichen Wegen. Durch die Berechnung des Mittelwertes der beiden Ergebnisse werden eventuelle Schwankungen ausgeglichen. Das Ergebnis stellen folglich die gemittelten Instandhaltungskosten dar:

$$K_M = \frac{K_1 + K_2}{2} \tag{3.9}$$

K_M *gemittelte Instandhaltungskosten [€]*

Für die Budgetierung mit Hilfe des Essener Berechnungsmodells [SpSt91a] sind zwar einfache aber verhältnismäßig aufwendige Berechnungen erforderlich. Im Vergleich zum Verfahren von Riegel liegen die hierfür benötigten Daten jedoch bei den Immobilienbesitzern vor. Bei der Bestimmung des notwendigen Instandhaltungsbudgets werden beim Essener Berechnungsmodell Einflussparameter wie zum Beispiel das Gebäudealter, der Ausstattungsstandard sowie der Instandhaltungsstatus berücksichtigt, wodurch dieses an die gebäudespezifischen Bedürfnisse angepasst werden kann.

3.4.4 Verfahren des AMEV

Der Arbeitskreis Maschinen- und Elektrotechnik staatlicher und kommunaler Verwaltungen (AMEV) hat im Jahr 1984 eine *„Methode zur Ermittlung notwendiger finanzieller Mittel für die Instandhaltung technischer Anlagen in Gebäuden"* erarbeitet [AMEV 85]. Nach Angaben des AMEV sollen mit dieser Methode die für die Instandhaltung benötigten Mittel „exakt" berechnet werden können. Gemäß der damals gültigen DIN 31051 versteht der AMEV unter Instandhaltung die Grundmaßnahmen Wartung, Inspektion und Instandsetzung. Wertverbessernde Maßnahmen werden durch das Verfahren nicht berücksichtigt.

Basis des Verfahrens bildet die inzwischen zurückgezogene VDI-Richtlinie 2076 [VDI83] *„Berechnung der Kosten von Wärmeversorgungsanlagen; Betriebstechnische und wirtschaftliche Grundlagen"*. Diese enthält in der Anlage Angaben mit Prozentsätzen für Instandsetzungsmaßnahmen und Nutzungsdauern für die maßgeblichen gebäudetechnischen Anlagenteile. Hinsichtlich des Maßnahmenumfangs ist der Bezug zur VDI jedoch nicht verständlich.

Während das Verfahren des AMEV scheinbar alle Grundmaßnahmen der Instandhaltung nach DIN 31051 [DIN85] umfasst, spricht die VDI lediglich von Maßnahmen der Instandsetzung.

Über Schlussrechnungen abgerechneter Gebäude hat der AMEV die in der VDI-Richtlinie 2067 [VDI83] fehlenden Anlagenteile ergänzt. Bei dem Berechnungsverfahren wird von nachfolgenden mittleren Instandhaltungsprozentsätzen ausgegangen [[AMEV 85] S. 524]:

Tabelle 3-14: Mittlere Instandhaltungsprozentsätze nach [[AMEV 85] S. 524]

Bauteil	Prozent des Wiederbeschaffungswertes [%]
Elektrotechnik inkl. Beleuchtung und Regeltechnik für die Heizungsanalgen	2,7
Heizungsanlagen	1,3
Sanitäranlagen	1,4
Aufzugsanlagen	3,5
Raumlufttechnische Anlagen	1,5
Wassererwärmungsanlagen	4,9
Hochbau allgemein	1,0
Grundwerke Haustechnik (Elektro-, Heizungs-, Sanitäranlagen)	2,3

Bezüglich der Kostengruppen umfasst das Verfahren des AMEV lediglich das Bauwerk und seine technischen Anlagen. Außenanlagen sowie Ausstattung und Kunstwerke bleiben unberücksichtigt. Als Bemessungsgrundlage dient der Wiederbeschaffungswert.

Das Verfahren des AMEV geht von einem linearen Zusammenhang zwischen Investions- und Instandhaltungskosten aus. Die für die Instandhaltung notwendigen finanziellen Mittel der jeweiligen Gewerke werden demnach durch Multiplikation des entsprechenden Prozentsatzes mit dessen Wiederbeschaffungswert berechnet. Untersuchungen des AMEV ergaben, dass unabhängig von Gebäudeart und –alter, vereinfacht ein Satz von 2,3 % des Wiederbeschaffungswertes für die Grundgewerke Heizungs-, Sanitär- und Elektroanlagen angenommen werden kann. Aufgrund der wesentlich längeren Lebensdauer des Bauwerkes wird beim Hochbau allgemein von einem geringeren Prozentsatz von 1,0 % des Wiederbeschaffungswertes ausgegangen.

Sind die Herstellungskosten der jeweiligen Einzelanlagen nicht bekannt, so kann das Budget, ausgehend von Anlagen für Heizung, Sanitär und Elektro, vereinfacht mit Hilfe nachfolgender Formel berechnet werden.

(3.10)

$$K_{IH} = 2{,}3\,\%\cdot WBW\cdot TA + 1{,}0\,\%\cdot WBW\cdot HBA$$

K_{IH} *Kosten Instandhaltung [€/a]*
WBW   *Wiederbeschaffungswert*
TA   *Technikanteil*
HBA   *Hochbauanteil*

Das Verfahren berücksichtigt folglich lediglich den Anteil der Gebäudetechnik mit ihrer im Vergleich zur Gebäudesubstanz deutlich kürzeren Lebensdauer. Die Art des Gebäudes findet ebenso wenig Berücksichtigung wie dessen Alter.

Es wird davon ausgegangen, dass der Technik- und der Hochbauanteil zusammen 100 % ergeben, sodass letzterer vom Anteil der Gebäudetechnik abgeleitet werden kann. Abhängig von der Gebäudeart geht der AMEV von nachfolgenden Werten aus:

Tabelle 3-15: Technikanteil abhängig von der Art eines Gebäudes nach [[AMEV 85] S. 524]

Gebäudeart	Technikanteil [%]
Schulen	25 - 30
Verwaltungsgebäude (einfach)	15 - 20
Hallenbäder	30 - 35
Kindertagesstätte	20 - 25

Das Berechnungsverfahren des AMEV [AMEV 85] ist somit nahezu identisch mit den wiederbeschaffungswertorientierten Verfahren. Den einzigen Unterschied stellt die Berücksichtigung des Technikanteils der Immobilien dar. Dieser kann von den Immobilienbesitzern einfach abgeschätzt werden, sodass die Berechnung des Instandhaltungsbudgets mit geringem Aufwand verbunden ist.

3.4.5 Berliner Verfahren

Das sogenannte Berliner Verfahren, von einer Arbeitsgruppe des Senators für Bau- und Wohnungswesen im Jahr 1976 entwickelt, wurde nach Angaben von [KöSc88] in der Praxis nie zur Budgetierung eingesetzt.

Basis des Verfahrens bildet die unterschiedliche Abnutzung der einzelnen Bauteile einer Immobilie und die sich hieraus ergebenden verschiedenen Lebensdauern. Das Gebäude setzt sich nach dem Bemessungsmodell des Berliner Verfahrens aus nachfolgenden Teilen zusammen:

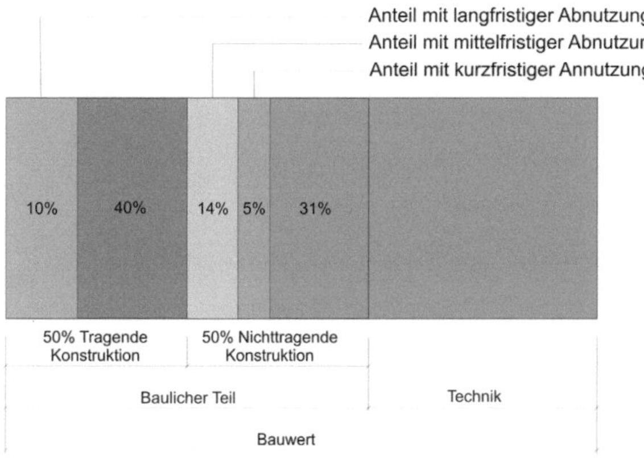

Abbildung 3-1: Anteile von Rohbau, Ausbau und Technik am Bauwert [[KöSc88] S. 41]

Für den **Technikanteil** der Immobilie wird von einer Lebensdauer von 25 Jahren ausgegangen, wobei der Wartungsprozentsatz auf 1 % des Anschaffungswertes der Technik festgelegt wird.

Bei der **Baukonstruktion** wird davon ausgegangen, dass es sich ca. zur Hälfte um tragende bzw. nicht tragende Konstruktionen handelt. Des Weiteren wurden aufgrund der unterschiedlichen Abnutzung nachfolgende Teile definiert:

1. 10 %-iger Anteil der tragenden Konstruktion mit nur geringen Unterhaltungsarbeiten und langfristiger Abnutzung: In diesem Fall wird von einer Lebensdauer von 100 Jahren ausgegangen.

2. 14 %-iger Anteil der nicht tragenden Konstruktion mit mittelfristiger Abnutzung. Gemeint sind hiermit Bauteile, wie zum Beispiel Dächer, Türen oder Fenster, bei denen das Verfahren von einer Lebensdauer von 30 Jahren ausgeht.

3. 5 %-iger Anteil der der nicht tragenden Konstruktion mit kurzfristiger Abnutzung. Dieser Teil umfasst kleinere Instandsetzungen, die abhängig von der Nutzungsintensität alle 4, 6 oder 8 Jahre anfallen.

Nach Angaben von [[KöSc88] S. 42]wurden diese Prozentsätze aus abgerechneten Bauvorhaben der Stadt Berlin abgeleitet. Basierend auf diesen Annahmen werden die Kosten für Instandhaltungsmaßnahmen nach folgender Formel berechnet:

$$(3.11)$$

$$K_{IH} = NBW \cdot \left[HBA \left(\frac{A_1}{t_1} + \frac{A_2}{t_2} + \frac{A_3}{t_3} \right) + TA \left(\frac{100}{t_T} + Wartungsprozentsatz \right) \right]$$

K_{IH}	*Kosten Instandhaltung [€/a]*	t_T	*25 Jahre*
NBW	*Neubauwert*		
HBA	*Hochbauanteil*		
TA	*Technikanteil*		
A_1	*Abnutzung 1 = 10 %*	t_1	*100 Jahre*
A_2	*Abnutzung 2 = 14 %*	t_2	*30 Jahre*
A_3	*Abnutzung 3 = 5 %*	t_3	*4,6 oder 8 Jahre*

Wartungsprozentsatz: 1 %

Durch Einsetzen der jeweiligen Werte ergibt sich:

$$K_{IH} = NBW \cdot \left[HBA \cdot (0,1 + 0,47 + 0,63) + TA \cdot (4 + 1) \right] \qquad (3.12)$$

Beziehungsweise:

$$K_{IH} = NBW \cdot \left[HBA \cdot 1,2\% + TA \cdot 4\% + TA \cdot 1\% \right] \qquad (3.13)$$

Wobei der erste Anteil für die Instandhaltung des Hochbaus gedacht ist, der zweite Anteil für die Instandhaltung der Technik und der letzte der Wartung der Gebäudetechnik dient.

Somit knüpft auch das Berliner Verfahren an die wiederbeschaffungswertorientierten Verfahren an. Jedoch wird hierbei nicht, wie beim Verfahren des AMEV, nur nach dem Anteil der Gebäudetechnik differenziert, sondern es wird die unterschiedliche Abnutzung einzelner Bauteile und deren verschiedene Lebensdauern berücksichtigt. Der erforderliche Rechenaufwand für den Instandhaltungsverantwortlichen erhöht sich hierdurch jedoch nur geringfügig, sodass auch hier die Budgetierung schnell und einfach möglich ist.

3.4.6 Bayerisches Verfahren

Das so genannte Bayerische Verfahren, von der Obersten Baubehörde im Bayerischen Staatsministerium des Innern (OBB) im Jahr 1985 entwickelt, bezieht sich als einziges der bisherigen Verfahren auf die Kubatur der Immobilien. Hierdurch erhalten teuer erstellte Immobilien im Gegensatz zu der Berechnung mittels der Wiederbeschaffungswerte, kein höheres Instandhaltungsbudget als günstig erstellte [[KöSc88] S. 43].

Es wird davon ausgegangen, dass das Gebäudealter, die Art der Nutzung, der Technikanteil sowie das Verhältnis von Bruttorauminhalt zur Hauptnutzfläche und der Bruttorauminhalt selbst einen Einfluss auf die zur Instandhaltung benötigten Mittel haben. Hierauf aufbauend werden die jährlichen Kosten für Instandhaltungsmaßnahmen nach folgender Formel berechnet [[KöSc88] S. 43]:

$$(3.14)$$

$$K_{IH} = RP \cdot BRI \cdot KF$$

K_{IH} *Kosten Instandhaltung [€/a]*
RP *Raummeterpreis [€/m³]*
BRI *Bruttorauminhalt [m³]*
KF *Korrekturfaktor*

Wobei sich der Korrekturfaktor aus den jeweiligen Gewichtungsfaktoren wie folgt berechnet:

$$(3.15)$$

$$KF = GF_{\text{Gebäudealter}} \cdot GF_{\text{Nutzung}} \cdot GF_{\text{Technikanteil}} \cdot GF_{\text{BRI/HNF}} \cdot GF_{\text{Bruttorauminhalt}}$$

KF *Korrekturfaktor*
GF *Gewichtungsfaktor*
BRI *Bruttorauminhalt [m³]*
HNF *Hauptnutzfläche [m²]*

Aus [[KöSc88] S. 44]sind die Spannweiten der jeweiligen Gewichtungsfaktoren wie folgt zu entnehmen:

$GF_{Gebäudealter}$: 0,15 (Alter > 1 Jahr) bis 1,0 (Alter >18 Jahre)

$GF_{Nutzung}$: 0,33 (Produktion, Verteilung, Lagerung) bis 1,5 (Büro)

$GF_{Technikanteil}$: 0,9 (Anteil < 18 %) bis 1,5 (Anteil > 42 %)

$GF_{Verhältnis\ BRI/HNF}$: 0,4 (Verhältnis >10,5 %) bis 1,0 (Verhältnis < 42 %)

GF_{BRI}: 1,0 (BRI > 90.000 m³) bis 2,1 (BRI < 1.000 m³)

Aufgrund der fehlenden verbindlichen Angaben der zugrunde liegenden Raummeterpreise in Formel (3.14) handelt es sich hierbei nicht um ein Bemessungsverfahren im ursprünglichen Sinne. Die pro Kubikmeter notwendigen Instandhaltungsmittel werden nach dem Bayerischen Verfahren aus den insgesamt für alle Immobilien zur Verfügung stehenden Mitteln abgeleitet. Vor diesem Hintergrund handelt es sich weniger um ein Berechnungsverfahren, sondern vielmehr um ein Verteilungsverfahren, bei welchem die für die insgesamt zur Verfügung stehenden Mittel nach anderen Kriterien berechnet werden.

Das Verfahren führt darüber hinaus aufgrund seiner Gewichtungsfaktoren zu einer anderen Verteilung als die anderen Verfahren. Bezüglich des Gebäudealters geht das Verfahren von einem kontinuierlichen Anstieg der Kosten in den ersten 20 Jahren aus. Hinsichtlich der Kompaktheit und des Technikanteils werden kleine, kompakte, hochtechnisierte Gebäude überproportional berücksichtigt, sodass sich die berechneten Instandhaltungskosten bei gleichalten Gebäuden um den Faktor sechs unterscheiden können.

Das Bayerische Verfahren bezieht sich als einziges Budgetierungsverfahren auf die Kubatur der Immobilien und grenzt sich hierdurch von den übrigen Methoden ab. Neben dem Gebäudealter, der Nutzungsart und dem Technikanteil berücksichtigt es darüber hinaus weitere gebäudespezifische Parameter, wie zum Beispiel das Verhältnis von Bruttorauminhalt und Hauptnutzfläche. Jedoch liegen dem Verfahren keine verbindlichen Raummeterpreise zugrunde, sodass es weniger eine Bestimmung der notwendigen Mittel sondern vielmehr deren Verteilung ermöglicht.

3.4.7 Methode der KGSt

Die Kommunale Gemeinschaftsstelle für Verwaltungsmanagement (KGSt) hat im Jahr 1984 einen Leitfaden über die Unterhaltung kommunaler Gebäude veröffentlicht: *„Richtwerte und Gestaltungsvorschläge zur Mittelbemessung, Maßnahmenplanung und Mittelbereitstellung"* [KGSt84].

Bezüglich der Bauunterhaltung umfasst der Leitfaden die *„Gesamtheit aller Maßnahmen zur Bewahrung und Wiederherstellung des Soll- Zustandes von Gebäuden und dazugehörigen Anlagen (ohne Unterhaltung und Pflege der Grünanlagen) unter Einbeziehung aktueller technischer, sicherheitstechnischer und funktionaler Standards"* [[KGSt84] S. 12]. Demnach gehören sowohl Bauteilerneuerungen als Instandsetzungsmaßnahmen nach Ablauf der technischen Lebensdauer, sowie Modernisierungen, Standardverbesserungen oder Grundinstandsetzungen zur Bauunterhaltung. Bezüglich der heutigen DIN 31051 [DIN03] werden somit alle Grundmaßnahmen der Instandhaltung abgedeckt. Gemäß DIN 276 [DIN93] sind bei der Berechnung der für die Instandhaltung notwendigen finanziellen Mittel nachfolgende Kostengruppen enthalten:

- KG 300: Bauwerk - Baukonstruktionen

- KG 400: Bauwerk - Technische Anlagen (ohne Fernmeldetechnik)

- KG 500: Außenanlagen (ohne Grünanlagen)

- KG 700: Baunebenkosten

Als Bemessungsgrundlage dient beim Verfahren der KGSt der Wiederbeschaffungswert. Vereinfacht können die jährlichen Bauunterhaltungskosten näherungsweise mit dem Richtwert von 1,2 % des Wiederbeschaffungswertes berechnet werden. Das Ergebnis liefert jedoch lediglich einen groben Anhaltswert. Das vereinfachte Verfahren sollte ausschließlich für größere, heterogene Immobilienbestände angewendet werden, da sich hier Kosten steigernde und kostensenkende Einflussfaktoren der einzelnen Immobilien gegenseitig substituieren können.

Für einzelne, spezifische Gebäude ist eine differenziertere Kostenberechnung notwendig. Hierfür bedient sich das Verfahren der KGSt [KGSt84] zusätzlicher Einflussfaktoren, die das allgemeine Berechnungsverfahren „verfeinern". Berücksichtigt werden hierbei das Alter der jeweiligen Immobilie, deren Anteil an gebäudetechnischen Anlagen sowie der sich aufgrund ihrer Nutzung ergebende Verschleiß bzw. Renovierungsturnus.

Der allgemeine Richtwert von 1,2 % des Wiederbeschaffungswertes geht von einem Technikanteil von 25 % aus. Jedoch kann dieser, abhängig von der Nutzung des Gebäudes, erheblich schwanken. Die KGSt gibt für einen hiervon abweichenden Technikanteil die in nachfolgender Tabelle aufgeführten Korrekturfaktoren an:

Tabelle 3-16: Korrekturfaktor Technikanteil, [[KGSt84] S. 21]

Technikanteil	Gewichtungsfaktor
15 %	0,8
20 %	0,9
25 %	1,0
30 %	1,1
35 %	1,2
40 %	1,3
45 %	1,4
50 %	1,5

Das vereinfachte Verfahren geht von einem durchschnittlichen Gebäudealter zwischen 10 und 30 Jahren aus. Instandhaltungskosten können jedoch für jüngere Immobilien erheblich niedriger und umgekehrt für ältere Immobilien deutlich höher liegen. Der Einfluss des Gebäudealters auf die Maßnahmen und Kosten der Instandhaltung wird in Kapitel 5.1.1 näher beleuchtet. Um die Kosten der Realität anzupassen, gibt die KGSt bezüglich des Gebäudealters nachfolgende Korrekturfaktoren an:

Tabelle 3-17: Korrekturfaktor Gebäudealter, [[KGSt84] S. 22]

Gebäudealter [Jahre]	Gewichtungsfaktor
0 bis 10	0,4
10 bis 30	1,0
30 bis 80	1,2
über 80	1,3

Darüber hinaus wirken sich unterschiedliche Gebäudenutzungen auf die Renovierungszyklen und somit auch auf die Bauunterhaltungskosten aus (Vergleiche hierzu Kapitel 5.2.1). Zur Differenzierung des vereinfachten Verfahrens gibt die KGSt bezüglich des nutzungsabhängigen Verschleißes nachfolgende Korrekturfaktoren an:

Tabelle 3-18: Korrekturfaktor nutzungsabhängiger Verschleiß, [[KGSt84] S. 23]

Gebäude	Gewichtungsfaktor
Verwaltungsgebäude	0,9
Wohnhäuser	0,9
Schulen	1,1
Jugendeinrichtungen	1,1

Zur Berücksichtigung der Einflussfaktoren kann die Berechnung der jährlichen Instandhaltungskosten mit Hilfe der Gewichtung des Wiederbeschaffungswertes wie folgt berechnet werden:

$$(3.16)$$

$$K_{IH} = 1{,}2\ \%\cdot WBW \cdot KF$$

K_{IH} *Kosten Instandhaltung [€/a]*
WBW   *Wiederbeschaffungswert*
KF   *Korrekturfaktor*

Wobei sich der Korrekturfaktor aus den jeweiligen Gewichtungsfaktoren wie folgt berechnet:

$$(3.17)$$

$$KF = GF_{Technikanteil} \cdot GF_{Geb\ddot{a}udealter} \cdot GF_{Nutzung}$$

KF   *Korrekturfaktor*
GF   *Gewichtungsfaktor*

Im Gegensatz zum Bayerischen Verfahren baut die Methode der KGSt [KGSt84] wiederum auf den wiederbeschaffungswertorientierten Verfahren auf. Sie gibt einen Richtwert von 1,2% des Wiederbeschaffungswertes an, der eine grobe Kostenabschätzung ermöglicht. Dieser kann durch das Hinzuziehen von Gewichtungsfaktoren für den Technikanteil, das Gebäudealter sowie die Art der Gebäudenutzung korrigiert werden, wodurch detailliertere Ergebnisse möglich sind.

3.5 Budgetierung durch Zustandsbeschreibung

Eine der genauesten Methoden ist die Budgetierung auf Grundlage regelmäßiger und systematisierter Gebäudebegehungen und der hierauf folgenden Zustandsbeschreibung einzelner Bauteile. Der Bedarf an notwendigen Instandhaltungsmaßnahmen wird hierdurch rechtzeitig erkannt, die Kosten können genau abgeschätzt und das Budget prioritätsgerecht aufgestellt werden [[SiHS87] S. 19]. Durch das frühzeitige Erkennen und Beseitigen von Mängeln und Schäden können teure Instandsetzungsmaßnahmen aufgrund von Folgeschäden vermieden werden [[BMBa89] S. 38]. Im Rahmen einer Budgetierung durch Vor-Ort-Begehungen ist der aktuelle Zustand der einzelnen Bauteile eines Gebäudes von Interesse. Die Herausforderung besteht hierbei in der objektiven Beurteilung der jeweiligen Bauteilzustände. Standardisierte Beurteilungsmaßstäbe sind hierfür notwendig. Eine vom „Bureau de Contròle pour la Sécurité de la Construction« durchgeführte Studie aus dem Jahr 1973 (zitiert in [Krug85] S. 49f) verdeutlicht, dass diese Beurteilungsmaßstäbe lange Zeit nicht existent waren. Im Rahmen dieser Studie wurden Baufachleute und Mieter hinsichtlich ihrer Einschätzung eines „akzeptablen" Zustandes bestimmter Gebäudeelemente befragt. Die Einschätzungen waren nicht nur zwischen Sachkundigen und Mietern sehr unterschiedlich, sondern auch innerhalb der Baufachleute ergaben sich erhebliche Differenzen. Vor dem Hintergrund einer standardisierten Einstufung schlägt Krug [Krug85] vier Abnutzungsstufen vor. Diese definiert er jedoch lediglich allgemein, ohne sie auf bestimmte Bauteile zu übertragen. Zustandsbeschreibungen für einzelne Elemente wurden im Rahmen von Zustandsbewertungen von Gebäuden entwickelt. Generell betrachtet führt bei diesen Methoden die Beurteilung einzelner Bauteile zu einer Zustandsbeschreibung des gesamten Gebäudes.

3.5.1 Vorstellung der Methoden

Die älteste Methode wurde in der 70er Jahren an der Bauakademie der ehemaligen Deutschen Demokratischen Republik entworfen [Coub79]. Es wurden für 18 Gebäudeteile detaillierte Beschreibungen ihres Zustandes erstellt. Beeindruckend ist hierbei die Verbindung zwischen

Relevanz des jeweiligen Bauteils, seinem Zustand und die hieraus abgeleiteten Maßnahmen [Buer04].

Mitte der 80er Jahre wurde die heute immer noch sehr bekannte Methode „MER- méthode d'évaluation rapide –Methode" [MeVi84] entwickelt. Ziel der Methode ist die Bestimmung des Instandhaltungsbedarfes von Wohnimmobilien. Notwendige Instandsetzungsaufwendungen sollen innerhalb von zwei Stunden mit einer Genauigkeit von 7 % zu ermitteln sein. Die Bauteile werden mit Noten zwischen eins und vier bewertet. Für die Einordnung wurde ein Leitfaden mit entsprechenden Bildern entwickelt. Die Note wird für jedes Bauteil mit einer Punktzahl belegt. Aus der Anzahl der Gesamtpunkte lassen sich mit Hilfe eines Erneuerungskostenindexes letztendlich die Instandhaltungskosten berechnen. Die Methode ist jedoch nur eingeschränkt tauglich. Sie eignet sich nur für Wohngebäude, die vor 1947 und nicht in Leicht- oder Fertigbauweise erstellt wurden. Bei der Methode ist der Instandsetzungsstandard festgelegt und nicht änderbar. Er entspricht dem klassischen Standard zum Entwicklungszeitpunkt der Methode. Entsprechen Konstruktionen nicht dem gewünschten Standard, werden diese auch bei gutem Zustand als mangelhaft eingestuft. Bei den Maßnahmen der Instandsetzung wird zwischen drei verschiedenen Eingriffstiefen differenziert. Diese entsprechen den unterschiedlichen Strategien der Instandhaltung: „Low Level", „Werterhaltung" und „Wertsteigerung".

Ein weiteres Bewertungssystem wurde in den 90er Jahren in der Schweiz entwickelt. Im Rahmen des Impulsprogramms Bau (IPBau) wurde zur Beurteilung von Bestandsgebäuden die sogenannte Grob- und Feindiagnose entwickelt [IPBau95], [IPBau93]. Erstere dient einer ersten groben Abschätzung der Bau- und Erneuerungsplanung. Das Verfahren baut hierbei auf die Methode MER [MeVi84] auf und ergänzt diese um weitere Gebäudetypen und Altersklassen. Über die reinen Zustandsbeschreibungen hinaus nennt das Verfahren auch die entsprechenden Instandsetzungsarbeiten. Mit Hilfe der Feindiagnose kann die Analyse an bestimmten Stellen erweitert werden. Analog zur Methode MER werden hinsichtlich des Zustandes Bewertungen von a bis d vergeben. Diese sind abhängig vom Bauteil mit Punkten belegt, wobei aus der gesamten Punktzahl die Instandhaltungskosten abgeleitet werden. Die Grobdiagnose ist prinzipiell für unterschiedliche Gebäudetypen einsetzbar, jedoch umfassen die bisherigen Datenblätter lediglich Wohn- und Gewerbebauten. Wie bei MER liegt der Schwerpunkt der Grobdiagnose auf massiven Gebäuden mit Mauerwerk oder Beton als Tragkonstruktion.

Kennzeichnend für das Verfahren ist die Verknüpfung der jeweiligen Bauteile durch sogenannte Folgecodes. Diese führen die durch Instandhaltungsarbeiten ausgelösten Folgearbeiten an anderen Bauelementen auf.

Die Beschränkung auf eine Gebäudeart wurde bei der „Diagnosemethode für Unterhalts- und Erneuerungsplanung verschiedener Gebäudearten" (DUEGA) [GrRW97] aufgehoben, womit die bestehenden Diagnosemethoden ausgebaut werden. Diese Erweiterung erfordert die Hinzunahme von weiteren Bauelementen, wobei die Elementkostengliederung die Basis bildet. Für 20 sogenannte Makroelemente wie zum Beispiel das Dach, die Fenster oder die Außenwände einer Immobilie werden die entsprechenden Zustandswerte erhoben. Lediglich für die maßgeblichen Makroelemente werden weitere, detailliertere Zustandserfassungen für die dazugehörigen Feinelemente durchgeführt. Auf dieser Grundlage können sowohl Erneuerungszenarien als auch Berechnungen hinsichtlich Energie- und Stoffströme durchgeführt werden.

Bereits Ende der 80er Jahre beschäftigte sich Jules Schröder [Schr89] mit der Abnutzung von Bauteilen. Er suchte nach einem gesetzmäßigen Zusammenhang zwischen Alter und Zustand. Hierfür entwickelte er ein Alterungsmodell, welches die Grundlage der derzeitigen Software mit dem Namen „STRATUS Gebäude" [STRA02] bildet. STRATUS ist eine Methode zur strategischen Planung des Gebäudeunterhalts. Grundlage bilden hierbei 13 Bauteile, für welche der jeweilige Zustand bestimmt wird, wobei zwischen sieben sogenannten Zustandscodes differenziert wird. Die Software berechnet für jedes der Bauteile das relative Alter. Die später notwendigen Instandhaltungsmaßnahmen werden von den durchschnittlichen Lebenserwartungen dieser Bauteile abgeleitet. Das tatsächliche Alter einzelner Bauteile kann jedoch stark von solchen durchschnittlichen Lebenserwartungen abweichen, wodurch das Verfahren kritisch zu betrachten ist. Aufgrund von Erfahrungswerten können Fachleute wahlweise eigene Lebensdauern in das Programm eingeben, wodurch die Prognose verbessert werden kann [Buer04].

Darüber hinaus gab es auch auf europäischer Ebene Bestrebungen den Instandhaltungsbedarf von Immobilien durch Zustandsbewertungen zu bestimmen. Im Jahr 2001 wurde das von der EU über drei Jahre finanzierte Forschungsprojekt INVESTIMMO [Cacc04] ins Leben gerufen. Das Projekt baut auf der Grobdiagnose auf. Unter Zusammenarbeit von sieben europäischen Forschungseinrichtungen wurde versucht eine mittel- bis langfristige Instandsetzungsplanung anhand der Ermittlung des Gebäudezustandes zu entwerfen. Die Methode beschränkt sich auf Wohnimmobilien. Der Zustand der Immobilie wird mit Hilfe der 50 kostenintensivsten Bauteile und den Zustandsstufen a „guter Zustand" bis d „Ende der Lebensdauer erreicht" erfasst. Darüber hinaus wurden im Rahmen des Projektes Wahrscheinlichkeiten bezüglich des Zustandsverlaufes eines Bauteiles bestimmt. Hier wird bestimmt, wann mit welcher Wahrscheinlichkeit ein Bauteil den nächst schlechteren Zustand oder das Ende der Lebensdauer erreicht.

Das Forschungsprojekt ist Grundlage des Softwareprogramms EPIQR (Energy Performance and Indoor Environmental Quality Retrofit) [epiqxx]. Das Programm hat sich im Bereich der Wohnimmobilien bewährt. Es wurde im Rahmen des Programms EPIQR+ für öffentliche Verwaltungsgebäude und Schulen ausgebaut und angepasst. Diese Erweiterung erfordert eine Hinzunahme von weiteren Gebäudeelementen.

Die regelmäßigen Gebäudebegehungen im Rahmen der zustandsorientierten Budgetierung ermöglichen eine sehr genaue Bestimmung der für die Instandhaltung notwendigen finanziellen Mittel. Darüber hinaus werden notwendige Maßnahmen oder bereits vorliegende Schäden rechtzeitig erkannt, sodass Folgeschäden vermieden werden können. Jedoch wird die Zustandserfassung von Gebäuden aufgrund des enormen Zeitaufwandes von den Immobilienbesitzern meist nicht systematisch durchgeführt, sodass die aufgezeigten Vorteile dadurch meist überlagert werden [HeMe02]. Im Arbeitsalltag von Besitzern bzw. Verwaltern umfangreicher Immobilienbestände stellen regelmäßige Begehungen eine große Herausforderung dar, die nur in seltenen Fällen tatsächlich bewältigt werden kann [Jehl89].

3.6 Zusammenfassung

Im Fokus des dritten Kapitels stehen bisher verwendete Verfahren zur Budgetierung von Instandhaltungsmaßnahmen. Als Grundlage für die Auseinandersetzung werden zunächst wichtige Wertbegriffe sowie Bezeichnungen aus dem Bereich der Budgetierung und der Kennzahlen definiert. Es werden vier verschiedene Ansätze zur Ermittlung des für die Instandhaltung notwendigen Budgets vorgestellt und diskutiert. Im Rahmen dieser Arbeit sind dies die kennzahlenorientierte bzw. historienbasierte Budgetierung, die wertorientierte Budgetierung und die analytische Berechnung des Instandhaltungsbudgets sowie die Budgetierung durch Zustandsbeschreibung.

Die kennzahlen- und die wertorientierten Verfahren berechnen das zur Instandhaltung notwendige Budget nur sehr grob über allgemeine Pauschalen oder Kennziffern. Im Gegensatz hierzu sind im Rahmen der zustandsorientierten Budgetierung sehr detaillierte Kenntnisse über einzelne Bauteile erforderlich. Die analytische Berechnung des Instandhaltungsbudgets beschreitet hierbei den Mittelweg.

Das Instandhaltungsbudget kann bei der ersten Budgetierungsart mit sehr geringem Aufwand aus den Kennzahlen abgeleitet werden, sodass der Vorteil dieser Verfahren in der Einfachheit hinsichtlich der Anwendung liegt. Die Bestimmung der finanziellen Mittel erfordert keine Vorkenntnisse und ist mit keinen Berechnungen verbunden, welches im Allgemeinen eine schnelle Ermittlung des Budgets ermöglicht. Jedoch ist zu beachten, dass Kennzahlen nur grobe Anhaltswerte über die durchschnittlichen Ausgaben mehrerer Jahre geben. Darüber hinaus gibt es meist große Unsicherheiten hinsichtlich der Datenbasis und der hinter den Kennzahlen stehenden Kostenabgrenzung.

Bei den wertorientierten Verfahren wird das für die Instandhaltung notwendige Budget durch die Multiplikation eines Prozentsatzes mit dem entsprechenden Wert der Immobilie berechnet. Abhängig von der Art des Verfahrens wird entweder der Herstellungs-, der Wiederbeschaffungs- oder auch der Friedensneubauwert verwendet. Im Gegensatz zu den kennzahlenorientierten Verfahren sind zur Bestimmung des Instandhaltungsbudgets zwar Berechnungen notwendig, jedoch handelt es sich hierbei lediglich um einfache Multiplikationen, sodass auch hier der Aufwand gering ist. Die Budgetierung mit Hilfe der wertorientierten Verfahren erfordert geringe Vorkenntnisse und ist nur mit kleinen Berechnungen verbunden, sodass die notwendigen finanziellen Mittel schnell und mit geringem Aufwand ermittelt werden können. Generell gehen die wertorientierten Verfahren davon aus, dass hohe Herstellungskosten einer Immobilie automatisch auch hohe Instandhaltungskosten zur Folge haben. Kosten beeinflussende Faktoren werden bei keinem der Verfahren berücksichtigt. Es ist zu beachten, dass sowohl die herstellungswertorientierten- als auch die friedensneubauwertorientierten Berechnungsverfahren die jährliche Baupreissteigerung vernachlässigen. Den Instandhaltungsverantwortlichen stehen somit jedes Jahr weniger finanzielle Mittel zur Durchführung von Instandhaltungsmaßnahmen zur Verfügung.

Die für die Instandhaltung erforderlichen finanziellen Mittel werden im Rahmen der analytischen Verfahren grundsätzlich detaillierter ermittelt als bei den kennzahlen- oder wertorientierten Verfahren. Es werden verschiedene Variablen wie zum Beispiel das Gebäudealter oder deren Technikanteil berücksichtigt, sodass eine genauere und gebäudespezifischere Berechnung möglich ist. Die Verfahren unterscheiden sich jedoch sehr stark voneinander, sodass eine pauschale Bewertung nicht möglich ist. Während sich das Verfahren von Naber [Nabe02] lediglich durch die Einführung des Bewertungsfaktors von den klassischen herstellungswertorientierten Verfahren unterscheidet, wählen andere Verfahren, wie zum Beispiel das Verfahren von Riegel [Rieg04] einen komplett anderen Ansatz, der sich durch einen hohen Detaillierungsgrad und eine komplexe Berechnung auszeichnet. Weitere Verfahren, wie zum Beispiel das Verfahren der KGSt [KGSt84] oder auch das Essener Berechnungsmodell [SpSt91a] berücksichtigen einige wenige Einflussfaktoren, wie zum Beispiel das Gebäudealter, den Ausstattungsstandard, den Technikanteil oder die Nutzungsart. Im Vergleich zum Verfahren von Riegel [Rieg04] liegen diese Informationen jedoch meist bei den Immobilienbesitzern vor, sodass die Berechnung des Budgets ohne größeren Datenerhebungsaufwand erfolgen kann. Das Berechnungsverfahren des AMEV [AMEV 85] sowie das Berliner Verfahren knüpfen wiederum an die wiederbeschaffungswertorientierten Verfahren an, wobei diese Verfahren den Technikanteil beziehungsweise die unterschiedliche Abnutzung einzelner Bauteile und deren Lebensdauern berücksichtigen. Das Bayerische Verfahren bezieht sich als einziges Budgetierungsverfahren auf die Kubatur der Immobilien und grenzt sich hierdurch von den übrigen Methoden ab.

Die zustandsbedingte Budgetierung ermöglicht eine sehr genaue Bestimmung der für die Instandhaltung notwendigen finanziellen Mittel. Der Instandhaltungsbedarf wird durch regelmäßige und systematische Gebäudebegehungen rechtzeitig erkannt, wodurch Folgeschäden vermieden werden. Im Vergleich zu den anderen Ansätzen ist diese Art der Budgetierung jedoch mit einem sehr hohen Zeitaufwand verbunden. Darüber hinaus ist eine Planung über mehrere Jahre mit diesem Verfahren nicht möglich.

4 Validierung der Verfahren mit Hilfe von Fallbeispielen

Nach der theoretischen Analyse und Ausarbeitung der verschiedenen Budgetierungsmethoden in Kapitel 3 werden diese im vorliegenden Kapitel mit Hilfe von realen Immobilien validiert. Mit Berechnungen und Vergleichsbewertungen wird untersucht, welches der zuvor vorgestellten Verfahren den tatsächlichen Instandhaltungsanforderungen einer Immobilie am besten gerecht wird. Basis hierfür bilden die Realdaten von 17 Immobilien, die im Rahmen dieser Arbeit exemplarisch analysiert werden. Aus Gesprächen mit Instandhaltungsverantwortlichen wurde deutlich, dass im Rahmen der Budgetierung insbesondere zwei Kriterien von maßgeblicher Bedeutung sind. Dies ist zum einen die mit dem Verfahren erreichte Genauigkeit des berechneten Instandhaltungsbudgets und zum anderen die Einsetzbarkeit des Verfahrens in der Praxis. Vor diesem Hintergrund werden die Budgetierungsverfahren hinsichtlich dieser beiden Kriterien bewertet. Der Untersuchungsumfang, sowie der gewählte methodische Ansatz dieser Analyse, wird in Kapitel 4.1 vorgestellt. Mit Hilfe der Fallbeispiele werden die Budgetierungsverfahren in den Kapiteln 4.2 bis 4.4 validiert und hinsichtlich der beiden aufgeführten Bewertungskriterien eingestuft.

4.1 Empirische Untersuchung realer Immobilien

4.1.1 Umfang der Untersuchung

Für die Analysen wurden 17 Immobilien mit typischen Gebäudehistorien und vollständiger Gebäude- bzw. Maßnahmendokumentation ausgewählt. Diese werden nachfolgend als Fallbeispiele bezeichnet. Vertreten sind Gebäude der beiden Nutzungsarten Schule sowie Büro- und Verwaltungsgebäude. Mit Hilfe der Fallbeispiele können klassische „Lebensläufe" im Rahmen der Instandhaltung aufgezeigt werden. Über deren gesamte Lebensdauer wurden sämtliche Instandhaltungsmaßnahmen kostenmäßig erfasst und maßnahmenbezogen beschrieben. Ca. 18 Monate dauerte allein die Erfassung dieser Daten. Diese umfassenden Vorarbeiten der vorliegenden Arbeit wurden im Rahmen des Forschungsprojektes BEWIS (Optimierte Bewirtschaftungsstrategie zum Werterhalt von Bestandsimmobilien) an der Professur für Facility Management der Universität Karlsruhe (TH) ausgeführt. Abbildung 4-1 zeigt links den Institutsbus, gefüllt mit Rechnungen und Belegen von Instandhaltungsmaßnahmen, die an einer der 17 analysierten Beispielimmobilien durchgeführt wurden. Die Abbildung gibt einen Einblick, welcher enorme Aufwand allein für die Erhebung der für die nachfolgenden Analysen erforderlichen Daten betrieben wurde.

Abbildung 4-1: Rechnungen durchgeführter Instandhaltungsmaßnahmen einer Immobilie

Die analysierten Immobilien wurden zwischen den Jahren 1952 und 1984 erstellt, sodass Instandhaltungsmaßnahmen bereits verstärkt anfallen. Abhängig von Art, Alter und Größe der Immobilien wurden für die Fallbeispiele jeweils zwischen 700 und 2.500 Datensätze aufgenommen und ausgewertet. Jeder Datensatz entspricht einer Instandhaltungsmaßnahme, wobei für die Fallbeispiele insgesamt knapp 24.000 Maßnahmen in einer Datenbank erfasst wurden.

Die erfassten Daten geben detailliert Auskunft darüber, zu welchem Zeitpunkt welche Art von Maßnahme an welchem Bauteil aufgrund welchen Auslösers ausgeführt wurde. Darüber hinaus werden die Kosten sowie eine ausführliche Maßnahmenbeschreibung in der Datenbank vorgehalten. Außerdem wurden geometrische Größen, wie zum Beispiel die Bruttogrundfläche (BGF), das Volumen oder die Fassadenfläche der jeweiligen Fallbeispiele sowie deren Herstellungskosten erfasst.

Die analysierten Gebäude umfassen zusammen mehr als 160.000 m² Bruttogrundfläche wobei insgesamt über 23.900 einzelne Instandhaltungsmaßnahmen an den analysierten Immobilien durchgeführt wurden.

Für alle Immobilien wurde eine umfassende Beurteilung der Gebäudesubstanz durchgeführt, wodurch der jeweilige Instandhaltungsrückstau monetär bewertet und bei den Analysen berücksichtigt werden kann.

Die Fallbeispiele können demzufolge nach folgenden Aspekten analysiert werden:

- Alter [a]

- Größe (wahlweise quantifizierbar durch Bruttogrundfläche [m²] oder Volumen [m³])

- Herstellungskosten [€/m²]

- Art der Nutzung (Büro- und Verwaltungsgebäude / Schule)

- Gebäudegeometrische Größen (z.B. Verhältnis Außenfläche A [m²] / Volumen V [m³])

- Verlauf der Instandhaltungskosten über das gesamte Lebensalter

- Anteil Gebäudetechnik [%]

- Durchschnittliche jährliche Instandhaltungskosten [€/m² a]

- Kostenintensivste Bauteile

- Art der Maßnahme (Wartung, Inspektion, Instandsetzung und Verbesserung)

- Zeitpunkt und Kosten für bestimmte Maßnahmen, wie z.B. Dachsanierung

- Instandhaltungsrückstau der Fallbeispiele im Erhebungsjahr 2004 [€]

Die Eckdaten der jeweiligen Fallbeispiele sind in nachfolgender Tabelle als Übersicht aufgeführt:

Tabelle 4-1: Eckdaten der analysierten Fallbeispiele

Gebäude	Nutzungsart	BGF [m²]	Baujahr	Technik [%]	A zu V [m²/m³]	Herstellkosten* [€/m²]
AG-FDS	Büro	1913	1952	20	0,29	595
AG-PF	Büro	4424	1958	26	0,45	505
AKS-PF	Schule	22835	1950	30	0,25	1.920
GBS-KA	Schule	11950	1984	38	0,41	1.444
GS-BA	Schule	797	1960	11	0,42	1.183
GS-BB	Schule	14523	1980	38	0,45	1.612
GS-BÜ	Schule	829	1958	18	0,45	824
GS-NE	Schule	1244	1958	7	0,49	896
HE-SCW	Schule	15402	1965	27	0,34	2.180
HSL-SBW	Schule	17802	1963	24	0,40	1.873
LG-FR	Büro	8146	1965	23	0,19	1.185
LG-MA	Büro	16859	1970	23	0,16	912
LG-OF	Büro	5823	1956	23	0,28	569
MORE-HN	Schule	9960	1979	24	0,41	1.465
RA-BR	Büro	6153	1979	26	0,26	1.757
RWG-BB	Schule	7897	1980	27	0,49	1.791
STLA-ET	Schule	16595	1967	28	0,26	2.611

*indiziert auf das Jahr 2004

Die nachfolgenden Abbildungen vermitteln einen Eindruck über das Aussehen und die Art der analysierten Büro- und Verwaltungsgebäude sowie die Schulimmobilien:

Abbildung 4-2: Analysierte Bürogebäude

Abbildung 4-3: Analysierte Schulgebäude

4.1.2 Methodische Vorgehensweise

Auswahl der Fallbeispiele

Die Auswahl der Fallbeispiele erfolgte hinsichtlich mehrerer Gesichtspunkte. Durch die Immobilien sollten typische Gebäudehistorien von Schulen sowie von Büro- und Verwaltungsgebäuden dargestellt werden. Darüber hinaus musste für jede der Immobilien eine vollständige Gebäudedokumentation mit Planunterlagen und lebenslangen Kostendaten bei den Immobilienbesitzern zur Verfügung stehen.

Aufgrund der für die Analysen notwendigen Vollständigkeit der Gebäude- und Kostendaten, sollten die Gebäude aus der Nachkriegszeit stammen. Andererseits sollten sie mindestens so alt sein, dass bereits verstärkt Instandhaltungsmaßnahmen durchgeführt wurden. Vor diesem Hintergrund wurden Immobilien ausgewählt, deren Baujahr zwischen 1952 und 1984 liegt. Die Fallbeispiele sollten unterschiedliche Nutzungsarten der beiden Gebäudekategorien Schule sowie Büro- und Verwaltungsgebäude (z.B. Grundschulen, Gymnasien oder Berufsschulen) umfassen. Hierdurch sind Immobilien unterschiedlicher Größe und mit unterschiedlichem Anteil an gebäudetechnischer Ausstattung vertreten.

Bearbeitung der Fallbeispiele

Die Erhebung der ausgewählten Fallbeispiele erfolgte durch nachfolgende Vorgehensweise:

1. Auswahl geeigneter Immobilienbesitzer und Kontaktaufnahme

   Bei den oben beschriebenen geforderten Informationen handelt es sich um Angaben aus der Vergangenheit einer Immobilie, wodurch die Daten nur selten vollständig verfügbar sind. Zunächst mussten geeignete Immobilienbesitzer mit ausreichender Datengrundlage gefunden werden. Die öffentliche Hand sowie die katholische Kirche haben sich hierbei als geeignet erwiesen. Der Vorteil gegenüber anderen Immobilienbesitzern besteht darin, dass Besitzer und Nutzer meist derselben Körperschaft angehören. Die Immobilie hat den Besitzer nach ihrer Fertigstellung nicht gewechselt, sodass keine Daten verloren gehen. Kontaktiert wurden die in nachfolgender Abbildung mit roter Fahne markierten Vermögens- und Hochbauämter sowie Hochbauabteilungen von Städten und Gemeinden und die Schulstiftungen der katholischen Kirche aus dem Bundesland Baden-Württemberg.

Abbildung 4-4: Kontaktierte Immobilienbesitzer

Der ersten Kontaktaufnahme zu möglichen „Immobilienspendern" folgten intensive Gespräche mit den jeweiligen Abteilungsleitern, um die Datenlage zu klären. Letztendlich haben sich die Daten der in Abbildung 4-4 umkreisten Immobilienbesitzer als geeignet herausgestellt.

2. Datenerhebung

Die Vorgehensweise bei der Datenerhebung unterschied sich abhängig vom jeweiligen Immobilienbesitzer, wobei die Erfassung der Daten meist vor Ort erfolgte. Die Datenlage bei der katholischen Kirche ermöglichte eine Sichtung sämtlicher Rechnungen über durchgeführte Instandhaltungsmaßnahmen, wobei die Rechnungen über das gesamte Lebensalter der Immobilien komplett verfügbar waren. Die Unterlagen der katholischen Kirche bildeten somit die beste und detaillierteste Grundlage für die Untersuchungen. Die Datenlage bei der öffentlichen Hand war differenzierter. Während einige Städte und Gemeinden ebenfalls lebenslang Rechnungen über durchgeführte Instandhaltungsmaßnahmen in Archiven vorhielten, beschränkten sich andere auf die gesetzliche Aufbewahrungsfrist von 10 Jahren, wobei häufig die letzten 12 bis 15 Jahre vorhanden waren. Die Kostendaten der fehlenden Jahre konnten in diesem Fall aus den Haushaltsplänen der Städte und Gemeinden in Form von sogenannten Sammelnachweisen entnommen werden. Hierdurch konnten die Ausgaben für die Immobilien vollständig erfasst werden, wenn auch mit geringerem Detaillierungsgrad. Bei den Verwaltungsgebäuden der Länder war die Vorgehensweise aufgrund der unterschiedlichen Datenhaltung für Maßnahmen älter als 10 Jahre etwas schwieriger und nicht systematisierbar. Der Rechercheaufwand pro Immobilie erwies sich hier am höchsten. In nachfolgender Abbildung 4-5 sind die verschiedenen Informationsquellen hinsichtlich der Instandhaltungsdaten dargestellt:

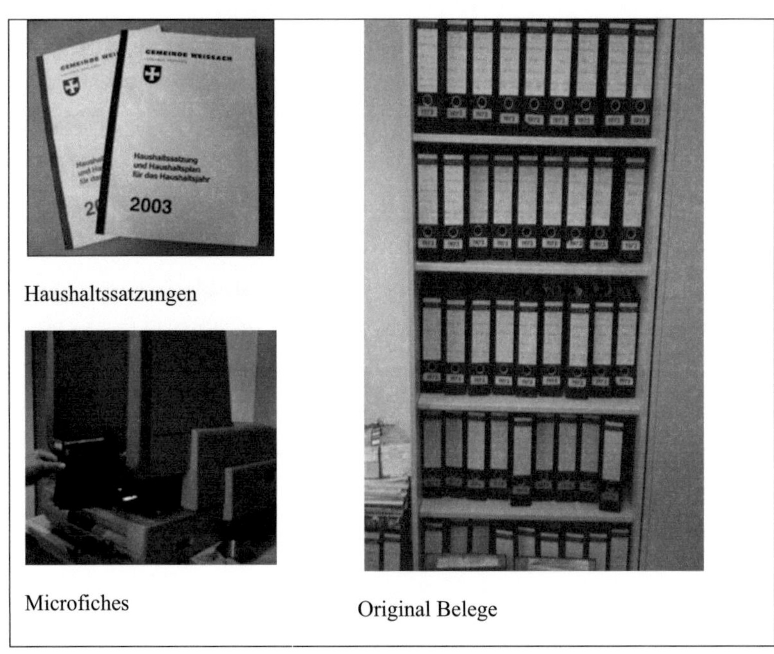

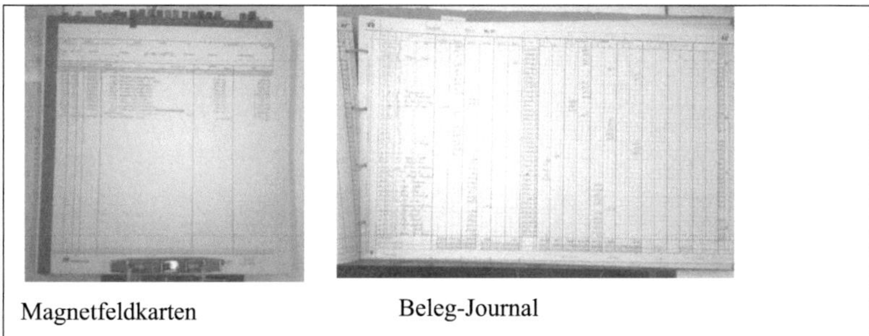

Abbildung 4-5: Verschiedene Informationsquellen

Über die Kosten der durchgeführten Maßnahmen hinaus wurden die Daten zur näheren Beschreibung des Gebäudes erhoben. Sowohl die Baubeschreibungen als auch die Gebäudepläne konnten meist den sogenannten Baurechtsakten entnommen werden.

Die enorme Anzahl von Datensätzen pro Immobilie erforderte eine dem Umfang angepasste Datenverwaltung. Nach einer gründlichen Analyse der erforderlichen Datenstruktur wurde eine Datenbank in Access programmiert. Die relationalen Beziehungen dieser Datenbank sind in nachfolgendem Screenshot abgebildet.

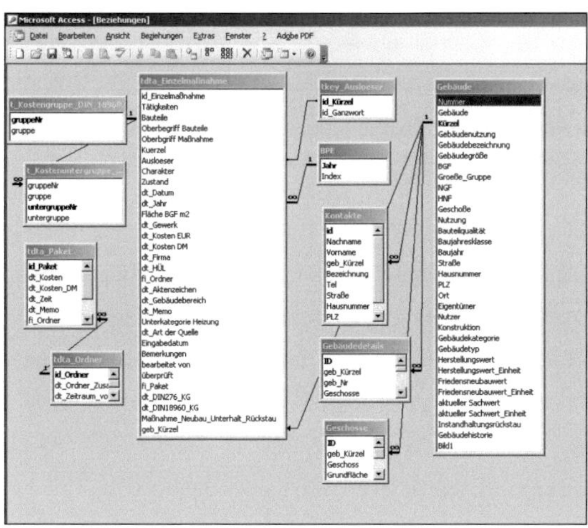

Abbildung 4-6: Relationale Beziehungen der programmierten Access-Datenbank

Nachfolgend sind beispielhaft drei Datensätze aus der Datenbank herausgegriffen, die jeweils eine der über den gesamten Lebenszyklus der Immobilie durchgeführten Maßnahme wiedergeben. Durchschnittlich wurden, abhängig von Alter und Größe der jeweiligen Immobilie, zwischen 700 und 2.500 solcher Maßnahmen erfasst.

Id_Einzelmaßnahme	Tätigkeiten	Bauteile	Oberbegriff Bauteile	Oberbgriff Maßnahme	Art der Maßnahme	fi_Ausloeser	Charakter	dt_Datum	Fläche BGF m2	dt_Kosten EUR
20565	Fensterbauarbeiten	Fenster	Fenster-Türen	IH	E	S	einmalig	31.12.1965	11.657,00	56,02 €
20621	Brandschutzmaßnahmen	Blitzschutzanlage	Brandschutz	IH	W	A	regelmäßig	13.03.1968	11.657,00	20,40 €
39057	Rolladenbau	Sonnenschutz	Sonnenschutz	IH	IS	S	einmalig	13.03.2003	17.802	784,62 €

dt_Kosten DM	fi_Ordner	dt_Gebäude-bereich	dt_Memo	dt_Art der Quelle	Eingabedatum	bearbeitet von	überprüft	fi_Paket	geb_Kürzel
109,57 DM		Turnhalle	Turnhalle Eingangstür	Rechnung	31-Mrz-05	OS	Okt 05	Reparatur Instandhaltung Schule 1965-66	HSL-SBW
39,90 DM			Gebühr	Rechnung	01-Apr-05	UP	Okt 05		HSL-SBW
1.534,58 DM	HSL-SBW 2003 Belege Schulstiftung 6190-Ende	Gymnaium	Bio 1: Reparatur der Verdunklungsanlage	Rechnung	12-Mai-05	CB	Dez 05	Bauunterhaltung HSL-SBW 2003	HSL-SBW

Abbildung 4-7: Datensätze von drei durchgeführten Instandhaltungsmaßnahmen

Sowohl die Durchführung der Datenerhebung, als auch die Auswertbarkeit und die Analysefähigkeit der erfassten Daten konnte durch die Datenbank standardisiert werden. Durch klare Definitionen und strikte Eingabereglements, welche von der Datenbank vorgegeben werden, konnten Eingabefehler weitgehend vermieden werden.

3. Ermittlung des Instandhaltungsrückstaus

Die erfassten Instandhaltungskosten über die Lebensdauer der Immobilien sind von der jeweiligen Finanzsituation der Immobilienbesitzer geprägt. Die getätigten Investitionen spiegeln den tatsächlichen Instandhaltungsbedarf nur bedingt wieder, bei einigen der Immobilien hat sich aufgrund zu niedriger Investitionen ein Instandhaltungsrückstau gebildet. Dieser muss bei den folgenden Analysen berücksichtigt werden. Hinsichtlich einer monetären Bewertung des vorliegenden Rückstaus wurden nachfolgende Bewertungsverfahren bezüglich ihrer Anwendbarkeit überprüft.

o   Methodik für die Inspektion von Wohngebäuden nach Krug [Krug85]

o   MER - méthode d'évaluation rapide [MeVi84]

- o Impulsprogramm Bau-Grobdiagnose [IPBau95]

- o DUEGA - Diagnosemethode für die Unterhaltungs- und Erneuerungsplanung verschiedener Gebäudearten [GrRW97]

- o STRATUS Gebäude [STRA02]

- o epiqr (energy performance - indoor environmental quality – retrofit / refurbishment) [epiqxx]

- o INVESTIMMO [Cacc04]

- o epiqr+

Nach umfangreichen Untersuchungen der einzelnen Verfahren wurde das Verfahren epiqr+ als das geeignete ausgewählt und eine Schulung auf dem System durchgeführt.

Die evaluierten Verfahren sollen in diesem Zusammenhang nicht detailliert beschrieben werden, zusammenfassend ist jedoch zu erwähnen, dass einige Methoden (Methode MER [MeVi84], IP Bau Grobdiagnose [IPBau95], Epiqr [epiqxx], Krug [Krug85]) zwar generell geeignet für die Bewertung der Gebäudesubstanz sind, jedoch ausschließlich für die Anwendung auf Wohngebäude entwickelt wurden und daher nicht ohne erheblichen Aufwand auf weitere Immobilientypen übertragbar sind. Die Beschränkung auf eine Gebäudeart wurde zwar bei der Diagnosemethode DUEGA [GrRW97] aufgehoben, jedoch handelt es sich hierbei um ein Verfahren, das in der Schweiz entwickelt wurde. Aus diesem Grund erfolgen sowohl die Beschreibungen von Ausführungsstandards als auch die bautechnischen Abnutzungen sowie die Kostenberechnungen auf Basis von schweizerischen Standards und Normen. Baukostenschätzungen würden bei einer Anwendung im Forschungsprojekt erschwert werden. Das Verfahren von STRATUS Gebäude [STRA02] ermöglicht zwar die Bewertung des Gebäudezustandes, jedoch beschränkt sich die Bewertung auf nur 13 Gebäudeelemente, welches im Rahmen dieser Arbeit nicht ausreichend ist. Die Methode epiqr+ baut auf das Europäische Forschungsprojekt INVESTIMMO [Cacc04] und die erste einfachere Version von epiqr auf. Letztere ist eine Computeranwendung auf Excelbasis zur Ermittlung des baulichen Zustands von Wohngebäuden und der Kosten für die Instandsetzung. Es handelt sich hierbei um ein Verfahren, welches von der Europäischen Union gefördert und unter Zusammenarbeit von sieben europäischen Forschungseinrichtungen entwickelt wurde. Die Methodik, welche anhand von 50 Bauteilen und der so genannten Eingriffstiefe den Zustand der Immobilie bewertet, hat sich im Bereich der Wohnimmobilien bewährt und wurde aus diesem Grund im Rahmen des Programms „epiqr+" für die Anwendung im Rahmen der Bewertung von öffentlichen Verwaltungsgebäuden und Schulen angepasst und verbessert. Eine eingehende Prüfung von epiqr+ hat ergeben, dass sich die Methode für die bauliche Zustandserfassung von Immobilien sowie deren Bauteile im Rahmen dieser Arbeit hervorragend eignet. Neben dem Zustand der einzelnen Bauteile (a = guter Zustand, b = leichte Abnutzung, c = erhebliche Abnutzung, d = Ende der Lebensdauer erreicht) ermöglicht epiqr+ die Ermittlung des Instandhaltungsrückstaus der einzelnen Bauteile.

Zur Bewertung der Gebäudesubstanz nach Bauteilen waren die nachfolgend aufgeführten Arbeitsschritte erforderlich:

o   Vor-Ort-Begehung

o   Ermittlung der geometrischen Größen

o   Auswertung der Begehungsergebnisse

Die Vor-Ort-Begehung wurde mit Hilfe des in Anhang 2 dargestellten Erfassungsbogens durchgeführt. Der Erfassungsbogen führt die relevanten 100 Bauteile in unterschiedlichen Ausführungsvarianten auf und ermöglicht eine Zuordnung in die Zustandsklassen a (guter Zustand) bis d (Ende Lebensdauer).

Die nachfolgend aufgeführten geometrischen Größen sind für die Auswertung erforderlich und wurden mit Hilfe der Baupläne der Immobilienbesitzer ermittelt.

o   Gebäudegrundfläche

o   Bruttogrundfläche

o   Hauptnutzfläche

o   Verkehrsfläche

o   Sanitärfläche

o   Verwaltungsfläche

o   Be- und entlüftete Fläche

o   Anzahl der Stockwerke

o   Anzahl der Treppenhäuser

o   Traufhöhe

o   Fassadenfläche (nach Orientierung)

o   Fensterfläche (nach Orientierung)

o   Anzahl der Klassenzimmer, Werkräume, naturwissenschaftliche Räume,....

Im dritten und letzten Schritt, der Auswertung der Begehungsergebnisse, werden die Vor-Ort-Ergebnisse sowie die geometrischen Daten in das Programm eingepflegt. Einen Einblick vermitteln die nachfolgenden Screenshots.

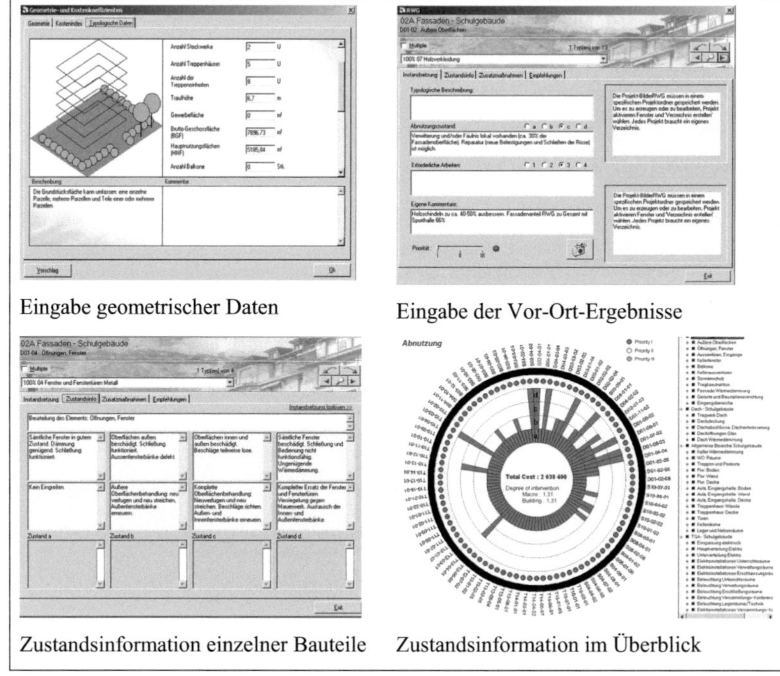

Eingabe geometrischer Daten   Eingabe der Vor-Ort-Ergebnisse

Zustandsinformation einzelner Bauteile   Zustandsinformation im Überblick

Abbildung 4-8: Epiqr+: Eingabe der geometrischen Daten und der Begehungsergebnisse

Hierauf aufbauend können mit Hilfe von epiqr+ verschiedene Szenarien durchgeführt und der Instandhaltungsrückstau bauteilweise monetär bestimmt werden.

4.1.3 Grundlagen der Auswertungen

Berücksichtigung des steigenden Preisniveaus

Bei der Auswertung der Realdaten spielt der anhaltende Anstieg des Preisniveaus eine wichtige Rolle. Die sogenannte Inflation, führt dazu, dass der Geldbetrag, zu dem im Jahr t eine bestimmte Instandhaltungsmaßnahme durchgeführt werden konnte, in den darauf folgenden Jahren für diese Maßnahme nicht mehr ausreicht. Das Geld verliert somit an Kaufkraft und ist weniger wert. Gemessen wird der Preisniveauanstieg mit Hilfe eines Preisindex [[Gabl00] S. 2465]. Im Bereich des Neubaus und der Instandhaltung von Gebäuden ist dies der sogenannte Baupreisindex. Berechnet wird dieser vom Statistischen Bundesamt, das hierfür jedes Quartal Preise von 5.000 repräsentativen Unternehmen des Baugewerbes erhebt [dest07a]. Die Werte der einzelnen Bundesländer werden von den entsprechenden statistischen Landesämtern zur Verfügung gestellt. Die im Rahmen dieser Arbeit verwendeten Indexwerte für das Bundesland Baden-Württemberg sind in nachfolgender Tabelle dargestellt:

Tabelle 4-2: Baupreisindex des Statistischen Bundesamtes [SLBW07]

Jahr	Index	Jahr	Index	Jahr	Index
1949	13,3	1968	31,3	1987	78,4
1950	12,2	1969	33,4	1988	80
1951	14,5	1970	39,1	1989	83
1952	16,1	1971	42,7	1990	87,8
1953	15,7	1972	45,3	1991	93,5
1954	15,8	1973	48,3	1992	97,8
1955	16,8	1974	50,4	1993	99,5
1956	17,5	1975	50,6	1994	100
1957	18,3	1976	51,9	1995	100,9
1958	18,9	1977	54,2	1996	99,7
1959	19,7	1978	57,2	1997	98,6
1960	21,6	1979	61,9	1998	98,4
1961	23,7	1980	68	1999	98,5
1962	25,7	1981	71,4	2000	100
1963	27,1	1982	72,5	2001	101
1964	28,5	1983	73,7	2002	101,2
1965	29,9	1984	75,5	2003	100,5
1966	30,4	1985	75,4	2004	101,4
1967	29	1986	76,6	2005	102,3

Um Instandhaltungskosten über mehrere Jahre hinweg vergleichen zu können, ist die Steigerung des Preisniveaus zu berücksichtigen. Hierfür werden die im Rahmen dieser Arbeit erfassten Kosten auf das Bezugsjahr 2004 indiziert, wobei die in Tabelle 4-2 aufgeführten Baupreisindizes verwendet werden. Eine Instandhaltungsmaßnahme, die zum Beispiel im Jahr 1986 zu einem Preis von 100 € durchgeführt wurde, wird somit wie folgt auf das Jahr 2004 indiziert:

$$IHK(t_{2004}) = \frac{IHK(t_{1986}) \cdot BI(t_{2004})}{BI(t_{1986})} = \frac{100\,€ \cdot 101,4}{76,6} = 132,4\,€ \qquad (4.18)$$

IHK   Instandhaltungskosten [€]
BI   Baupreisindex

Im Rahmen dieser Arbeit sind sämtliche Kostenauswertungen auf das Basisjahr 2004 indiziert.

Berücksichtigung des Instandhaltungsrückstaus

Die tatsächlich getätigten Instandhaltungsmaßnahmen spiegeln den Instandhaltungsbedarf einer Immobilie nur bedingt wider. Bei der öffentlichen Hand wurde in den letzten Jahren aufgrund knapper finanzieller Mittel insbesondere bei der Instandhaltung gespart. Als Folge hat sich bei den Immobilien teilweise ein Instandhaltungsrückstau gebildet. Dieser kann als Lücke zwischen dem Instandhaltungsbedarf einer Immobilie und den tatsächlich getätigten Investitionen betrachtet werden. Der Rückstau gibt Aufschluss über den Zustand eines Gebäudes und muss bei den nachfolgenden Untersuchungen berücksichtigt werden. In Kapitel 4.1.2 wurde die monetäre Bewertung des Instandhaltungsrückstaus bereits ausführlich beschrieben. Im Rahmen der vorliegenden Arbeit wird der ermittelte Rückstau der jeweiligen Immobilien als einmalige Sanierung im letzten Jahr zu den getätigten Investitionen addiert und wird somit in die Analysen einbezogen.

Durchschnittlicher Verlauf der Instandhaltungskosten

Die nachfolgende Abbildung 4-9 stellt den Verlauf der relativen Instandhaltungskosten der analysierten Fallbeispiele über deren Alter dar. Aufgrund umfassender Modernisierungsmaßnahmen sind die Instandhaltungsaufwendungen einiger Immobilien insbesondere ab dem 30sten Lebensjahr sehr hoch. An der Immobilie KEPG-PF wurden im Vergleich zu den anderen Immobilien nicht nur Modernisierungsmaßnahmen, sondern vielmehr eine komplette Revitalisierung des Gebäudes durchgeführt. In diesem Zusammenhang wurde die Immobilie vollständig entkernt und auf den neuesten, wesentlich verbesserten Stand der Technik gebracht. In erster Linie wurden hier technische Maßnahmen zur Reduzierung des Energieverbrauchs durchgeführt, wobei ein komplettes Gebäudeautomationssystem installiert wurde. Darüber hinaus wurde eine Schulkantine sowie zusätzliche Labore der Fachbereiche Chemie, Physik, Biologie und Computertechnik neu eingebaut. Hinsichtlich der Nutzung wurde die Schule nach der Revitalisierung von Halbtags- auf Ganztagsbetrieb umgestellt. Bei keiner anderen Immobilie wurden solch weit reichende und funktionsändernde Eingriffe vorgenommen, was die vergleichsweise hohen Instandhaltungskosten von KEPG-PF erklärt.

Wie in Kapitel 2.2 beschrieben, umfassen Instandhaltungsmaßnahmen im Rahmen dieser Arbeit basierend auf der DIN 31051 [DIN03] zwar Maßnahmen *„zur Erhaltung des funktionsfähigen Zustandes oder Rückführung in diesen"* [[DIN03] S. 3], jedoch nicht wie bei KEPG-PF Maßnahmen, die die Funktion des Gebäudes im weitesten Sinne ändern. Auch bei der Bestimmung des Instandhaltungsrückstaus der analysierten Immobilien wird nur die Rückführung in einen gebrauchstauglichen Zustand betrachtet, nicht aber funktionsändernde Maßnahmen, wie sie an der Immobilie KEPG-PF durchgeführt wurden.

Vor diesem Hintergrund handelt es sich bei KEPG-PF um eine Ausreißerimmobilie, die bei den nachfolgenden Analysen nicht berücksichtigt wird. Abbildung 4-9 zeigt den durchschnittlichen Kostenverlauf der Fallbeispiele somit ohne KEPG-PF auf.

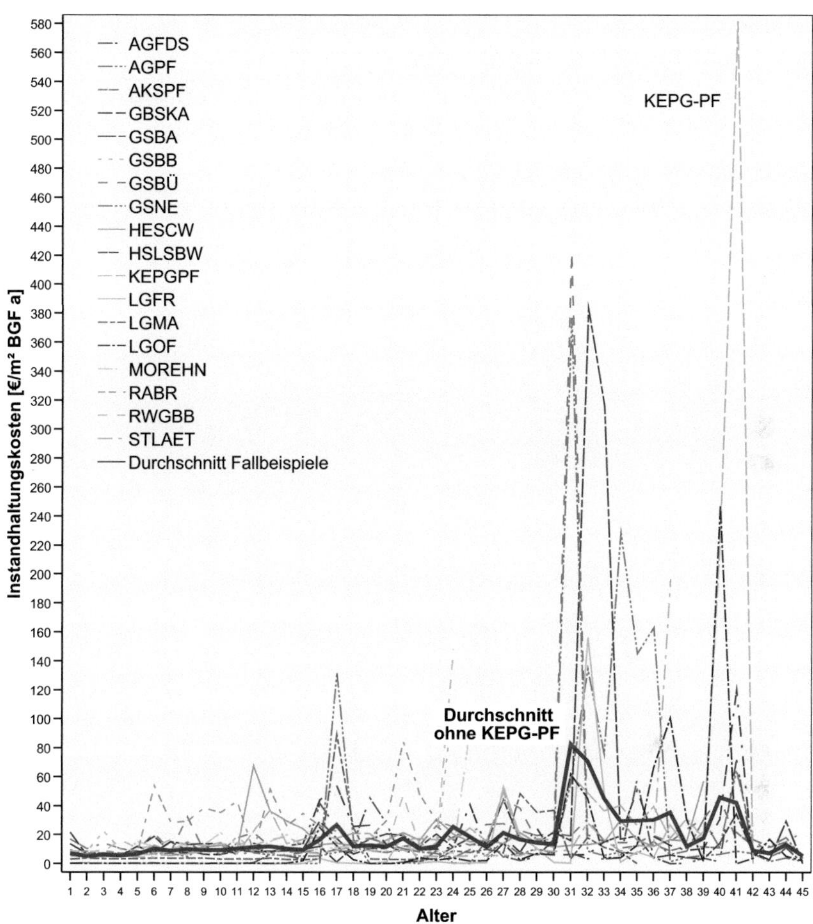

Abbildung 4-9: Instandhaltungskosten der Fallbeispiele [€/m² BGF]

Für die ausgewählte Stichprobe ist der Verlauf der Instandhaltungskosten über das Alter in nachfolgender Abbildung 4-10 in kumulierter Form dargestellt. Die großen Kostensprünge zeigen auf, an welchen der Immobilien bereits größere Instandhaltungsmaßnahmen durchgeführt wurden. Dies sind unter anderem die Immobilien GS-BA, GS-BÜ, AG-PF sowie GS-NE und LG-OF. Diese Immobilien wurden in den ersten 30 Jahren teilweise unterproportional instand gehalten, was die vergleichsweise frühe Durchführung umfassender Sanierungsmaßnahmen erklärt. Bei anderen Immobilien wurden derartige Maßnahmen noch nicht durchgeführt, was sich zum Teil in Form eines hohen Instandhaltungsrückstaus niederschlägt, der in Abbildung 4-10 als einmaliger Kostensprung im letzten Jahr zu erkennen ist (u.a. zum Beispiel bei: AKS-PF, AG-FDS, STLA-ET, RWG-BB).

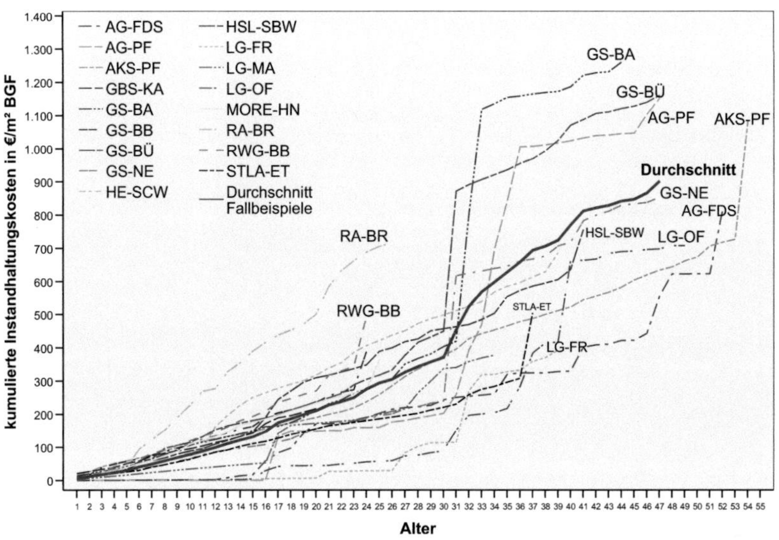

Abbildung 4-10: Instandhaltungskosten der Fallbeispiele [€/m² BGF] kumuliert

4.1.4 Bewertungskriterien

Aus Gesprächen mit Instandhaltungsverantwortlichen wurde deutlich, dass im Rahmen der Budgetierung insbesondere zwei Kriterien von maßgeblicher Bedeutung sind. Dies ist zum einen die mit dem Verfahren erreichte Genauigkeit des berechneten Instandhaltungsbudgets und zum anderen die Einsetzbarkeit des Verfahrens in der Praxis. Vor diesem Hintergrund werden die Budgetierungsverfahren in diesem Kapitel hinsichtlich dieser beiden Kriterien bewertet. Hierbei kommt der Arbeit zugute, dass sie auf Realdaten basiert. Durch die Berechnung der Abweichung von den Realdaten besteht zum Beispiel die Möglichkeit, die erreichte

Genauigkeit des berechneten Budgets zahlenmäßig zu beschreiben. Aufgrund der im Rahmen dieser Arbeit sehr umfassenden Datenerfassung vor Ort bei den Immobilienbesitzern, ist darüber hinaus eine sehr realitätsnahe Einschätzung möglich, welche Daten in welcher Art für die Berechnungen zur Verfügung stehen und welcher Erhebungsaufwand hiermit verbunden ist.

Zur Beurteilung der Genauigkeit des berechneten Budgets wird zwischen „hoher", „mittlerer" und „niedriger" Genauigkeit differenziert. Die Zuordnung erfolgt über die, in nachfolgender Tabelle dargestellte, prozentuale Abweichung der berechneten Kosten von den realen Instandhaltungsaufwendungen.

Tabelle 4-3: Bewertungskriterium „Genauigkeit"

Genauigkeit des berechneten Budgets	Abweichung von Realdaten
hoch	< 15 %
mittel	16 % - 40 %
niedrig	> 41 %

Die Bewertung der Praxistauglichkeit erfolgt über den Berechnungsaufwand und die Verfügbarkeit der Daten, wobei die ausführlichen Merkmale der jeweiligen Gruppen in nachfolgender Tabelle aufgeführt sind:

Tabelle 4-4: Bewertungskriterium „Praxistauglichkeit"

Praxistauglichkeit des Verfahrens	Merkmal
gut	-sehr geringer Berechnungsaufwand -benötigte Daten stehen zur Verfügung
mittel	-mittlerer Berechnungsaufwand -benötigte Daten stehen in nicht aufbereiteter Form zur Verfügung
schlecht	-hoher Berechnungsaufwand -benötigte Daten stehen nicht zur Verfügung und müssen zusätzlich erhoben werden

4.2 Validierung der kennzahlenorientierten Budgetierungsverfahren

In Kapitel 3.2 wurden die Instandhaltungskennzahlen der maßgeblichen Studien und Institutionen vorgestellt und diskutiert. Sie unterscheiden sich sowohl in Ihrer Bezugsgröße als auch in der Abgrenzung der in den Kosten enthaltenen Maßnahmen teilweise erheblich voneinander. Ein Vergleich der Kennzahlen ist hierdurch nicht ohne weitere Analysen möglich.

Die Differenzen der einzelnen Studien bzw. Veröffentlichungen sind in nachfolgender Tabelle zusammengefasst.

Tabelle 4-5: Übersicht verschiedener Studien mit Kennzahlen zur Instandhaltung

Studie / Veröffentlichung	Bezugsgröße [m²]	Maßnahmen	Kostengruppen nach DIN 276
II. Berechnungsverordnung	Wohnfläche	Instandsetzung	KG 300: Baukonstruktion KG 400: Bautechnische Anlagen
BMI	100 m² Bruttogrundfläche	Instandsetzung Wartung Inspektion	KG 300: Baukonstruktion KG 400: Bautechnische Anlagen
FM Monitor	Geschossfläche	Inspektion Wartung	KG 300: Baukonstruktion KG 400: Bautechnische Anlagen
OSCAR	Nettogrundfläche	Modernisierung Wartung Instandsetzung	KG 300: Baukonstruktion KG 400: Bautechnische Anlagen
IFMA Benchmarking Report	Bruttogrundfläche	Instandsetzung Wartung Inspektion	KG 300: Baukonstruktion KG 400: Bautechnische Anlagen KG 500: Außenanlagen KG 600: Ausstattung Kunstwerke

Voraussetzung für einen Vergleich ist zunächst eine einheitliche Bezugsfläche. Werden Instandhaltungskosten auf unterschiedliche Bezugsflächen bezogen, so unterscheiden sich die hieraus ermittelten Kennwerte deutlich in ihrem Wert. Bei der Wahl der Bezugsgröße sollten nach [VDI94] nachfolgende Voraussetzungen erfüllt sein:

- eindeutige Definition

- leichte Ermittlung

- ableitbar aus anderen Flächen

- für alle Gebäudetypen anwendbar

Die Bruttogrundfläche (BGF) Bereich a (überdeckt und alle Seiten umschlossen) nach DIN 277 [DIN05] wird den aufgeführten Anforderungen gerecht und wird daher im Rahmen dieser Arbeit als Bezugsfläche verwendet. Die in Kapitel 3.2 aufgeführten Kennwerte beziehen sich teilweise auf andere Flächenarten. Mit Hilfe von Umrechnungsfaktoren können diese jedoch auf die Bruttogrundfläche umgerechnet werden. Hierbei ist zu beachten, dass die Größe des Flächenanteils an der BGF von der Art der Immobilie abhängt.

Zur Umrechnung der Kennwerte werden nachfolgende Koeffizienten verwendet:

Tabelle 4-6: Umrechnungskoeffizienten zur Berechnung der BGF [[Bund06] S. 4]

Gebäudetyp	HNF [%]	NF [%]	NGF [%]	BGF [%]
Gerichtsgebäude	46	58	80	100
Verwaltungsgebäude	49	59	83	100
Ämtergebäude	51	60	83	100
Gebäude für wissenschaftliche Lehre u. Forschung	49	54	85	100
Institut für Lehre und Forschung	51	56	86	100
Krankenhäuser u. Unikliniken für Akutkranke	42	49	84	100
Schulen	56	64	87	100
Kindertagesstätten	54	66	86	100
Gebäude für Produktion, Werkstätten und Lagergebäude	14	17	20	100

Die in Kapitel 3.2 vorgestellten Kennwerte wurden mit Hilfe dieser Koeffizienten hinsichtlich der Bezugsfläche bereinigt. Die korrigierten Kennwerte der jeweiligen Institutionen sind in Anhang 1 ausführlich dargestellt.

Durch die Flächenbereinigung beziehen sich alle Kennzahlen auf die Bruttogrundfläche und können somit gegenübergestellt und verglichen werden. Die Instandhaltungskostenangaben der verschiedenen Institutionen sind zusammen mit den tatsächlichen Instandhaltungsaufwendungen der Fallbeispiele in nachfolgender Abbildung grafisch dargestellt.

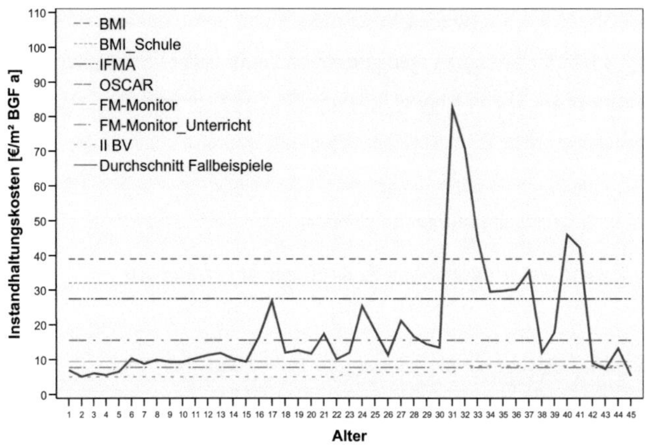

Abbildung 4-11: Gegenüberstellung: Kennzahlen und Kosten Realimmobilien

Es ist zu erkennen, dass die Kennzahlen stark voneinander abweichen und einer hohen Schwankungsbreite unterliegen. Die Kostenangaben liegen zwischen 5,0 €/m² a (II. BV) und 39 €/m² a ($BMI_{Büro}$). Neben den unterschiedlichen Nutzungsarten sind die Differenzen unter anderem auf die unterschiedlichen Abgrenzungen hinsichtlich der in den Instandhaltungskosten enthaltenen Kostengruppen nach DIN 276 [DIN93] zurückzuführen. Wie in Tabelle 4-5 dargestellt, enthalten die Kennzahlenangaben teilweise unterschiedliche Kostengruppen. Darüber hinaus umfassen die angegebenen Kennzahlen unterschiedliche Maßnahmenarten, die in den jeweiligen Studien nicht eindeutig abgegrenzt sind. Die Kennzahlen des BMI [BMI05] enthalten beispielsweise Schönheitsreparaturen, Wartungsarbeiten und Instandhaltungsmaßnahmen des Rohbaus. Im Vergleich hierzu umfasst der IFMA Benchmarking Report [IFMA05] die Maßnahmen der Wartung und Inspektion sowie der Instandsetzung. Die großen Kostenunterschiede sind außerdem auf die unterschiedliche Berücksichtigung beziehungsweise die Vernachlässigung von Kosten beeinflussenden Faktoren zurückzuführen. Das Gebäudealter wird etwa lediglich im Rahmen der Zweiten Berechnungsverordnung [BV03] berücksichtigt. Dies ist an den in Abbildung 4-11 dargestellten Kostensprüngen im Alter von 22 und 32 Jahren zu erkennen. Es wird deutlich, dass die Instandhaltungskennzahlen untereinander kaum vergleichbar sind. Es mangelt an einer einheitlichen Basis, sowie an einer standardisierten Vorgehensweise. Dies gilt sowohl hinsichtlich der Abgrenzung der Kostengruppen als auch hinsichtlich der in den Kennzahlen enthaltenen Maßnahmen und der Berücksichtigung von Einflussfaktoren. Quantitative Aussagen bezüglich der Instandhaltungskosten lassen sich demzufolge nur schwer ableiten. Qualitative Schlussfolgerungen sind jedoch möglich.

Abbildung 4-11 zeigt darüber hinaus, dass die durchschnittlichen, jährlichen Instandhaltungskosten der Fallbeispiele (rote durchgezogene Linie) in ihrer Höhe stark von den vorgegebenen Werten der Kennzahlen abweichen. Während die vorgegebenen Instandhaltungskennzahlen mit Ausnahme der II. Berechnungsverordnung statisch verlaufen, variieren die Aufwendungen der Fallbeispiele mit dem Alter. Der tatsächliche Kostenverlauf ist also dynamisch.

Für den Vergleich der Kennwerte mit den Werten der Fallbeispiele werden fünf Lebensabschnitte von jeweils zehn Jahren gebildet. Für jeden dieser Lebensabschnitte sowie für die gesamte Lebensdauer werden in nachfolgender Tabelle 4-7 die Kennzahlen der verschiedenen Studien den durchschnittlichen Instandhaltungskosten der Fallbeispiele gegenübergestellt.

Tabelle 4-7: Durchschnittliche Instandhaltungskosten[€/m²BGFa] nach Lebensabschnitten

	II. BV	BMI Büro	BMI Schule	FM Monitor Unterricht	FM Monitor Verwaltung	OSCAR	IFMA	Fallbeispiele
1. Lebensabschnitt	5,0	39,0	32,0	7,7	9,4	15,5	27,5	7,8
2. Lebensabschnitt	5,0	39,0	32,0	7,7	9,4	15,5	27,5	13,3
3. Lebensabschnitt	6,1	39,0	32,0	7,7	9,4	15,5	27,5	16,0
4. Lebensabschnitt	8,0	39,0	32,0	7,7	9,4	15,5	27,5	39,9
5. Lebensabschnitt	8,2	39,0	32,0	7,7	9,4	15,5	27,5	17,3
gesamt	6,5	39,0	32,0	7,7	9,4	15,5	27,5	18,9

Die Kennzahlen weichen in den verschiedenen Lebensabschnitten unterschiedlich stark von den Instandhaltungskosten der Fallbeispiele ab. Zur Verdeutlichung sind in nachfolgender Abbildung 4-12 die Abweichungen zwischen den Kennzahlen und den tatsächlichen Aufwendungen der Fallbeispiele grafisch aufbereitet.

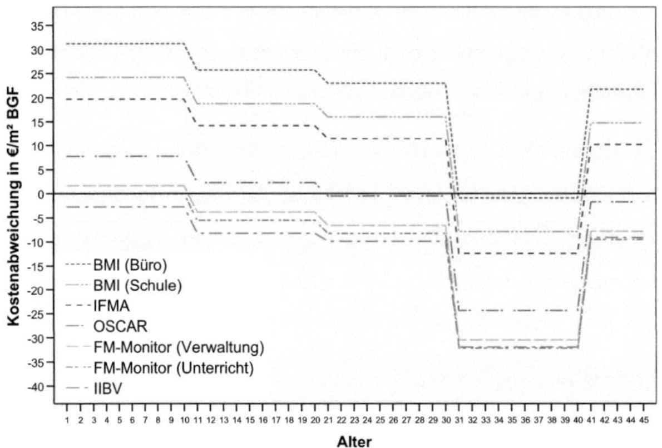

Abbildung 4-12: Kostenabweichung der Kennzahlen von den Realimmobilien

Abbildung 4-12 zeigt, dass Kennzahlen, die in den ersten Lebensabschnitten nur geringe Kostenabweichungen aufweisen und somit zur Instandhaltungsplanung geeignet scheinen, in späteren Lebensabschnitten sehr hohe Differenzen haben und für die Budgetierung von Instandhaltungsmaßnahmen somit nicht verwendet werden können. Dies gilt auch im Umkehrschluss. Während im ersten Lebensabschnitt der FM-Monitor [pom07] mit einer Abweichung von 0,6 €/m² (Unterricht) bzw. 1,6 €/m² (Verwaltung) die tatsächlichen Instandhaltungskosten der Fallbeispiele am besten widerspiegelt, sind dies im zweiten und dritten Lebensabschnitt die Kennzahlen von OSCAR [JoLL06] mit einer Kostendifferenz von 2,3 €/m² (2. Lebensabschnitt) bzw. 0,5 €/m² (3. Lebensabschnitt). Im Alter zwischen 30 und 40 Jahren sind die Kostenabweichungen mit Ausnahme der Werte des BMI [BMI05] und der IFMA [IFMA05] alle weit größer als 20 €/m². Während des letzten Lebensabschnittes bilden die Werte der OSCAR Studie [JoLL06] mit einer Abweichung von weniger als 1,7 €/m² die realen Kosten am besten ab. Die Grafik zeigt, dass die Kennzahlen des BMI [BMI05], der IFMA [IFMA05] sowie von OSCAR [JoLL06] in den ersten drei Jahrzehnten über den tatsächlichen Kosten der Fallbeispiele liegen, was sich im Alter zwischen 30 und 40 Jahren der Immobilie jedoch ändert. Hier liegen die Angaben wie auch bei den anderen Institutionen unter dem tatsächlichen Instandhaltungsbedarf, sodass auf die überschüssigen Mittel aus den Vorjahren zurückgegriffen werden muss. Da die Verantwortlichen in der Regel nicht wissen, wann Instandhaltungsmaßnahmen anfallen, wird das Geld häufig ohne Anlage zurückgelegt. Im schlimmsten Fall werden sie anderweitig verwendet. Ausgehend vom ersten Fall gilt es zu klären, ob die in den Anfangsjahren zurückgelegten finanziellen Mittel für die späteren Instandhaltungsmaßnahmen ausreichen. Hierüber gibt die nachfolgende Abbildung 4-13 Aufschluss.

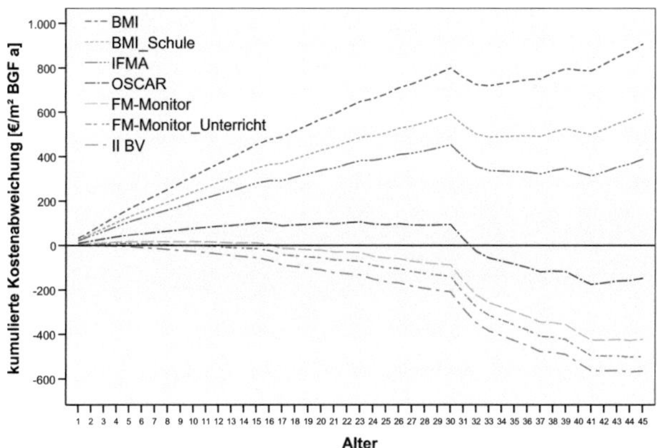

Abbildung 4-13: Kumulierte Kostenabweichung von den Fallbeispielen

Dargestellt sind die kumulierten Kostenabweichungen der Kennzahlenwerte von den tatsächlichen Instandhaltungsausgaben der Fallbeispiele. Wie in Kapitel 4.1.3 erläutert, sind sämtliche Werte mit Hilfe des Baupreisindexes des Statistischen Bundesamtes Deutschland auf das Bezugsjahr 2004 indiziert.

Die Auswertungen zeigen, dass die Angaben der IFMA [IFMA05] und des BMI [BMI90] über die ersten drei Jahrzehnte der Immobilien deutlich zu hoch sind. Auch wenn die zurückgelegten Mittel ab dem 30sten Lebensjahr durch Instandhaltungsmaßnahmen etwas verbraucht werden, liegt am Ende der Betrachtungszeit ein Überschuss von Minimum 389 €/m² (IFMA) und Maximum 931 €/m² (BMI-Büro) vor. Diese Mittel hätten anderweitig verwendet werden können, ohne dass sich bei den Immobilien ein Instandhaltungsrückstau bildet. Die Angaben der OSCAR Studie [JoLL06] liegen innerhalb der ersten 30 Jahre zwar über dem tatsächlichen Instandhaltungsbedarf, jedoch reichen die in dieser Zeit angesparten Mittel für die Maßnahmen der kommenden Jahre nicht aus, sodass sich ein Instandhaltungsrückstau von

166 €/m² bildet. Im Vergleich hierzu können bei den Angaben der Zweiten Berechnungsver-ordnung [BV03] sowie des FM-Monitor [pom07] zu Beginn der Lebenszeit keine Rücklagen gebildet werden. Vor diesem Hintergrund fehlen am Ende Mittel in Höhe von über 600 €/m² (II.BV) bzw. über 500 €/m² (FM-Monitor).

Um die Genauigkeit der Kennzahlenangaben nach den in Kapitel 4.1.4 aufgeführten Kriterien zu bewerten, ist in nachfolgender Tabelle jeweils deren prozentuale Abweichung zu den tat-sächlich benötigten Instandhaltungsmitteln dargestellt. Gewählt werden hierfür die beiden Altersabschnitte 0 bis 30 Jahre beziehungsweise 0 bis 45 Jahre.

Tabelle 4-8: Genauigkeit der kennzahlenorientierten Verfahren

Alter	Verfahren	Abweichung	Genauigkeit
	IIBV	-56 %	niedrig
	BMI Büro	215 %	niedrig
Alter 0 bis 30 Jahre	BMI Schule	159 %	niedrig
	FM Monitor Unterricht	-37 %	mittel
	FM Monitor Verwaltung	-24 %	mittel
	OSCAR	26 %	mittel
	IFMA	122 %	niedrig

Alter	Verfahren	Abweichung	Genauigkeit
	IIBV	-66 %	niedrig
	BMI_Büro	107 %	niedrig
Alter 0 bis 45 Jahre	BMI_Schule	70 %	niedrig
	FM Monitor Unterricht	-59 %	niedrig
	FM Monitor Verwaltung	-50 %	niedrig
	OSCAR	-18 %	mittel
	IFMA	46 %	niedrig

Die berechneten Werte zeigen, dass die Angaben des FM Monitor [pom07] mit 24 % inner-halb der ersten 30 Jahre die geringste Kostenabweichung aufweist. Es wird in diesem Alters-abschnitt somit maximal eine mittlere Genauigkeit erreicht. Bei der Betrachtung bis zum Alter von 50 Jahren, weisen die Angaben der OSCAR Studie [JoLL06] mit 18 % die geringsten Abweichungen auf.

Hinsichtlich der Praxistauglichkeit der kennzahlenorientierten Verfahren ist zu sagen, dass die Bestimmung der finanziellen Mittel keine Vorkenntnisse erfordert und mit keinen Berech-nungen verbunden ist. Dies ermöglicht im Allgemeinen eine schnelle Ermittlung des Instand-haltungsbudgets. Erforderlich ist nur die Kenntnis der Brutto-Grundfläche einer Immobilie, die bei den Immobilienbesitzern meist vorliegt, wodurch das Instandhaltungsbudget mit sehr geringem Aufwand aus den Kennzahlen abgeleitet werden kann. Vor diesem Hintergrund wird die Praxistauglichkeit der kennzahlenorientierten Verfahren als gut eingestuft.

4.3 Validierung der wertorientierten Budgetierungsverfahren

In Kapitel 3.3 wurden die Jahresrichtwerte der wertorientierten Budgetierungsmethoden vor-gestellt und diskutiert. Generell wird zwischen der herstellungs- und der wiederbeschaf-fungswertorientierten sowie der friedensneubauwertorientierten Budgetierung differenziert. Der Unterschied zwischen den Verfahren liegt in der Bezugsgröße, welche analog zu den Verfahren entweder der Herstellungs-, der Wiederbeschaffungs- oder der Friedensneubauwert darstellt. In den nachfolgenden Kapiteln werden diese Verfahren mit Hilfe der Fallbeispiele validiert.

4.3.1 Basis Herstellungswert

Die in Kapitel 3.3.1 angegebenen Instandhaltungsprozentsätze der verschiedenen Studien werden mit den Herstellungskosten der Fallbeispiele multipliziert. Die hieraus berechneten Instandhaltungskosten sind zusammen mit den tatsächlichen Instandhaltungsaufwendungen der Fallbeispiele in Abbildung 4-14 grafisch dargestellt.

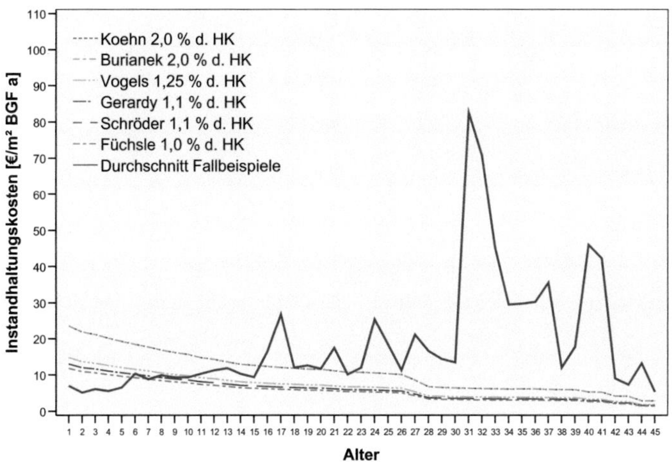

Abbildung 4-14: IHK berechnet nach Herstellungswert und IHK der Realimmobilien

Während die tatsächlichen Instandhaltungsaufwendungen der Fallbeispiele mit zunehmendem Gebäudealter steigen, verringern sich die auf Basis des Herstellungswertes berechneten Mittel um die jährliche Preissteigerungsrate. Es ist zu beachten, dass diese bei den herstellungswertorientierten Budgetierungsverfahren nicht berücksichtigt wird. Es werden über die gesamte Lebenszeit einer Immobilie konstante Prozentsätze der Herstellungskosten angenommen, die abhängig vom Autor zwischen einem und zwei Prozent variieren. Die nach den verschiedenen Autoren berechneten Instandhaltungskosten nehmen folglich über das Alter der Immobilien stetig ab. Aufgrund der unterlassenen Inflationsbereinigung stehen den Instandhaltungsverantwortlichen jedes Jahr weniger Mittel zur Durchführung von Maßnahmen zur Verfügung. Bereits Mitte des ersten Lebensabschnittes öffnet sich die Schere zwischen den Kostenberechnungen und den realen Instandhaltungsaufwendungen der Fallbeispiele.

Die berechneten Werte sind in nachfolgender Tabelle den durchschnittlichen Instandhaltungskosten der Fallbeispiele gegenübergestellt.

Tabelle 4-9: Durchschnittliche IHK [€/m² a] nach herstellungswertorientiertem Verfahren

	Schröder	Gerardy	Koehn	Vogels	Burianek	Füchsle	Fallbeispiele
1. Lebensabschnitt	10,5	10,5	19,1	11,9	19,1	9,5	7,8
2. Lebensabschnitt	7,0	7,0	12,8	8,0	12,8	6,4	13,3
3. Lebensabschnitt	5,0	5,0	9,2	5,7	9,2	4,6	16,0
4. Lebensabschnitt	3,3	3,3	6,0	3,8	6,0	3,0	39,9
5. Lebensabschnitt	1,8	1,8	3,2	2,0	3,2	1,6	17,3
gesamt	5,5	5,5	10,1	6,3	10,1	5,0	18,9

Die Abweichungen der auf Basis des Herstellungswertes berechneten Instandhaltungskosten von den tatsächlichen Aufwendungen der Fallbeispiele sind in nachfolgender Abbildung grafisch dargestellt.

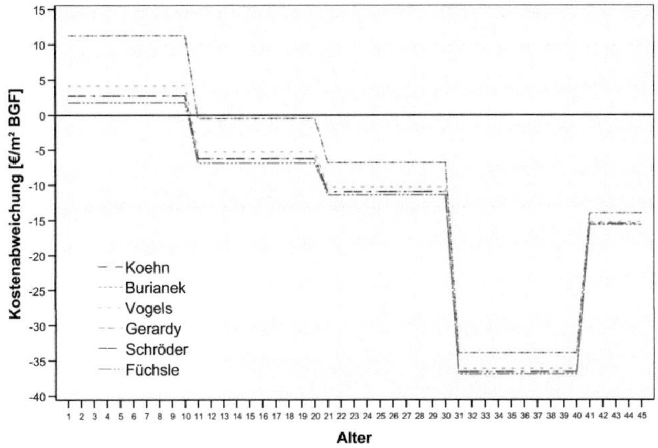

Abbildung 4-15: Abweichungen der berechneten Werte von Kosten der Realimmobilien

Die Auswertung zeigt, dass alle berechneten Werte bereits ab dem 10. Lebensjahr unterhalb der realen Instandhaltungskosten liegen. Aufgrund der vernachlässigten Baupreissteigerung stehen den Instandhaltungsverantwortlichen jedes Jahr weniger Mittel zur Verfügung. Aus Abbildung 4-14 geht hervor, dass der Instandhaltungsbedarf der Immobilien jedoch mit zunehmendem Alter steigt, sodass die Abweichung der berechneten Instandhaltungskosten von den tatsächlichen Instandhaltungsaufwendungen nach dem ersten Jahrzehnt zunimmt. Kritisch sind diese ab dem 30 sten Lebensjahr zu betrachten. Abhängig vom Verfahren liegt die Höhe der jährlichen Abweichungen hier zwischen 34 und 37 €/m².

4.3.2 Basis Wiederbeschaffungswert

Im Unterschied zum Herstellungswert passt sich der Wiederbeschaffungswert einer Immobilie automatisch an die Entwicklung der Baupreise an. Die Preissteigerung wird bei dieser Methode somit automatisch berücksichtigt. Der Wiederbeschaffungswert kann mit Hilfe der in Tabelle 4-2 dargestellten Baupreisindizes des Statistischen Bundesamtes [dest07a] aus dem Herstellungswert einer Immobilie wie folgt abgeleitet werden:

$$WBW(t_2) = \frac{HK(t_1) \cdot BI(t_2)}{BI(t_1)}$$

(4.19)

WBW	Wiederbeschaffungswert [€]
HK	Herstellungskosten [€]
BI	Baupreisindex
t_1	Jahr der Gebäudeherstellung
t_2	beliebiges Jahr

Für die untersuchten Fallbeispiele wurden die Wiederbeschaffungswerte der Immobilien berechnet und mit den in Kapitel 3.3.2 angegebenen Prozentsätzen multipliziert. In nachfolgender Abbildung sind diese Werte den tatsächlichen Instandhaltungsaufwendungen der Fallbeispiele gegenübergestellt.

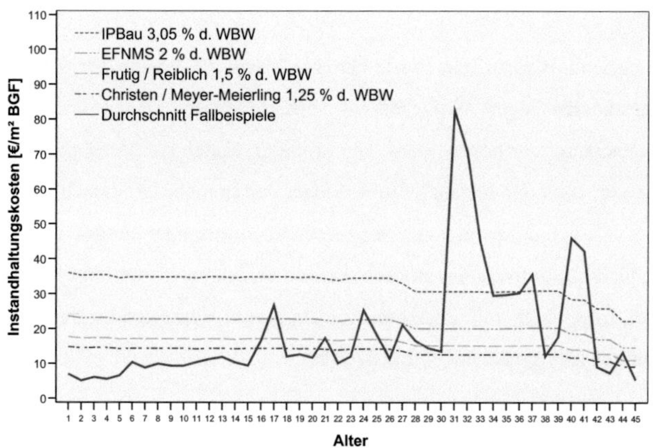

Abbildung 4-16: Berechnete Instandhaltungskosten und Kosten der Realimmobilien

Abhängig von den jeweiligen Prozentangaben unterscheiden sich die berechneten Instandhaltungskosten erheblich in ihrer Höhe. Während Christen / Meyer-Meierling [ChMe99] mit 1,25 % des Wiederbeschaffungswertes für Wohngebäude die niedrigsten Angaben machen, geht IPBau von mehr als doppelt so hohen Ansätzen aus. Durch die Berücksichtigung der Baupreissteigerung im Wiederbeschaffungswert sind die auf Basis des Wiederbeschaffungswerts berechneten Kosten realistischer als die herstellungswertorientierten Berechnungen. Jedoch weichen auch bei diesem Verfahren die berechneten Instandhaltungskosten von den Aufwendungen der Fallbeispiele (rote, durchgezogene Linie) erheblich ab. Während sich die berechneten Werte über das gesamte Lebensalter statisch verhalten, sind die tatsächlichen Instandhaltungskosten dynamisch.

Die nachfolgende Tabelle gibt die Werte der verschiedenen Studien für die unterschiedlichen Lebensabschnitte sowie für die gesamte Lebensdauer an.

Tabelle 4-10: Durchschnittliche Instandhaltungskosten [€/m²a] nach Lebensabschnitten

	EFNMS	Christen Meyer-Meierling*	Frutig Reiblich**	IPBau*	Fallbeispiele
1. Lebensabschnitt	23,0	14,4	17,2	35,1	7,8
2. Lebensabschnitt	22,8	14,3	17,1	34,8	13,3
3. Lebensabschnitt	21,7	13,6	16,3	33,1	16,0
4. Lebensabschnitt	20,0	12,5	15,0	30,5	39,9
5. Lebensabschnitt	15,0	9,4	11,3	22,9	17,3
Gesamt	20,5	12,8	15,4	31,3	18,9

* Wohngebäude   ** Banken, Versicherungen

Die berechneten Werte weichen in den verschiedenen Lebensabschnitten unterschiedlich stark von den Instandhaltungskosten der Fallbeispiele ab. Zur Veranschaulichung sind die Abweichungen in Abbildung 4-17 grafisch dargestellt.

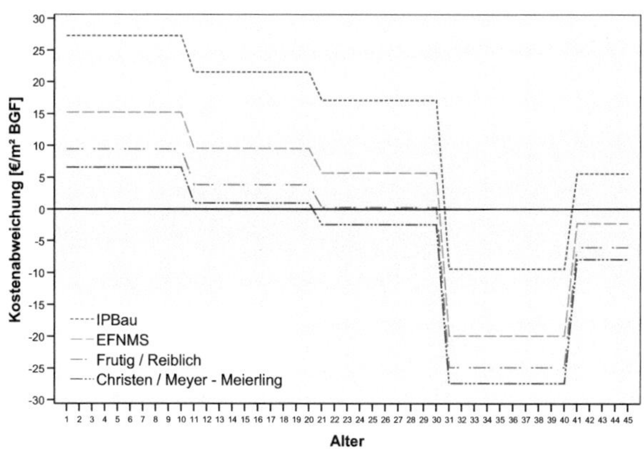

Abbildung 4-17: Abweichung der berechneten Werte von realen Instandhaltungskosten

Die Grafik zeigt, dass die berechneten Werte einiger wiederbeschaffungswertorientierter Verfahren den tatsächlichen Instandhaltungsaufwendungen der Immobilien in den ersten 30 Lebensjahren annähernd entsprechen. Die Werte von Christen und Meyer-Meierling [ChMe99] zum Beispiel weisen im zweiten Lebensabschnitt eine jährliche Abweichung von nur 1,0 €/m² und danach von 2,50 €/m² auf. Des Weiteren scheint das Verfahren von Frutig und Reiblich im Alter zwischen 10 und 30 Jahren als sehr gut geeignet. Ab dem 30sten Lebensjahr liegen alle Kostenberechnungen unterhalb der tatsächlich benötigten Instandhaltungsmittel. Um die Gebäude instand zu halten, muss auf Rücklagen der vorangehenden Jahre zurückgegriffen werden. Inwiefern diese ausreichend sind, zeigt nachfolgende Abbildung 4-18 mit den kumulierten Abweichungen der berechneten Werte zu den tatsächlichen Instandhaltungsaufwendungen auf.

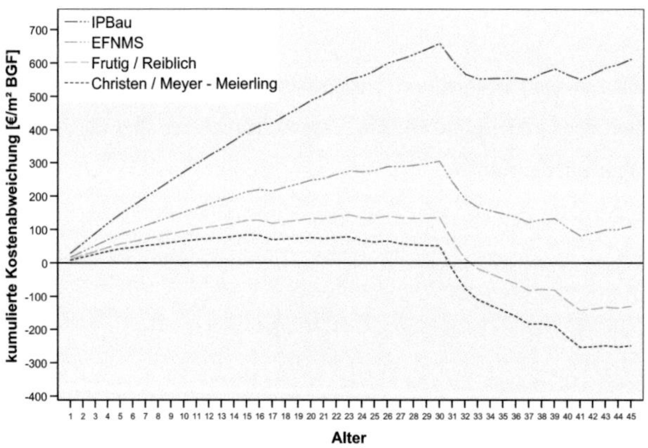

Abbildung 4-18: Kumulierte Kostenabweichung von den Fallbeispielen

Die Darstellung zeigt, dass das Verfahren von Christen und Meyer-Meierling [ChMe99] innerhalb der ersten drei Jahrzehnte die Instandhaltungskosten am genauesten berechnet. Im Vergleich zu den anderen Verfahren sind die kumulierten Abweichungen hier sehr gering. Ab dem 30sten Lebensjahr sind die mit diesem Verfahren berechneten Mittel jedoch nicht mehr ausreichend. Die Rücklagen sind zu gering, sodass sich im Alter zwischen 30 und 45 Jahren ein Instandhaltungsrückstau von 250 €/m² aufstaut. Im Gegensatz hierzu sind die Berechnungen nach IPBau [IPBau94] über die ersten drei Jahrzehnte der Immobilien deutlich zu hoch. Auch wenn die zurückgelegten Mittel in den darauf folgenden Jahren für notwendige Instandhaltungsmaßnahen verwendet werden, liegt im Alter von 45 Jahren noch immer ein Überschuss von 612 €/m² vor. Das heißt, die für eventuell anfallende Instandhaltungsaufwendungen zurückgelegten Mittel werden bis zum Alter von 45 Jahren nicht gebraucht und könnten gezielt anderweitig eingesetzt werden.

Um die Genauigkeit der wiederbeschaffungswertorientierten Verfahren nach den in Kapitel 4.1.4 aufgeführten Kriterien zu bewerten, ist in nachfolgender Tabelle jeweils deren prozentuale Abweichung zu den tatsächlich benötigten Instandhaltungsmitteln dargestellt. Gewählt wurden hierfür die beiden Altersabschnitte 0 bis 30 Jahre beziehungsweise 0 bis 45 Jahre.

Tabelle 4-11: Genauigkeit der wiederbeschaffungswertorientierten Verfahren

Alter	Verfahren	Abweichung	Genauigkeit	Alter	Verfahren	Abweichung	Genauigkeit
	EFNMS	82%	niedrig		EFNMS	13 %	hoch
Alter 0 bis 30 Jahre	Christen Meyer-Meierling	14%	hoch	Alter 0 bis 45 Jahre	Christen Meyer-Meierling	-29 %	mittel
	Frutig Reiblich	37%	mittel		Frutig Reiblich	-15 %	hoch
	IPBau	178%	niedrig		IPBau	72 %	niedrig

Die monetäre Bewertung der wiederbeschaffungswertorientierten Verfahren bestätigt, dass die Angaben von Christen und Meyer-Meierling [ChMe99] innerhalb der ersten 30 Jahre mit 14 % Abweichung die höchste Genauigkeit aufweist. Während die Angaben von Frutig und Reiblich [FrRe95] mit 37 % Kostenabweichung noch eine mittlere Genauigkeit erreichen, sind die Verfahren der EFNMS [EFNM01] und IPBau [IPBau94] aufgrund ihrer hohen Abweichung in die niedrigste Genauigkeitsstufe einzuordnen. Die Tabelle zeigt, dass sich die Werte bei Betrachtung des gesamten Alters aufgrund der Aufzehrung der Rückstellungen in den letzten Jahren stark ändern.

4.3.3 Basis Friedensneubauwert

Die Budgetierung des Instandhaltungsbudgets basiert bei der friedensneubauwertorientierten Methode auf dem Friedensneubauwert der Immobilien. Dieser ist nach seiner Definition in Kapitel 3.1.3 über das gesamte Alter der Immobilien konstant, sodass die jährliche Baupreissteigerung genau wie beim herstellungswertorientierten Verfahren vernachlässigt wird.

Demzufolge reduziert sich das Instandhaltungsbudget jedes Jahr um die Baupreissteigerungsrate, sodass den Instandhaltungsverantwortlichen effektiv betrachtet, Jahr für Jahr weniger Budget für Instandhaltungsmaßnahmen zur Verfügung steht. Den jährlich steigenden Instandhaltungsanforderungen einer Immobilie wird das Verfahren somit genauso wenig gerecht, wie die herstellungswertorientierten Budgetierungsverfahren. Vor diesem Hintergrund wird auf eine ausführlichere Validierung der friedensneubauwertorientierten Verfahren im Rahmen dieser Arbeit verzichtet.

Die Budgetierung mit Hilfe der wertorientierten Verfahren erfordert geringe Vorkenntnisse und ist nur mit kleinen Berechnungen verbunden, sodass die notwendigen finanziellen Mittel schnell und mit geringem Aufwand ermittelt werden können. Sowohl das herstellungswertorientierte-, als auch das wiederbeschaffungs- und das friedensneubauwertorientierte Verfahren benötigen als Berechnungsgrundlage die Herstellungskosten der jeweiligen Immobilie. Bei den beiden letzten Verfahren werden diese mit Hilfe der Baupreisindizes des Statistischen Bundesamtes [dest07a] auf den Wert von 1913 beziehungsweise den Wert des aktuellen Jahres umgerechnet. Die Höhe der Herstellungskosten ist den meisten Immobilienbesitzern bekannt, sodass die Praxistauglichkeit der wertorientierten Verfahren als gut eingestuft wird.

4.4 Validierung der analytischen Budgetierungsverfahren

In Kapitel 3.4 wurden die analytischen Budgetierungsverfahren vorgestellt und diskutiert. Im Vergleich zu den kennzahlen- und wertorientierten Verfahren gehen die analytischen Budgetierungsverfahren differenzierter vor. Je nach Verfahren werden Gebäudeeigenschaften wie zum Beispiel das Gebäudealter oder die technische Gebäudeausstattung berücksichtigt, wodurch sich auch der jeweilige Datenbedarf ändert. Zur Durchführung der Berechnungen, werden abhängig von der Wahl des Verfahrens folglich unterschiedliche Daten benötigt. Eine Übersicht der jeweils benötigten Daten ist in nachfolgender Tabelle dargestellt.

Tabelle 4-12: Benötigte Daten zur Berechnung des Instandhaltungsbudgets

Verfahren	Datenbedarf
Verfahren von Naber	Herstellungskosten Ausstattungsstandard Bauteillebensdauer

Berechnungsmodell von Riegel	Inspektion und Wartung inkl. kleiner Instandsetzung
	  -Aufwandswerte für die jeweiligen Aktivitäten in [h/Ereignis]
	  -zugehörige Intervallzyklen pro Jahr [1/a]
	  -Stundenverrechnungssatz [€/h]
	  -Materialkosten der kleinen Instandsetzung
	große Instandsetzung
	  -Bauteillebensdauer
	  -Preissteigerungsrate
	  -Häufigkeit d. Instandsetzungen einer KGr.
	  -Investitionskosten

Essener Berechnungsmodell	Herstellungsjahr Instandhaltungsstatus Volumen Wohnfläche bzw. gewerliche Nutzfläche Neubauwert
Methode der KGSt	Wiederbeschaffungswert Gebäudealter Anteil Gebäudetechnik Nutzungsart
Verfahren des AMEV	Wiederbeschaffungswert Technikanteil Hochbauanteil
Berliner Verfahren	Neubauwert Hochbauanteil Technikanteil
Bayerisches Verfahren	Bruttorauminhalt Hauptnutzfläche Gebäudealter Nutzungsart Technikanteil

Die Zusammenstellung zeigt, dass das Verfahren von Riegel [Rieg04] auffallend viele Eingabeparameter erfordert. Trotz der sehr umfassenden Datenerhebung, die im Rahmen dieser Arbeit durchgeführt wurde, lagen diese Daten bei keinem der Immobilienbesitzer im geforderten Detaillierungsgrad vor. Das Verfahren kann im Folgenden somit nicht weiter analysiert werden. In der Regel werden die von Riegel [Rieg04] geforderten Parameter auch in der Praxis nicht vorgehalten, sodass diese Berechnungsmethode im Arbeitsalltag der Instandhaltungsverantwortlichen allein hinsichtlich der Verwendungsmöglichkeit im Voraus ausscheidet. Beim Bayerischen Verfahren werden die notwendigen Instandhaltungsmittel aus den insgesamt für alle Immobilien zur Verfügung stehenden Mitteln abgeleitet. Für die Berechnung nach Formel (3.14) (Vgl. Kapitel 3.4.6) fehlen daher verbindliche Angaben über zugrunde liegende Raummeterpreise. Im Vergleich zu den anderen analytischen Methoden handelt es sich in diesem Falle weniger um ein Berechnungsverfahren, sondern vielmehr um ein Verteilungsverfahren. Vor diesem Hintergrund kann auch das Bayerische Verfahren bei der nachfolgenden Analyse nicht berücksichtigt werden. Mit Ausnahme dieser beiden Verfahren, werden nachfolgend alle weiteren in Kapitel 3.4 aufgezeigten analytischen Berechnungsmethoden validiert.

In nachfolgender Abbildung 4-19 sind die nach den analytischen Verfahren berechneten Instandhaltungskosten sowie die tatsächlichen Instandhaltungsaufwendungen der Fallbeispiele dargestellt.

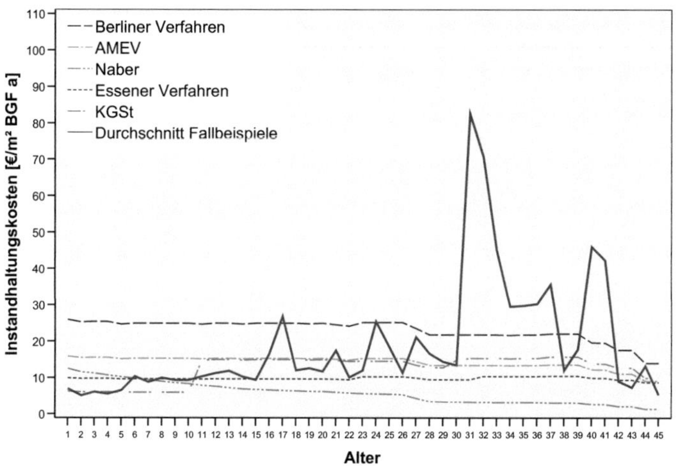

Abbildung 4-19: Berechnete IHK und tatsächliche Kosten der Fallbeispiele

Die Analyse zeigt, dass sich die Höhe der errechneten Instandhaltungskosten abhängig vom gewählten Verfahren erheblich unterscheidet. Dem Verfahren von Naber [Nabe02] liegt ein herstellungswertorientierter Ansatz zugrunde, welches durch Gewichtungsfaktoren an das Gebäude angepasst wird. Aufgrund der Vernachlässigung der Baupreissteigerung stehen den Immobilienbesitzern bei diesem Verfahren jedes Jahr weniger Instandhaltungsmittel zur Verfügung. Die Kostensprünge im Alter von 10 und 30 Jahren beim Verfahren der KGSt [KGSt84] verdeutlichen den Versuch, die Budgetierung an das Alter der Immobilien anzupassen. Mit Ausnahme des Essener Berechnungsmodells [SpSt91a] wird das Gebäudealter bei keinem der weiteren Verfahren berücksichtigt. Es ist zu erkennen, dass auch die Berechnungen der analytischen Budgetierungsmethoden erheblich von den tatsächlichen Instandhaltungskosten abweichen.

In nachfolgender Tabelle sind die berechneten Werte den tatsächlichen Kosten der Fallbeispiele gegenübergestellt.

Tabelle 4-13: Durchschnittliche Instandhaltungskosten [€/m²a] nach Lebensabschnitten

	Naber	**KGSt**	**AMEV**	**Berliner Modell**	**Essener Modell**	**Fallbeispiele**
1. Lebensabschnitt	10,1	6,0	15,4	25,1	9,7	7,8
2. Lebensabschnitt	6,8	14,9	15,3	24,8	9,6	13,3
3. Lebensabschnitt	4,8	14,1	14,6	23,8	9,8	16,0
4. Lebensabschnitt	3,1	15,3	13,3	21,6	10,2	39,9
5. Lebensabschnitt	1,6	10,7	9,8	15,3	8,8	17,3
gesamt	4,9	12,3	13,8	21,7	9,6	18,9

Die berechneten Werte weichen in den Altersabschnitten unterschiedlich stark von den Instandhaltungskosten der Fallbeispiele ab. Die nachfolgende Abbildung stellt diese Abweichungen grafisch dar.

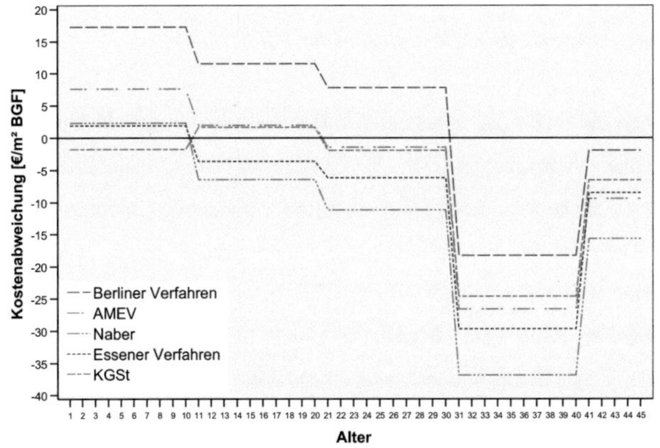

Abbildung 4-20: Abweichung der berechneten Kosten von realen Aufwendungen

Die Darstellung zeigt, dass das Budgetierungsverfahren der KGSt [KGSt84] bis zum Alter von 30 Jahren, sehr gut geeignet ist. Als ungeeignet erweist sich hingegen das Essener Verfahren und das Verfahren von Naber. Die Berechnungen dieser beiden Verfahren liegen bereits im zweiten Lebensabschnitt deutlich unter den tatsächlichen Instandhaltungskosten der analysierten Immobilien. Wie auch bei den anderen Berechnungsverfahren sind die Kostenabweichungen bei der analytischen Berechnung im Alter zwischen 30 und 40 Jahren sehr groß. Ob die überschüssigen Mittel der ersten Jahrzehnte zur Instandhaltung der älteren Immobilien ausreichen, ist in nachfolgender Abbildung 4-21 mit den kumulierten Abweichungen der berechneten Werte zu den tatsächlichen Instandhaltungsaufwendungen dargestellt.

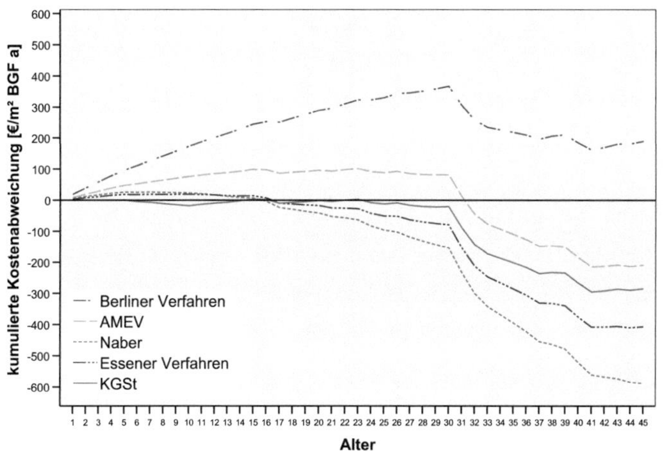

Abbildung 4-21: Kumulierte Kostenabweichung von den Fallbeispielen

Die Abbildung zeigt, dass die Kostenabweichungen der analytischen Budgetierungsverfahren innerhalb der ersten 30 Jahre deutlich geringer sind als die der kennzahlen- bzw. wertorientierten Verfahren. Die geringsten Abweichungen weist in diesem Zeitraum das Verfahren der KGSt [KGSt84] auf. Durch die zunehmende Kostenabweichung bei Naber [Nabe02] wird deutlich, dass sich das Verfahren an den herstellungswertorientierten Verfahren anlehnt. Beim Berliner Verfahren fallen in den ersten 30 Jahren sehr hohe Rückstellungen an, die in den darauf folgenden Jahren teilweise aufgezehrt werden.

Um die Genauigkeit der analytischen Verfahren nach den in Kapitel 4.1.4 aufgeführten Kriterien zu bewerten, ist in nachfolgender Tabelle jeweils deren prozentuale Abweichung zu den tatsächlich benötigten Instandhaltungsmitteln dargestellt. Gewählt wurden hierfür die beiden Altersabschnitte 0 bis 30 Jahre beziehungsweise 0 bis 45 Jahre.

Tabelle 4-14: Genauigkeit der analytischen Verfahren

Alter	Verfahren	Abweichung	Genauigkeit	Alter	Verfahren	Abweichung	Genauigkeit
Alter 0 bis 30 Jahre	Naber	-41%	niedrig	Alter 0 bis 45 Jahre	Naber	-72%	niedrig
	KGSt	-5%	hoch		KGSt	-35%	mittel
	AMEV	21%	mittel		AMEV	-30%	mittel
	Berliner	98%	niedrig		Berliner	17%	mittel
	Essener	-21%	mittel		Essener	-49%	niedrig

Das Verfahren der KGSt [KGSt84] ist mit 5 % Kostenabweichung innerhalb der ersten 30 Jahre das einzigste Verfahren das die höchste Genauigkeitsstufe erreicht. Mit einer Abweichung von 21 % steht die Essener Methode [SpSt91a] sowie das Verfahren der AMEV [AMEV 85] mit einer mittleren Genauigkeit an zweiter Stelle.

Die analytischen Budgetierungsverfahren unterscheiden sich alle sehr stark voneinander, sodass diese hinsichtlich der Praxistauglichkeit jeweils separat bewertet werden. Die Einstufung der Verfahren in „gut", „mittel" und „schlecht" ist in nachfolgender Tabelle dargestellt:

Tabelle 4-15: Bewertung der Praxistauglichkeit

Verfahren	Praxistauglichkeit
Naber	mittel
Riegel	schlecht
Essener	mittel
AMEV	gut
Berliner	gut
Bayerisches	gut
KGST	gut

4.5 Zusammenfassung

Das Kapitel „Validierung der Verfahren mit Hilfe von Fallbeispielen" untersucht die bisher verwendeten Budgetierungsverfahren, hinsichtlich der Genauigkeit des damit berechneten Budgets und der Einsetzbarkeit der jeweiligen Verfahren in der Praxis.

Grundlage bildet die Realdatenanalyse von 17 Immobilien mit vollständiger Gebäude- und Maßnahmendokumentation. Das zur Instandhaltung notwendige Budget, wird durch Verwendung der bisherigen Budgetierungsverfahren theoretisch berechnet und den tatsächlichen Instandhaltungsaufwendungen der untersuchten Immobilien gegenübergestellt. Die Analyse zeigt, dass die realen Instandhaltungsanforderungen von Immobilien zyklisch verlaufen und sich über das Alter erheblich ändern. Im Gegensatz hierzu gibt zum Beispiel die kennzahlenorientierte Budgetierung über den gesamten Lebenszyklus einen konstanten Kennwert und die wertorientierte Budgetierung einen konstanten Prozentsatz zur Budgetierung der finanziellen Mittel für die Instandhaltung an. Die Untersuchungen zeigen, dass sich sowohl die Instandhaltungskennwerte, als auch die Ergebnisse der nach verschiedenen Verfahren berechneten Mittel erheblich voneinander unterscheiden. Auch die Gegenüberstellung mit den tatsächlichen Instandhaltungsaufwendungen ergibt, dass die bisherigen Verfahren zur Budgetierung den realen Anforderungen der Immobilien nicht gerecht werden. Im Falle der herstellungswertorientierten Budgetierung ist der Verlauf, der mit den entsprechenden Prozentsätzen berechneten Instandhaltungsmittel, sogar gegenläufig zu den tatsächlichen Instandhaltungskosten. Während die realen Anforderungen über das Alter steigen, reduziert sich das mit diesen Verfahren berechnete Instandhaltungsbudget aufgrund der vernachlässigten Baupreissteigerungen jährlich. Vor diesem Hintergrund eignen sich die herstellungswertorientierten Verfahren grundsätzlich nicht zur Budgetierung der Instandhaltungsmaßnahmen. Im Gegensatz zu den herstellungswertorientierten Verfahren, berücksichtigen die wiederbeschaffungswertorientierten, die Steigerung des Preisniveaus, wodurch die Abweichungen von den realen Instandhaltungsanforderungen reduziert werden.

Die Auswertungen zeigen, dass die mit den verschiedenen Verfahren berechneten Instandhaltungsmittel, im Alter zwischen 30 und 40 Jahren alle unterhalb der tatsächlichen Instandhaltungsanforderungen der Fallbeispiele liegen. Einige dieser Verfahren ermöglichen zwar in den ersten Jahren die Bildung von Rücklagen, die dann für Instandhaltungsmaßnahmen aufgebraucht werden können, jedoch entspricht dies nicht dem im Rahmen dieser Arbeit gesetzten Ziel, hinsichtlich einer gezielten Berechnung des Instandhaltungsbudgets. Für Gebäude, die das 30ste Lebensjahr überschritten haben, eignet sich somit keines der bisherigen Budgetierungsverfahren. Zur Überprüfung, ob eines der bisherigen Verfahren als Berechnungsbasis für die ersten Jahrzehnte verwendet werden kann, wird die prozentuale Abweichung der berechneten Instandhaltungskosten von den realen Instandhaltungsaufwendungen betrachtet.

Tabelle 4-16: Übersicht - Genauigkeit der Verfahren / Alter 0 bis 30

Budgetierung	Verfahren	Abweichung	Genauigkeit
kennzahlen-orientiert	IIBV	-56 %	niedrig
	BMI (Büro)	215 %	niedrig
	BMI (Schule)	159 %	niedrig
	FM Monitor (Unterricht)	-37 %	mittel
	FM Monitor (Verwaltung)	-24 %	mittel
	OSCAR	26 %	mittel
	IFMA	122 %	niedrig
wert-orientiert	EFNMS	82%	niedrig
	Christen / Meyer-Meierling	14%	hoch
	Frutig / Reiblich	37%	mittel
	IPBau	178%	niedrig
analytisch	Naber	-41%	niedrig
	KGSt	-5%	hoch
	AMEV	21%	mittel
	Berliner	98%	niedrig
	Essener	-21%	mittel

Die Übersicht in Tabelle 4-16 zeigt, dass die Berechnungen der KGSt [KGSt84] bei den analytischen Verfahren und die Prozentangaben von Christen bzw. Meyer-Meierling [ChMe99] mit einer Abweichung von - 5 % beziehungsweise +14 % von den tatsächlichen Instandhaltungsaufwendungen, die genauesten Ergebnisse erzielen. Aufgrund der geringen Abweichungen kann zwar bei der Entwicklung des Berechnungsverfahrens in Kapitel 6 auf diese beiden Budgetierungsmethoden zurückgegriffen werden, jedoch ist zu beachten, dass keines dieser Verfahren, den im Rahmen dieser Arbeit gestellten Anforderungen, hinsichtlich einer rationalen und belastbaren Budgetierung von Instandhaltungsmitteln, entspricht.

Hinsichtlich der Praxistauglichkeit werden mit Ausnahme des Verfahrens von Riegel alle Verfahren als gut oder mittel eingestuft.

5 Einflussfaktoren auf die Kosten der Instandhaltung

In den vorangehenden Kapiteln wurden die existierenden Erfahrungswerte und Methoden zur Berechnung des erforderlichen Instandhaltungsaufwandes vorgestellt und validiert. Die Analyse verdeutlicht, dass die Höhe der für die Instandhaltung notwendigen Mittel von verschiedenen Institutionen sehr unterschiedlich eingeschätzt und bemessen wird. Die Kostenangaben weichen teilweise um mehr als 200 % voneinander ab. Diese enormen Streuungen sind auf zahlreiche Faktoren, die auf die Immobilie einwirken und deren Einfluss von den Institutionen unterschiedlich berücksichtigt oder gar vernachlässigt wird, zurückzuführen. Eine einheitliche Berücksichtigung der maßgeblichen Faktoren könnte die vorliegenden Streuungen begrenzen. Jedoch existieren derzeit keine fundierten Kenntnisse hinsichtlich der Kosten bestimmenden Parameter und deren Auswirkung auf die Höhe der notwendigen Instandhaltungsaufwendungen. Sowohl seitens der Wissenschaft als auch auf Seite der Praxis liegen diesbezüglich erhebliche Defizite vor. Während für die Herstellungskosten die entscheidenden Faktoren und deren Gewichtung bei der Realisierung verschiedener Planungsalternativen weitestgehend bekannt sind, sind diese hinsichtlich der Instandhaltungskosten noch sehr lückenhaft. Die Literatur beschreibt zwar verschiedene Einflussparameter, jedoch handelt es sich hierbei meist um Schätzungen, die bisher nicht wissenschaftlich validiert wurden. Die Herausforderung besteht folglich in der Identifizierung der maßgeblichen Faktoren und der fachgemäßen Bewertung ihrer Einflusswirkung auf die Höhe der Instandhaltungskosten. Diese Fragestellung wird im Folgenden aufgegriffen und ist ein wesentlicher Schwerpunkt der vorliegenden Arbeit.

Die Ergebnisse der in Kapitel 4 durchgeführten Analysen zeigen, dass die bisher berücksichtigten Einflussparameter nur eine sehr ungenaue Schätzung des Instandhaltungsbudgets ermöglichen. Im vorliegenden Kapitel wird nun überprüft, ob es eventuell weitere, bisher vernachlässigte Einflussfaktoren gibt, die eine Berechnung des Instandhaltungsbudgets präzisieren können. Darüber hinaus wird analysiert, ob für die bisher einkalkulierten Parameter ein Einfluss tatsächlich vorliegt bzw. dessen Auswirkung richtig beurteilt wurde.

Generell werden die Einflussgrößen in die nachfolgenden Gruppen eingeteilt:

- gebäudeabhängige Einflüsse (z.B. Alter oder Größe (vgl. Kapitel 5.1))

- nutzungsabhängige Einflüsse (z.B. Nutzungsart (vgl. Kapitel 5.1.5))

- standortabhängige Einflüsse (z.B. Klima oder Verkehr (vgl. Kapitel 5.3))

- sonstige Einflüsse (z.B. Politik oder Instandhaltungsstrategie (vgl. Kapitel 5.4))

Im Folgenden werden die Einflüsse der aufgeführten Kategorien jeweils in einem eigenen Kapitel näher analysiert. Für jeden der Einflussfaktoren wird zunächst eine Literaturrecherche durchgeführt und auf theoretischer Basis der Zusammenhang zwischen dem entsprechenden Parameter und dessen Einflusswirkung auf die Instandhaltungskosten dargestellt. Zur Verifizierung werden die Angaben der Literatur mit Hilfe der empirischen Realdaten der Fallbeispiele untersucht und die wichtigsten Einflussparameter, die im Rahmen der Budgetplanung zu beachten sind, herausgearbeitet.

5.1 Gebäudeabhängige Einflüsse

5.1.1 Gebäudealter

Angaben der Literatur

Das Alter einer Immobilie wird in der Literatur generell als wichtiger Einflussfaktor betrachtet. Zahlreiche Autoren und Institutionen gehen von einem Zusammenhang zwischen Gebäudealter und der Höhe der jeweiligen Instandhaltungskosten aus [[BMBa89] S. 36], [[KöSc88] S. 71], [[Hamp86] S. 17], [[ScSt85] S. 14] , [[KGSt84] S. 21]. Dieser Zusammenhang leuchtet zwar sofort ein, wurde jedoch aufgrund des hiermit verbundenen Aufwandes hinsichtlich der Erfassung von über mehrere Jahrzehnte rückwirkenden Daten, in nur wenigen Studien tatsächlich nachgewiesen und analysiert. Eine der wenigen Studien wurde in den 80er Jahren von Simons und Sager [SiSa80] im Bereich des Wohnungsbaus durchgeführt. Der Verlauf der Instandhaltungskosten über das Alter hinweg wird von [[SiSa80] S. 33] als so genannte „Badewannenkurve" beschrieben. Die erhöhte Anzahl von Instandhaltungsmaßnahmen in den ersten fünf Jahren nach der Fertigstellung wird von den Autoren durch Planungs- und Ausführungsfehler erklärt. Aufgrund der Gewährleistungsfrist fallen diese jedoch nicht auf den Eigentümer zurück. Die Instandhaltungsmaßnahmen erreichen im Alter von 7 bis 8 Jahren ein Minimum und nehmen dann mit dem Alter der Immobilie verstärkt zu. Die von Simons und

Sager [[SiSa80] S. 33] beschriebene Badewannenkurve ist in nachfolgender Abbildung 5-1 dargestellt.

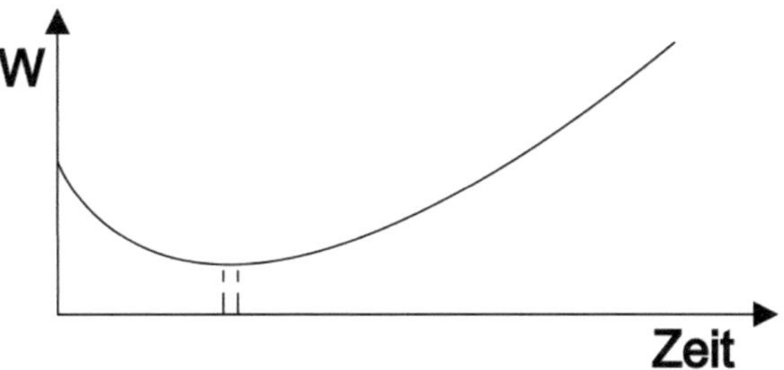

Abbildung 5-1: Wahrscheinlichkeit von Bauschäden über Gebäudealter [[SiSa80] S. 33]

Die einzelnen Bauteile einer Immobilie unterliegen sowohl der nutzungs- und umweltbedingten Abnutzung als auch dem natürlichen Materialverschleiß [[Hamp86] S. 17]. Der sogenannte Abbau des Abnutzungsvorrates nach DIN 31051 [DIN03] verursacht somit den altersbedingten Anstieg von Instandhaltungskosten [[BMBa89] S. 36].

Validierung durch empirische Realdaten

Nachfolgend wird der Zusammenhang zwischen dem Alter der Immobilien und der Höhe der Instandhaltungskosten mit Hilfe der im Rahmen dieser Arbeit erhobenen, empirischen Realdaten analysiert. In Abbildung 5-2 ist der Verlauf, der durchschnittlichen und mit Hilfe des Baupreisindexes [dest07a] auf das Jahr 2004 indizierten, Instandhaltungskosten über das Alter der Immobilien dargestellt.

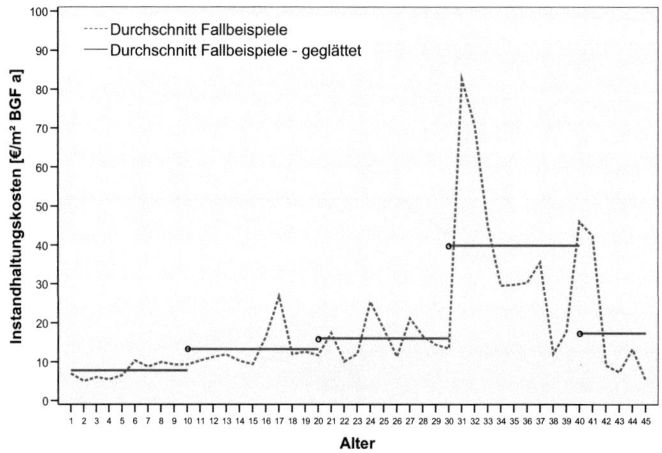

Abbildung 5-2: Durchschnittliche Instandhaltungskosten der Fallbeispiele über das Alter

Die beiden dargestellten Grafen zeigen den durchschnittlichen Verlauf der Instandhaltungs-kosten der analysierten Immobilien auf, wobei die blaue gestrichelte Kurve die tatsächlichen jährlichen Kosten anzeigt und die rote, durchgezogene Kurve die durchschnittlichen Werte jeweils über 10 Jahre gemittelt. Die Abbildung zeigt, dass die Instandhaltungskosten inner-halb der ersten drei Jahrzehnte kontinuierlich zunehmen, ab dem 30sten Lebensjahr sprung-haft ansteigen und danach wieder auf ein niedrigeres Niveau absinken.

Im Rahmen der Erhebung der empirischen Realdaten wurden die durchgeführten Instandhal-tungsarbeiten den vier Grundmaßnahmen „Wartung", „Inspektion", „Instandsetzung" und „Verbesserung" der DIN 31051 [DIN03] zugeordnet. Diese maßnahmengenaue Datenerfas-sung sowie die Erhebung des jeweiligen Instandhaltungsrückstaus ermöglicht eine differen-zierte Analyse über das Alter der Immobilien. Die nachfolgende Auswertung zeigt auf, wel-che Art der Maßnahme in welchem Alter an den Fallbeispielen durchgeführt wurde. Aus Gründen der Übersichtlichkeit sind die Grundmaßnahmen „Wartung", „Inspektion" und „In-standsetzung" stellvertretend für die jährlich anfallenden Instandhaltungsmaßnahmen des Portfolios zusammengefasst dargestellt. Die Maßnahmen der Verbesserung umfassen große, ausserordentliche Instandhaltungsarbeiten mit Projektcharakter, die im Abstand von mehreren Jahrzehnten durchgeführt werden.

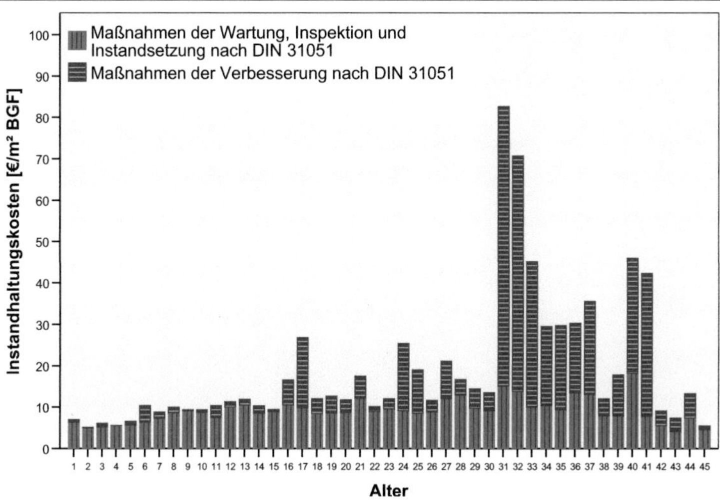

Abbildung 5-3: Durchschnittliche Instandhaltungskosten [€/m²] nach Art der Maßnahme

Die Auswertung zeigt, dass größere Instandhaltungsarbeiten insbesondere im Alter zwischen 30 und 40 Jahren durchgeführt werden und die Höhe der regelmäßigen Instandhaltungsaufwendungen bei weitem überschreiten. Im Gegensatz hierzu nehmen die kleineren Maßnahmen der Instandsetzung sowie der Wartung und Inspektion innerhalb der ersten drei Jahrzehnte den größeren Kostenpart ein.

Da die Gewährleistungsfälle für den Eigentümer bzw. Nutzer der Immobilien meist nicht kostenwirksam sind und von diesen somit auch nicht registriert werden, kann im Gegensatz zu den Angaben von [SiSa80] in den ersten Jahren kein erhöhter Instandhaltungsbedarf festgestellt werden.

Schlussfolgerung

Das Ergebnis der Analyse zeigt, dass das Alter der im Portfolio enthaltenen Immobilien einen großen Einfluss auf die Art der notwendigen Maßnahmen und somit auf die Höhe der Instandhaltungskosten hat. Der in der Literatur aufgeführte zunehmende Mittelbedarf über das Alter einer Immobilie kann durch die Analyse der Fallbeispiele für die ersten drei Jahrzehnte bestätigt werden. Im Zeitraum zwischen 30 und 40 Jahren werden an den Immobilien große, ausserordentliche Instandhaltungsmaßnahmen mit Projektcharakter durchgeführt, die jedoch ein deutlich höheres Instandhaltungsbudget erfordern. Nach Abschluss dieser Maßnahmen sinken die Ausgaben wieder auf ein niedrigeres Niveau ab.

Bei der Budgetierung von Instandhaltungsaufwendungen spielt das Alter der Immobilien somit eine maßgebliche Rolle, insbesondere für die Planung ausreichender finanzieller Mittel von größeren Sanierungsmaßnahmen.

5.1.2 Technikanteil

Angaben der Literatur

Hinsichtlich der Höhe der Instandhaltungskosten wird der Technikanteil einer Immobilie in der Literatur generell als maßgeblicher Einflussfaktor betrachtet. Die verschiedenen Studien und Veröffentlichungen sind sich einig, dass der Instandhaltungsbedarf einer Immobilie mit zunehmendem Anteil an gebäudetechnischen Anlagen steigt [Kalu04], [BORH98], [Kalu91]. Begründet wird diese Aussage zum Einen mit der vergleichsweise kurzen Lebensdauer der technischen Anlagen [[Kalu04] S. 55], [[BORH98] S. 50], [[Kalu91] S. 159], [[KGSt84] S. 21] und zum Anderen mit der erforderlichen hohen Instandhaltungsintensität [[Kalu91] S. 159], [[Hamp86] S. 17], [[KGSt84] S. 21]. Darüber hinaus wird die im Verhältnis zu anderen Bauteilen kurze Lebenserwartung haustechnischer Anlagen in zahlreichen Studien und Veröffentlichungen nachgewiesen [[Bund01] S. 6.11], [[ToRF95] S. 26 ff.], [[IPBau94] S. 18].

Hinsichtlich des hohen Instandhaltungsaufwandes nennt Kalusche [[Kalu91] 159], mit Bezug auf die vom Institut für Bauforschung durchgeführte Studie „Bauteile und Bauunterhaltungskosten" [Hamp82], die in Tabelle 5-1 aufgeführten Werte, deren Geltungsbereich er jedoch auf Gebäude mit geringem Technikanteil, wie zum Beispiel Wohngebäude oder nicht klimatisierte Bürogebäude, einschränkt.

*Tabelle 5-1: Anteil Bauwerks- / Instandhaltungskosten [[Kalu91]*S. 159], [[Hamp82] S. 17]*

Kostengruppe	Anteil der Bauwerkskosten	Anteil der Instandhaltungskosten
Rohbau	44% - 50%	10% -20%
Ausbau	30%	47%
Haustechnik	17% - 20%	39%-44%

** Nach Kalusche nur gültig für Gebäude mit geringem Technikanteil (z.B. Wohngebäude, nicht klimatisierte Bürogebäude)*

Die angegebenen Werte zeigen, dass der Rohbau zwar nahezu die Hälfte der Erstellungskosten einnimmt, bei der Instandhaltung jedoch eine untergeordnete Rolle spielt. Im Verhältnis zu den anteiligen Bauwerkskosten sind die Instandhaltungskosten der haustechnischen Anlagen hingegen sehr hoch. Für Wohnimmobilien nennt Hampe [[Hamp86] 17] sogar noch höhere Werte: Die Instandhaltungskosten technischer Anlagen nehmen hier über 50 % ein, wobei deren Anteil an den Herstellungskosten lediglich zwischen 11 und 26 % liegt. Die KGSt [[KGSt84] S. 21] beziffert den Instandhaltungsbedarf der haustechnischen Anlagen als ca. doppelt so hoch als den Bedarf an Unterhaltsmaßnahmen von Hochbauelementen im Allgemeinen.

Validierung durch empirische Realdaten

Zur Überprüfung des Technikanteileinflusses auf die Höhe der Instandhaltungskosten werden die analysierten Fallbeispiele in zwei Cluster aufgeteilt. Während Cluster 1 alle Immobilien enthält, deren Technikanteil (TA) kleiner als 25 % ist, umfasst Cluster 2 alle Immobilien des Portfolios mit einem Technikanteil zwischen 25 % und 40 %. Die Clustereinteilung der Immobilien mit ihrem jeweiligen Anteil an Gebäudetechnik ist in nachfolgender Tabelle dargestellt.

Tabelle 5-2: Clusterbildung nach Technikanteil (TA)

Cluster 1		Cluster 2	
Gebäude	**TA [%]**	**Gebäude**	**TA [%]**
GS-NE	7	AG-PF	26
GS-BA	11	RA-BR	26
GS-BÜ	18	HE-SCW	27
AG-FDS	20	RWG-BB	27
LG-FR	23	STLA-ET	28
LG-MA	23	AKS-PF	30
LG-OF	23	GBS-KA	38
HSL-SBW	24	GS-BB	38
MORE-HN	24		

Aus den relativen Instandhaltungskosten der einzelnen Fallbeispiele wurde innerhalb der Cluster der jährliche Mittelwert gebildet. In nachfolgender Abbildung sind diese über das Alter der Immobilien kumuliert aufgetragen.

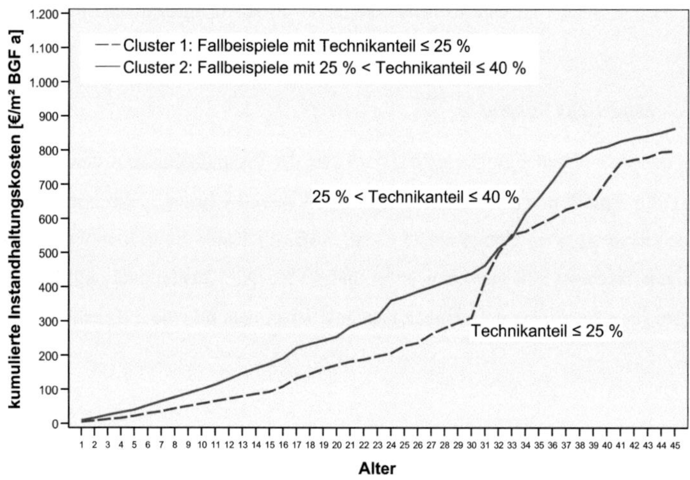

Abbildung 5-4: Kumulierte IHK der Fallbeispiele, geclustert nach Technikanteil

Die Auswertung zeigt, dass das Gebäudecluster mit dem geringeren Technikanteil innerhalb der ersten 30 Jahre im Durchschnitt deutlich niedrigere Instandhaltungskosten aufweist als das Cluster mit den höher technisierten Gebäuden. Im Gegensatz hierzu nähert sich der Kostenverlauf des Clusters mit den Gebäuden mit geringerem Technikanteil im Alter von 30 bzw. 40 Jahren deutlich an das Clusters mit höher technisierten Gebäuden an. Die Ergebnisse aus Kapitel 5.1.1 zeigen, dass insbesondere in diesem Alter an den Immobilien umfassende Sanierungsmaßnahmen durchgeführt werden (vgl. Abbildung 5-3), bei welchen neben der Gebäudetechnik meist auch weitere teuere Gebäudebauteile wie zum Beispiel das Dach, die Fenster oder die Fassade erneuert werden. Dies deutet darauf hin, dass der Anteil der Gebäudetechnik im Rahmen umfassender Instandhaltungsmaßnahmen nur eine untergeordnete Rolle spielt.

Während der Einfluss des Technikanteils im Rahmen der regelmäßigen Instandhaltungsmaßnahmen deutlich gezeigt werden kann, ist dieser Effekt bei der Budgetierung umfassender Sanierungsarbeiten hingegen nicht mehr signifikant.

Schlussfolgerung

Die Literatur geht bei zunehmendem Technisierungsgrad von einem steigenden Instandhaltungsbedarf aus. Die durchgeführten Analysen bestätigen einen derartigen Zusammenhang für Maßnahmen der Wartung, der Inspektion sowie für an den Immobilien durchgeführte Instandsetzungsarbeiten. Im Rahmen der ausserordentlichen Instandhaltungsarbeiten können die Ergebnisse der Untersuchung jedoch keinen maßgeblichen Zusammenhang der beiden Variablen bestätigen.

Die gewonnenen Ergebnisse sind in nachfolgender Tabelle als Übersicht zusammengefasst:

Tabelle 5-3: Einfluss des Technikanteils, abhängig von der Art der Maßnahme

Art der Maßnahme nach DIN 31051	Einfluss auf Instandhaltungskosten	Einflusswirkung
Wartung, Inspektion, Instandsetzung	ja	niedriger TA = geringere IHK hoher TA = hohe IHK
Verbesserung	nein	keine

Aufgrund der Zusammensetzung des untersuchten Immobilienportfolios kann für höher installierte Gebäude mit einem Technikanteil von über 40 % im Rahmen dieser Arbeit keine Aussage getroffen werden. Diesbezüglich sind in Zukunft weitere Untersuchungen erforderlich.

5.1.3 Gebäudegröße

Angaben der Literatur

Die Gebäudegröße wird von mehreren Studien und Veröffentlichungen als wichtiger Einflussfaktor genannt. Die Summe der an einer Immobilie durchgeführten Instandhaltungskosten steigt mit deren Größe natürlich an. Im Rahmen dieser Arbeiten werden jedoch die relativen Instandhaltungskosten, bezogen auf die Brutto-Grundfläche (BGF) der jeweiligen Immobilien betrachtet. Hinsichtlich der Auswirkung der Gebäudegröße auf diese relativen Kosten der Gebäudeinstandhaltung widersprechen sich die Aussagen der Literatur erheblich. Während [[SiSa80] S. 33] und [[ScSt85] S. 91] von einem positiven Zusammenhang, das heißt steigenden Instandhaltungskosten pro Quadratmeter mit zunehmender Gebäudegröße, ausgehen, konnte der BMI Special Report 341 [[BMI05] S.8]einen negativen Zusammenhang nachweisen. Dass größere Gebäude geringere Instandhaltungskosten aufweisen, erklärt Stoy [Stoy04] durch sogenannte Skaleneffekte.

Validierung durch empirische Realdaten

Im Portfolio der Fallbeispiele befinden sich Immobilien, deren Größe zwischen knapp 800 m² und 23.000 m² Bruttogrundfläche liegt. Um den tatsächlichen Einfluss der Gebäudegröße auf die Höhe der Instandhaltungskosten anhand der Realdaten zu untersuchen, werden die Fallbeispiele in zwei Größencluster aufgeteilt. Cluster 1 enthält alle Immobilien, die kleiner als 10.000 m² BGF sind und beinhaltet somit 10 der analysierten Fallbeispiele. Die restlichen 7 Immobilien sind größer als 10.000 m² Bruttogrundfläche und werden daher in Cluster 2 eingruppiert. Die Aufteilung der Fallbeispiele in die beiden Cluster mit Angabe ihrer Größe ist in nachfolgender Tabelle als Übersicht dargestellt.

Tabelle 5-4: Clusterbildung nach Gebäudegröße

Cluster 1		Cluster 2	
Gebäude	**Größe [m²]**	**Gebäude**	**Größe [m²]**
GS-BA	797		
GS-BÜ	829	GBS-KA	11950
GS-NE	1244	GS-BB	14523
AG-FDS	1913	HE-SCW	15402
AG-PF	4424	STLA-ET	16595
LG-OF	5823	LG-MA	16859
RA-BR	6153	HSL-SBW	17802
RWG-BB	7897	AKS-PF	22835
LG-FR	8146		
MORE-HN	9960		

Für die beiden Gebäudecluster werden aus den darin enthaltenen Fallbeispielen die durchschnittlichen jährlichen Instandhaltungskosten pro Quadratmeter berechnet. In nachfolgender Grafik sind diese in kumulierter Form dargestellt.

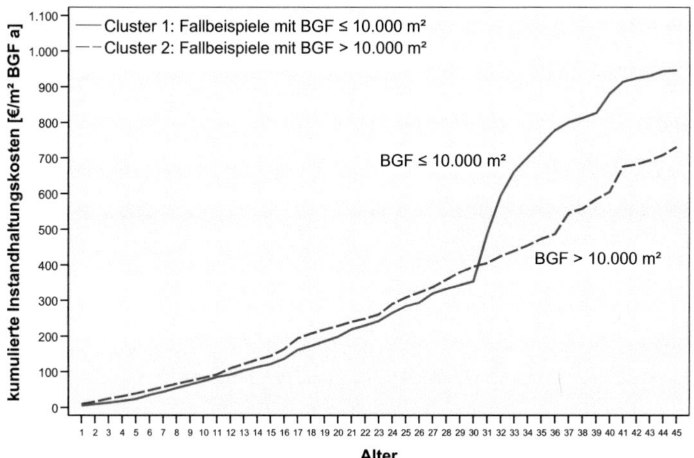

Abbildung 5-5: Kumulierte IHK, Fallbeispiele geclustert nach Gebäudegröße

Die Auswertung zeigt, dass die Instandhaltungskosten der beiden Cluster innerhalb der ersten 30 Lebensjahre nahezu gleich groß sind. Im Alter zwischen 30 und 40 Jahren laufen die Kosten der beiden Cluster auseinander, wobei die Kosten der größeren Immobilien deutlich unterhalb der kleinen liegen. Im Rahmen der Wartungs- und Inspektionsarbeiten sowie der kleineren Instandsetzungsarbeiten ist die Einflusswirkung der Immobiliengröße auf die Höhe der Instandhaltungskosten folglich unbedeutend. Bei der Durchführung umfassender Sanierungsarbeiten hingegen, wirken sich sogenannte Skaleneffekte offensichtlich stark aus, sodass die Größe für diese Art der Instandhaltungsmaßnahmen eine maßgebliche Rolle spielt. Unter Skaleneffekte werden im Allgemeinen Größenvorteile verstanden, welche sich in der Reduktion der relativen Kosten widerspiegeln und somit meist bei einer Vergrößerung des operativen Maßstabes auftreten [wile07]. Beispielsweise sind die absoluten Kosten einer Dachsanierung gleich hoch, unabhängig davon, ob das Gebäude nur ein Geschoss oder neun Geschosse hat. Bezogen auf die Bruttogrundfläche sind die Kosten jedoch für große Immobilien deutlich geringer als für kleine. Ähnlich verhält es sich auch bei der Instandhaltung der Gebäudefassade und weiteren kostenintensiven Bauteilen.

Nach den Ergebnissen der durchgeführten Analysen hat die Immobiliengröße für die Kosten der regelmäßigen Instandhaltungsmaßnahmen keine maßgebliche Bedeutung. Im Gegensatz hierzu spielt diese bei der Durchführung umfassender Sanierungsmaßnahmen eine wichtige Rolle und muss in diesem Fall bei der Budgetierung berücksichtigt werden.

Zusammenfassung

In der Literatur liegen widersprüchliche Aussagen hinsichtlich einer Abhängigkeit der beiden Variablen Instandhaltungskosten und Gebäudegröße vor. Die Aussage hinsichtlich steigender Instandhaltungskosten pro Quadratmeter mit zunehmender Gebäudegröße von [[SiSa80] S.33] und [[ScSt85] S. 91] werden durch die Analyse der Realdaten widerlegt.

Der vom BMI Special Report 341 [[BMI05] S.8] festgestellte Zusammenhang sinkender Instandhaltungskosten mit zunehmender Gebäudegröße kann für umfassende Sanierungsarbeiten durch die Ergebnisse der Analysen bestätigt werden. Jedoch kann dieser Zusammenhang für Maßnahmen der Wartung, Inspektion und Instandsetzung im Rahmen der durchgeführten Untersuchungen nicht festgestellt werden, sodass die Ergebnisse von [BMI05] nur eingeschränkt gültig sind.

Die Ergebnisse sind in nachfolgender Tabelle nochmals zur Übersicht zusammengefasst.

Tabelle 5-5: Einfluss der Gebäudegröße, abhängig von der Art der Maßnahme

Art der Maßnahme nach DIN 31051	Einfluss auf Instandhaltungskosten	Einflusswirkung
Wartung, Inspektion, Instandsetzung	nein	keine
Verbesserung	ja	kleine Gebäude = hohe IHK/m² große Gebäude = niedrige IHK/m²

5.1.4 Gebäudegeometrie

Angaben der Literatur

In der Literatur sind mehrere Studien hinsichtlich möglicher Auswirkungen der Gebäudegeometrie auf die Höhe der Instandhaltungskosten zu finden. Bei Wohnimmobilien beispielsweise erkennt Backhaus [[Back61] S. 16] bereits in den 60er Jahren einen Zusammenhang zwischen der Anzahl der Geschosse und der Instandhaltungsquote. Bezüglich der Höhe der Instandhaltungsaufwendungen identifiziert Hampe [[Hamp86] S. 34] maßgebliche Kosten beeinflussende Bauteile wie zum Beispiel die Außenwände, das Dach oder die Fenster. Der Anteil dieser Elemente an einem Gebäude hängt entscheidend von dessen Geometrie ab. Auch Diederichs [[Died78] S. 1575] geht von einem Zusammenhang zwischen dem Anteil der Fassadenfläche und den Instandhaltungskosten aus. Hinsichtlich einer Kostenreduktion zieht er eine Verkleinerung der Fassadenfläche in Betracht. Ebenso wie Füchsle [Füch70] führt auch Kalusche [Kalu88] in seiner Arbeit den Anteil der Fassadenfläche als Einflussfaktor auf. Im Vergleich hierzu betrachten Siegel und Wonnenberg [[SiWo77] S. 77] lediglich den Glasflächenanteil der Fassade als maßgeblich. Auch der BMI Report [[BMI05] S. 8] geht von einem positiven Zusammenhang zwischen Komplexität der Gebäudeform bzw. Gebäudeaußenflächen und den Instandhaltungskosten aus.

In der Literatur gilt generell, dass die Form eines Gebäudes einen sehr hohen Einfluss auf die Instandhaltungskosten hat. Es wird angenommen, dass die Instandhaltungskosten proportional mit der Gebäudeaußenfläche steigen. Dies gilt insbesondere vor dem Hintergrund, dass Bauteile wie Fassaden, Außenwände oder Dächer durch ihre exponierte Lage den äußeren Einflüssen besonders stark ausgesetzt sind. Klima- und Umwelteinflüsse sind Auslöser für Abnutzungen der Bauteile, zum Beispiel durch Korrosion oder durch Verwitterung [Hamp86].

Zur Beschreibung der Bauform wird häufig auf Flächenbeziehungen oder auf das Verhältnis zwischen der Gebäudehüllfläche (A) und dessen Volumen (V) zurückgegriffen. Das sogenannte A/V-Verhältnis dient als Maß für die Kompaktheit einer Immobilie und wird grundsätzlich zur Beschreibung verschiedener Kubaturen eingesetzt [[Spät99] S. 49]. Die Hüllfläche eines Gebäudes setzt sich aus deren „umhüllenden" Flächen, also der Außenwandfläche, der Dach- und der Gebäudegrundfläche zusammen. Das Verhältnis von A zu V gibt somit auch Aufschluss über die Zergliederung des Gebäudes. Je kleiner der Wert des Quotienten ist, desto kompakter ist das Gebäude. Den Idealwert nimmt in diesem Zusammenhang die Form der Kugel an [[Spät99] S. 49], die als Bauform jedoch nicht geeignet ist. Da die Hüll- oder auch Umfassungsflächen im Quadrat, das Volumen im Gegensatz hierzu jedoch in dritter Potenz anwächst, sind große Gebäude generell kompakter als kleine [[SiWo77] S. 77]. Ein Beispiel hierfür liefert die nachfolgende Abbildung.

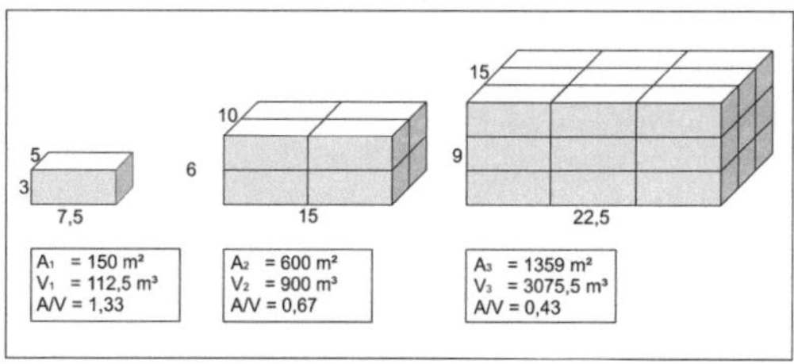

Abbildung 5-6: A/V-Verhältnisse verschiedener Gebäudeformen [[Pist00] S.122]

Während die Außenfläche des rechten Gebäudes lediglich neun Mal so groß ist, wie die des linken, nimmt dessen Volumen den 27-fachen Wert an. Darüber hinaus hat auch die Bauweise einen Einfluss auf das Verhältnis zwischen Außenfläche und Volumen und somit auch auf die Instandhaltungskosten. Nachfolgende Abbildung verdeutlicht die Änderung des A/V-Quotienten für Gebäude mit gleichem Volumen, jedoch unterschiedlichen Bauweisen.

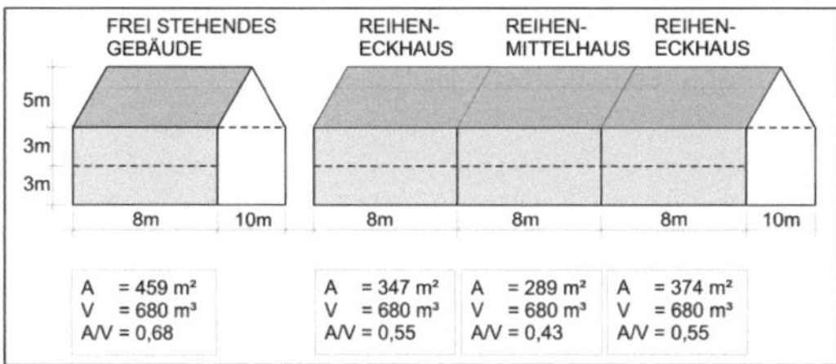

Abbildung 5-7: Gebäude unterschiedlicher Bauweise und gleichem Volumen [[Pist00] S.123]

Durch die vier Außenflächen weißt das frei stehende Gebäude ein deutlich höheres A/V-Verhältnis auf als das Reihenmittelhaus. Die Höhe des Quotienten der beiden Eckhäuser liegt durch die drei Außenflächen folglich zwischen dem Wert des frei stehenden Gebäudes und dem Mittelhaus. Aufgrund der geringeren Angriffsfläche für externe Einflüsse wie zum Beispiel Witterung oder Umwelteinwirkungen kann beim Reihenmittelhaus von geringeren Instandhaltungskosten ausgegangen werden.

Validierung durch empirische Realdaten

Nachfolgend wird untersucht, ob die Gebäudeaußenflächen hinsichtlich der Instandhaltung besonders kostenintensiv sind. Bei der Erhebung der Realdaten wurden die durchgeführten Maßnahmen bauteilgenau erfasst, wodurch eine prozentuale Analyse der kostenintensivsten Bauteile möglich ist. Hierfür werden die Kosten aller durchgeführten Instandhaltungsmaßnahmen auf die Brutto-Grundfläche der jeweiligen Fallbeispiele bezogen. Diese werden für das gesamte Portfolio nach Bauteilen geordnet und bauteilweise aufsummiert. Das Ergebnis der Analyse ist in nachfolgender Abbildung 5-8, sortiert nach der jeweiligen Höhe der Instandhaltungskosten, dargestellt.

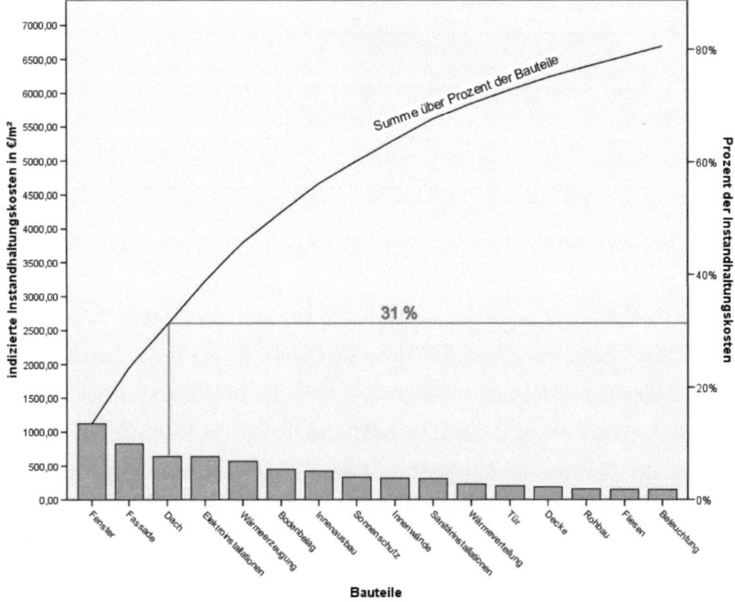

Abbildung 5-8: Instandhaltungskostenintensivste Bauteile

Die Untersuchung zeigt, dass 80 % der gesamten Instandhaltungskosten von den dargestellten 16 Bauteilen verursacht werden, wobei die Elemente Fenster, Fassade und Dach eine maßgebliche Rolle spielen. Die kumulierte Prozentangabe der Instandhaltungskosten am rechten Rand der Grafik verdeutlicht, dass diese drei Bauteile zusammen über 30 % der gesamten Instandhaltungskosten verursachen. Diese Bauteile umschließen das Gebäude und sind durch ihre exponierte Lage den äußeren Einflüssen besonders stark ausgesetzt. Es wird davon ausgegangen, dass zergliederte Gebäude mit großen Umfassungsflächen höhere Instandhaltungskosten haben als kompakte Gebäude mit einem geringen Anteil von ausgesetzten Bauelementen.

Zur Validierung dieser Annahme werden die Fallbeispiele hinsichtlich ihrer Kompaktheit in drei Gruppen aufgeteilt. Die erste Gruppe umfasst alle Immobilien, deren Verhältnis von Außenfläche zu Volumen kleiner als 0,26 ist und enthält somit die fünf kompaktesten Gebäude des Portfolios. In der zweiten Gruppe befinden sich alle Immobilien, die weder sehr kompakt noch stark zergliedert sind. In diesem mittleren Feld nehmen die A/V-Verhältnisse Werte zwischen 0,27 und 0,45 an. Zergliederte Immobilien, deren Verhältniswerte größer als 0,45 sind, werden in die dritte Gruppe eingestuft. Die Gruppeneinteilung ist mit Angabe der jeweiligen Verhältniswerte in nachfolgender Tabelle dargestellt.

Tabelle 5-6: Clusterbildung nach A/V-Verhältnis

Cluster 1		**Cluster 2**		**Cluster 3**	
Gebäude	**A / V**	**Gebäude**	**A / V**	**Gebäude**	**A / V**
LG-MA	0,16	LG-OF	0,28	AG-PF	0,45
LG-FR	0,19	AG-FDS	0,29	GS-BB	0,45
AKS-PF	0,25	HE-SCW	0,34	GS-BÜ	0,45
STLA-ET	0,26	HSL-SBW	0,40	GS-NE	0,49
RA-BR	0,26	MORE-HN	0,41	RWG-BB	0,49
		GBS-KA	0,41		
		GS-BA	0,42		

Für jedes Cluster wurde aus den darin enthaltenden Immobilien der Mittelwert der jährlichen Instandhaltungskosten berechnet. Diese sind in nachfolgender Grafik jeweils in kumulierte Form über das Alter der Immobilien dargestellt.

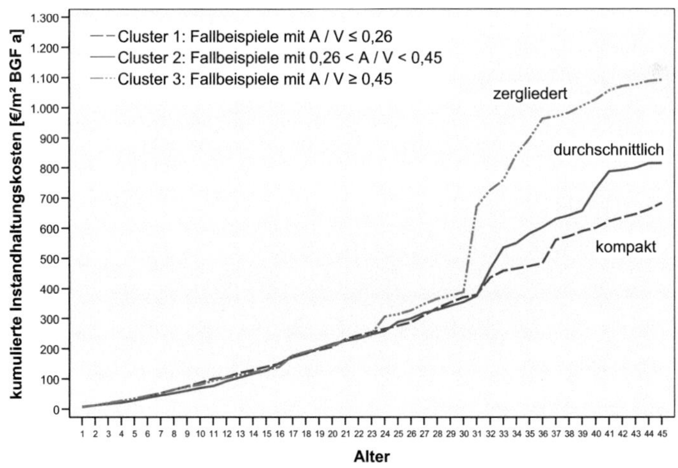

Abbildung 5-9: Kumulierte IHK, Fallbeispiele geclustert nach Kompaktheit

Die Grafik zeigt, dass die drei Mittelwertskurven in den ersten 30 Lebensjahren der Immobilien nahezu identisch verlaufen. Die Kompaktheit der Immobilien ist für Maßnahmen der Wartung, Inspektion und Instandsetzung folglich unbedeutend. Im Gegensatz hierzu hat das Verhältnis von Außenfläche zu Volumen in den darauf folgenden Jahren, also die Jahre in denen Maßnahmen der Verbesserung durchgeführt werden, einen maßgeblichen Einfluss auf die Höhe der Instandhaltungskosten.

Die Ergebnisse zeigen, dass das Verhältnis von Außenflächen zu Volumen im Rahmen umfassender Sanierungsmaßnahmen einer der Faktoren ist, der sich maßgeblich auf die Höhe der Instandhaltungskosten auswirkt. Die Kompaktheit einer Immobilie muss bei der Planung von Instandhaltungsmitteln für diese Art von Instandhaltungsmaßnahmen folglich berücksichtigt werden.

Zusammenfassung

Die Literatur geht davon aus, dass der Grad der Kompaktheit beziehungsweise die Form eines Gebäudes einen maßgeblichen Einfluss auf die Höhe der notwendigen Instandhaltungsaufwendungen hat. Aufgrund des erhöhten Verschleißes bei exponierten Bauteilen werden bei Immobilien mit großen Umfassungsflächen generell höhere Instandhaltungskosten als bei kompakten Gebäuden angenommen. Die Analyse der Fallbeispiele bestätigt diese Beziehung jedoch nur in Zusammenhang mit Maßnahmen der Verbesserung. Hier haben zergliederte Gebäude mit großen Umfassungsflächen und somit einem hohen Anteil von ausgesetzten Bauteilen höhere Instandhaltungskosten als kompakte Gebäude. Im Rahmen von Wartungs-, Inspektions- und Instandsetzungsmaßnahmen, die primär innerhalb der ersten drei Jahrzehnte durchgeführt werden, spielt die Kompaktheit nach den Ergebnissen der Analysen keine maßgebliche Rolle.

Der in der Literatur vorgefunden Zusammenhang kann somit zwar für Sanierungsmaßnahmen bestätigt werden, muss jedoch den Ergebnissen zufolge für die regelmäßigen Instandhaltungsmaßnahmen gleichzeitig widerlegt werden. Die gewonnenen Erkenntnisse sind in nachfolgender Tabelle zusammengefasst dargestellt.

Tabelle 5-7: Einfluss der Kompaktheit in Abhängigkeit von der Art der Maßnahme

Art der Maßnahme nach DIN 31051	Einfluss auf Instandhaltungskosten	Einflusswirkung
Wartung, Inspektion, Instandsetzung	nein	keine
Verbesserung	ja	kompaktes Gebäude = niedrige IHK zergliederte Gebäude = hohe IHK

5.1.5 Qualität der Planung und Erstellung

Angaben der Literatur

Grundsätzlich geht die Literatur davon aus, dass die Qualität der gewählten Baumaterialien sowie die Art der Konstruktion einen maßgeblichen Einfluss auf die Höhe der nachfolgenden Instandhaltungskosten haben [Kalu04], [Buer04], [Sieb02], [Nabe02], [ToRF95], [BMBa89]. Entscheidend ist hierbei nicht nur die Materialauswahl, sondern insbesondere auch die Dimensionierung der jeweiligen Bauteile. Zum Beispiel schützt ein überstehendes Dach die Fassade vor Umwelt- und Klimaeinflüssen, wodurch eine lange Lebensdauer und Verwendungsmöglichkeit gewährleistet wird [[Sieb02] S. 46]. Im Falle einer einfachen Bauweise mit geringer Materialqualität, wie sie zum Beispiel im sozialen Wohnungsbau der 50er und 60er Jahre angewandt wurden, gehen Tomm, Rentmeister und Finke [[ToRF95] S.13] bei ihrem Verfahren von höheren Instandhaltungskosten aus. Neben den Baustoffeigenschaften sowie der Bau- und Detailplanung spielt auch die Bauausführung eine maßgebliche Rolle. Aufgrund des zunehmenden Kosten- und Zeitdrucks treten häufig Ausführungsfehler bei der Gebäudeerstellung auf, wodurch sich der Aufwand und somit die Kosten später, bei der Instandhaltung deutlich erhöhen [[Kalu04] S. 60]. Darüber hinaus reduziert der Einsatz traditioneller Materialien sowie die Verwendung von Standardbauteilen, aufgrund der langjährigen Erfahrung und die fortwährende Verbesserung dieser Elemente den nachfolgenden Instandhaltungsaufwand [[Buer04] S. 39]. Komplizierte Sonderbauteile sind häufig sehr schadensanfällig und erfordern im Rahmen der Instandhaltung häufig Sonderanfertigungen, da Ersatzteile nicht mehr verfügbar sind. Nicht zuletzt kommt es auch bei der Bauausführung aufgrund der mangelnden Erfahrung im Umgang mit diesen Bauteilen häufig zu Ausführungsfehlern, die wiederum

Folgeschäden verursachen können [[Sieb02] S. 46]. Prinzipiell wird davon ausgegangen, dass höhere Baukosten aufgrund der vermeintlich qualitativ hochwertigeren Materialien von Bauteilen sowie vorteilhafteren Konstruktionen niedrigere Instandhaltungskosten zur Folge haben [[SiSa80]. Die längere technische Lebensdauer solcher Elemente vergrößert die Zeitspannen zwischen den jeweiligen Instandhaltungsmaßnahmen und zieht demzufolge niedrigere Kosten für Leistungen in diesem Bereich nach sich [[BMBa89] S. 37]. Die im Rahmen der Erstinvestition zunächst teureren Bauelemente zeichnen sich nach [[Stei89] S. 1611] über die Lebenszeit durch ein günstigeres Verhältnis zwischen Erst- und Folgekosten aus.

Validierung durch empirische Realdaten

Im Rahmen der nachfolgenden Validierung wird analysiert, ob ein Zusammenhang zwischen der Höhe der Herstellungskosten und den hieraus über die Lebenszeit der Immobilien resultierenden Instandhaltungskosten existiert.

Hierfür werden für alle Fallbeispiele die über die gesamte Lebenszeit durchschnittlichen jährlichen Instandhaltungskosten berechnet und über die jeweiligen Herstellungskosten aufgetragen. Die Ergebnisse sind in den beiden folgenden Streudiagrammen getrennt für Schulgebäude sowie für Büro- und Verwaltungsgebäude dargestellt.

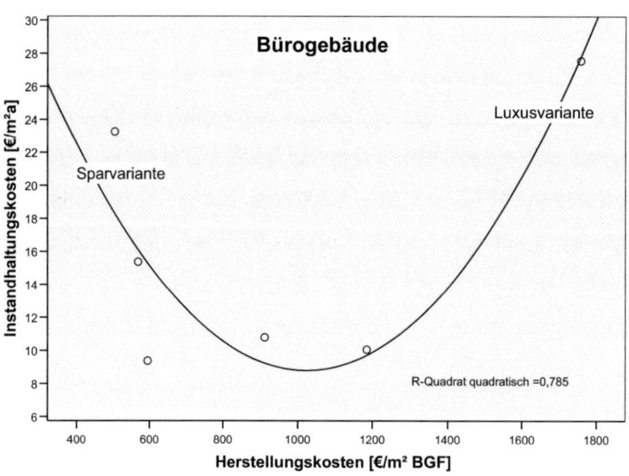

Abbildung 5-10: Durchschnittliche IHK für Bürogebäude über Herstellkosten

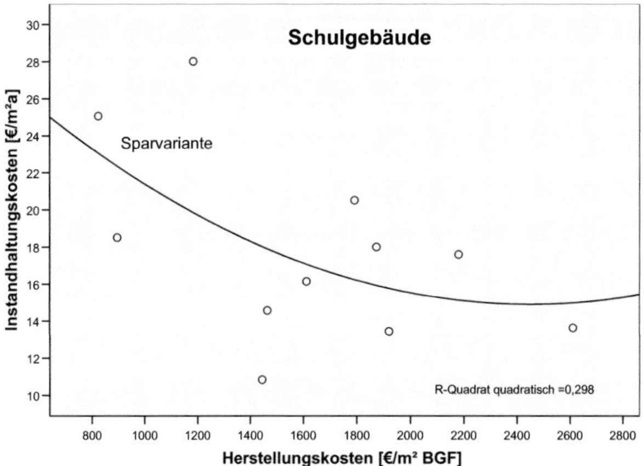

Abbildung 5-11: Durchschnittliche IHK für Schulen über Herstellkosten

Die beiden Diagramme zeigen, dass sowohl für Büro- und Verwaltungsgebäude als auch für Schulen ein Zusammenhang zwischen den Herstellungskosten und der Höhe der Instandhaltungskosten existiert. Für Bürogebäude ergibt sich bei quadratischer Näherung ein Bestimmtheitsmaß R^2 (quadratisch) von 0,79, sodass eine hohe Korrelation der beiden Variablen vorliegt. Die in Abbildung 5-10 dargestellte Parabel verdeutlicht, dass sowohl geringe als auch hohe Herstellungskosten durchschnittlich, über die gesamte Lebenszeit der Immobilien betrachtet, zu hohen jährlichen Instandhaltungskosten führen. Im Vergleich hierzu weisen Bürogebäude, deren Herstellungskosten sich im mittleren Feld bewegen, deutlich geringere Instandhaltungskosten auf. Die Auswertung der Büro- und Verwaltungsgebäude veranschaulicht darüber hinaus jedoch, dass hohe Investitionen bei der Erstellung der Immobilie nicht automatisch niedrigere Instandhaltungskosten zur Folge haben. In diesem Fall sind die hohen Herstellungskosten nicht auf die Verwendung hochwertiger Baumaterialien oder hohe Qualität der Planung und Erstellung zurückzuführen.

Hohe Herstellungskosten können zum Beispiel aus einer komplexen technischen Anlage oder aus einem aufwendigen Immobiliendesign mit entsprechenden Sonderbauteilen herrühren, die wiederum hohe Instandhaltungskosten nach sich ziehen. Der erwartete instandhaltungssenkende Effekt hoher Herstellungskosten wird hierdurch überlagert.

Das Bestimmtheitsmaß der analysierten Schulen ergibt mit R^2 (quadratisch) von 0,3 nur eine geringe Korrelation zwischen Investitions- und Instandhaltungskosten. Jedoch lassen sich die für Büroimmobilien bereits erläuterten Auswirkungen niedriger Investitionskosten auch an diesem Immobilientyp sehr gut erkennen (siehe Abbildung 5-11).

Zusammenfassung

Die Literatur geht bei teuer erstellten Immobilien von einer hohen Qualität der Planung und Erstellung sowie von qualitativ hochwertigen Materialien und somit niedrigeren Instandhaltungskosten aus. Die Ergebnisse der durchgeführten Analysen können diesen pauschalen Zusammenhang jedoch nicht bestätigen, wobei hinsichtlich der Höhe der Investitionskosten zwischen nachfolgenden Fällen differenziert werden muss:

- Die Investitionskosten sind aufgrund mangelhafter Planung, minderwertiger Bauteilqualität sowie schlechter Materialverarbeitung niedrig und haben aus diesem Grund hohe Instandhaltungskosten zur Folge.

- Die Investitionskosten sind aufgrund einer soliden und Facility Management gerechten Planung und Erstellung hoch und haben aufgrund dessen auch geringere Instandhaltungskosten zur Folge.

- Die Investitionskosten sind aufgrund eines aufwendigen Immobiliendesigns, dem Einbau von Sonderbauteilen oder einer ausgefallenen technischen Anlage hoch und weisen dem zu Folge sehr hohe Instandhaltungskosten auf.

Die Ergebnisse zeigen, dass die drei beschriebenen Szenarien zu sehr unterschiedlichen Instandhaltungskosten führen, wodurch die Qualität der Planung und Erstellung im Rahmen der Budgetierung berücksichtigt werden sollte.

5.2 Nutzungsabhängige Einflüsse

Da individuelle Gewohnheiten einzelner Personen meist nicht bekannt sind, ist das Verhalten der Nutzer einer Immobilie nur schwer vorherzubestimmen, wodurch Aussagen bezüglich deren Einfluss auf die Instandhaltungskosten nur schwer getroffen werden können [[BMBa89] S. 46]. Bezüglich der Abhängigkeit zwischen Nutzerverhalten und Instandhaltungskosten geht die Literatur lediglich von Durchschnittswerten für verschiedene Nutzergruppen oder Gebäudenutzungsarten aus.

5.2.1 Art der Gebäudenutzung

Angaben der Literatur

Hinsichtlich der Art der Gebäudenutzung konnte bereits Burianek [[Buri73] S.30] bei seinen Untersuchungen einen Einfluss auf die Höhe der notwendigen Instandhaltungsaufwendungen feststellen. Des Weiteren geht auch das Bundesministerium für Raumordnung, Bauwesen und Städtebau [[BMBa89] S. 63] davon aus, dass ein Zusammenhang zwischen der Höhe von Instandhaltungskosten und der Nutzungsart besteht. Dies nimmt auch die Kommunale Gemeinschaftsstelle für Verwaltungsmanagement [[KGSt84] S. 22] an. Für Schulen und Jugendeinrichtungen erwartet die KGSt beispielsweise eine erhöhte Abnutzung sowie Schäden durch Vandalismus, welche wiederum erhöhte Instandhaltungskosten zur Folge haben.

Im Allgemeinen wird davon ausgegangen, dass die Art der Gebäudenutzung einen hohen Einfluss auf die Instandhaltungskosten hat, welches sich insbesondere auch in der differenzierten Vorgehensweise verschiedener Studien bei der Angabe von Kennzahlen widerspiegelt. Sowohl der BMI Report [BMI05] als auch der IFMA Benchmarking Report [IFMA05] und der FM Monitor [pom07] veröffentlichen zum Beispiel Kennzahlen von nach Nutzungsart geclusterten Gebäuden. Die Angaben der OSCAR Studie [JoLL06] sowie des Key Report Office [atis05] konzentrieren sich beispielsweise auf die Nutzung von Büro- und Verwaltungsgebäuden.

Die Art der Gebäudenutzung bestimmt vermutlich auch die Achtsamkeit der Nutzer, wobei nach Kalusche [[Kalu04] S.60] die tatsächliche Abnutzung eines Gebäudes unter anderem auch von der Intensität der Fürsorge abhängt. Ob der Nutzer sich intensiv um die Pflege der Immobilie kümmert, oder ob Gebäudeteile zum Beispiel durch Vandalismus zerstört werden, hängt maßgeblich vom Grad seiner Identifikation mit dem Gebäude ab. Diese ist jedoch sehr subjektiv geprägt und ist daher auch nur schwer quantifizierbar. Generell wird der Eigentümer sich mehr um seine Immobilie kümmern als ein fremder Nutzer, wodurch bei primär von Dritten genutzten Immobilien die Abnutzung vermutlich größer ist als bei eigen genutzten Gebäuden. Bei Immobilien die sowohl vom Eigentümer als auch von Dritten genutzt werden, könnte der Anteil eigengenutzter, beziehungsweise vermieteter Flächen Aufschluss über das Ausmaß der Identifikation mit der Immobilie geben. Darüber hinaus könnte die Anzahl von unterschiedlichen Mietern oder auch die Dauer der einzelnen Mietverträge diesbezüglich eine Rolle spielen. Entsprechende Untersuchungen oder Veröffentlichungen konnten im Rahmen dieser Arbeit jedoch nicht ausfindig gemacht werden, weshalb diesbezüglich keine genaueren Aussagen getroffen werden können.

Validierung durch empirische Realdaten

Im Rahmen dieser Arbeit wurden Schulgebäude sowie Büro- und Verwaltungsgebäude analysiert, sodass ein Vergleich daher nur für diese beiden Nutzungsarten möglich ist. Zur Validierung, ob die Gebäudenutzung einen Einfluss auf die Höhe der Instandhaltungskosten hat, werden die Fallbeispiele nach ihrer Nutzungsart in Cluster aufgeteilt und dann die Höhe der jeweiligen Instandhaltungskosten miteinander verglichen. Im Portfolio der Fallbeispiele befinden sich 11 Schulgebäude und sechs Büroimmobilien. Die Zuordnung der Immobilien in die beiden Nutzungscluster ist in nachfolgender Tabelle zusammengestellt.

Tabelle 5-8: Clusterbildung nach Nutzungsart

Cluster 1 Nutzungsart Schule	Cluster 2 Nutzungsart Büro
AKS-PF	AG-FDS
GBS-KA	AG-PF
GS-BA	LG-FR
GS-BB	LG-MA
GS-BÜ	LG-OF
GS-NE	RA-BR
HE-SCW	
HSL-SBW	
MORE-HN	
RWG-BB	
STLA-ET	

Sowohl für das Cluster der Nutzungsart Schule als auch für das Cluster der Büroimmobilien wurde aus den jeweils enthaltenen Fallbeispielen die durchschnittlichen jährlichen Instandhaltungskosten berechnet. Die Mittelwerte sind in kumulierter Form in nachfolgender Abbildung grafisch dargestellt.

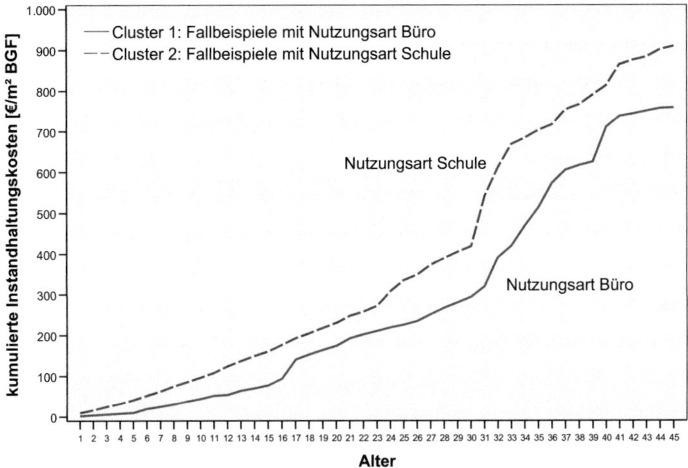

Abbildung 5-12: Kumulierte Instandhaltungskosten nach Nutzungsart

Die Gegenüberstellung zeigt, dass die Instandhaltungskosten von Schulen deutlich über denen der Büro- und Verwaltungsgebäude liegen.

Die Ergebnisse verdeutlichen, dass die Art der Gebäudenutzung einen maßgeblichen Einfluss auf die Höhe der jeweiligen Instandhaltungskosten hat und im Rahmen der Budgetierung somit berücksichtigt werden muss.

Zusammenfassung

Die Art der Gebäudenutzung hat nach Angaben der Literatur sowie zahlreicher Benchmarkingstudien einen Einfluss auf die Höhe der Instandhaltungskosten. Durch die Untersuchung der Fallbeispiele kann dies für die beiden Gebäudetypen Schule sowie Büro- und Verwaltungsgebäude bestätigt werden. Schulgebäude weisen deutlich höhere Instandhaltungskosten auf als Bürogebäude, wodurch die Art der Gebäudenutzung im Rahmen der Budgetierung berücksichtigt werden muss.

Tabelle 5-9: Einfluss der Nutzungsart in Abhängigkeit von der Art der Maßnahme

Art der Maßnahme nach DIN 31051	Einfluss auf Instandhaltungskosten	Einflusswirkung
Wartung, Inspektion, Instandsetzung	ja	IHK Schule > IHK Büro
Verbesserung	ja	IHK Schule > IHK Büro

5.2.2 Nutzungsintensität

Angaben der Literatur

Die Zeit beziehungsweise die Häufigkeit der Nutzung einer Immobilie kann ebenso wie die Anzahl ihrer Nutzer variieren [[Sieb02] S. 47]. Die so genannte Nutzungsintensität wird von mehreren Studien und Veröffentlichungen als Einflussfaktor für die Höhe der Instandhaltungskosten genannt. Der BMI Report [[BMI05] S.8] beispielsweise nennt einen positiven Zusammenhang zwischen der Nutzungszeit und den anfallenden Instandhaltungsaufwendungen. Auch Hölzgen [Hölz91] geht bei Immobilien mit hoher Nutzungsintensität von erheblichen Abnutzungen und somit ebenso von hohen Instandhaltungskosten aus. Gleichermaßen gehen Tomm, Rentmeister und Finke [ToRF95] von geringen Instandhaltungskosten bei geringer Beanspruchung und hohen Kosten bei stark beanspruchten Gebäuden aus [[ToRF95] S. 13]. Bezüglich der Nutzungsdauer differenziert die DIN 31052 [DIN81] zwischen den drei nachfolgenden Kategorien:

- gelegentliche Benutzung bei langen Ruhezeiten

- regelmäßige Benutzung bei unterbrochenem Betrieb

- regelmäßige Benutzung im Dauerbetrieb

Die Dauer der Nutzung ist abhängig von der Immobilie und deren Nutzer. Verschiedene Gebäude beispielsweise werden immer nur an bestimmten Tagen einer Woche genutzt. Bei täglich genutzten Gebäuden findet die Abnutzung häufig nur innerhalb bestimmter Zeitfenster statt.

Validierung durch empirische Realdaten

Die Analysen aus Kapitel 5.1.4 zeigen, dass insbesondere die Außenbauteile einer Immobilie maßgeblichen Einfluss auf die Instandhaltungskosten haben. Die Abnutzung durch unterschiedliche Nutzungszeiten kann sich folglich nur auf Bauteile mit geringem Einfluss beziehen. Darüber hinaus sind die unterschiedlichen Nutzungszeiten der Fallbeispiele primär durch den Gebäudetyp bestimmt. Im Vergleich zu Bürogebäuden haben Schulen sehr unregelmäßige Nutzungszeiten. Schulgebäude sind vorwiegend vormittags während den Unterrichtszeiten in Betrieb und bleiben während der Schulferien teilweise mehrere Wochen ungenutzt. Da die analysierten Immobilien alle gemäß der Erwartung genutzt werden, ergibt sich die Nutzungsintensität zum größten Teil bereits aus der jeweiligen Nutzungsart. Bei den Schulgebäuden sind die Nutzungspausen in den Ferien bereits als Erwartung in der Nutzungsart enthalten. Im Falle eines Krankenhauses würde beispielsweise von einer täglichen Nutzungszeit von 24 Stunden ausgegangen werden. In einem größeren Immobilienportfolio ist allenfalls eine leicht differierende Nutzungsintensität in die eine oder die andere Richtung zu erwarten, weshalb diese im Rahmen des zu entwickelnden Budgetierungsverfahrens keine Berücksichtigung findet.

Zusammenfassung

Die Literatur ist sich einig, dass sich die Intensität der Gebäudenutzung auf die Höhe der Instandhaltungskosten auswirkt. Ein Maß für die Nutzungsintensität ist die Zeit in der das Gebäude genutzt wird. Diese ist bereits in der Art der Gebäudenutzung enthalten und somit im Rahmen der Budgetierung indirekt schon berücksichtigt. Vor dem Hintergrund, dass sich leicht abweichende Nutzungszeiten innerhalb eines größeren Portfolios meist ausgleichen, wird die Intensität der Nutzung im Rahmen der Budgetierung nicht als eigener Einflussfaktor berücksichtigt.

5.3 Standortabhängige Einflüsse

Angaben der Literatur

Bei den standortabhängigen Einflüssen wird zwischen nachfolgenden Kategorien differenziert [[SiHS87] S. 65]:

- klimatische Verhältnisse

- Luftverschmutzungen

- Verkehrserschütterungen

Aufgrund der Schwierigkeit die Abnutzung eines Bauteiles nur einer der aufgeführten Ursachen zuzuschreiben, sind diese äußeren Einflüsse nur schwer quantifizierbar. Beispielsweise können Abnutzungen aufgrund natürlicher Verwitterung durch zusätzliche Luftverunreinigungen bzw. Schadstoffimmissionen beschleunigt werden [[SiHS87] 65]. Die Literatur geht im Falle äußerer Belastungen generell von höheren Instandhaltungskosten insbesondere der exponierten Bauteile aus [Kalu04], [[Nabe02] S.158]. Fassaden beispielsweise müssen bei erhöhter Luftverschmutzung häufiger erneuert werden und erhöhen somit die Kosten der Instandhaltung [[Nabe02] 158], [[Pfar71] S. 511]. Jedoch existieren bislang keine quantifizierbaren Angaben. Wissenschaftliche Untersuchungen bezüglich der Auswirkungen von beispielsweise Luftverunreinigungen beschränken sich derzeit auf die Angaben über die Verkürzung von Bauteillebensdauern [ToRF95]. Verschleiß- und Alterserscheinungen außen liegender Bauteile sind nicht auf die Nutzung einer Immobilie, sondern vielmehr auf klimatische Einflüsse zurückzuführen. Vor diesem Hintergrund gehen die Autoren verschiedener Studien bei Klimabelastungen von erhöhten Instandhaltungskosten aus [[Sieb02] S. 47], [[Nabe02] S. 158], [[BMBa89] S. 36], [[Kloc88] S.29]. Darüber hinaus können Erschütterungen durch starkes Verkehrsaufkommen einen maßgeblichen Einfluss auf die Lebensdauer insbesondere der gebäudeumfassenden Bauteile haben [Kalu04], [[Sieb02] S. 47].

Validierung durch empirische Realdaten

Mit Hilfe der erhobenen Fallbeispiele ist eine Analyse der standortabhängigen Einflüsse nicht möglich. Generell könnte eine Klassifizierung der Standorte bezüglich der klimatischen Verhältnisse, dem vorliegenden Schadstoffgehalt in Luft und Wasser sowie nach den Verkehrserschütterungen erfolgen. Die analysierten Fallbeispiele stammen jedoch alle aus dem Bundesland Baden-Württemberg, für dessen kleinräumiges Gebiet eine Klassifizierung keinen Sinn macht. Die klimatischen Verhältnisse unterscheiden sich im Untersuchungsraum somit nur geringfügig. Ebenso müssen auch eventuell unterschiedliche Schadstoffemissionen aufgrund der Verteilung innerhalb des kleinflächigen Untersuchungsgebietes im Rahmen dieser Arbeit vernachlässigt werden. Keines der analysierten Gebäude befindet sich an einer stark befahrenen Straße, sodass auch der Einfluss von Verkehrserschütterungen nicht untersucht werden kann.

Zusammenfassung

Der Einfluss von standortabhängigen Parametern ist in der Literatur unbestritten. Jedoch mangelt es derzeit an detaillierteren Analysen und Studien. Aufgrund der räumlichen Beschränkung der Fallbeispiele auf Baden-Württemberg ist im Rahmen dieser Arbeit keine weitere Analyse möglich, weshalb hinsichtlich der Berücksichtigung der standortabhängigen Einflussfaktoren bei der Budgetierung keine Aussage getroffen werden kann.

5.4 Sonstige Einflüsse

Neben den gebäude- und nutzungs-, sowie standortabhängigen Parametern beeinflussen weitere Faktoren, wie zum Beispiel politische oder strategiebedingte Faktoren, die Instandhaltung von Immobilien und deren Kosten.

5.4.1 Politische Einflüsse

Angaben der Literatur

Nach Angaben der Literatur können sich politische Einflüsse auf die Instandhaltung von Immobilien und somit auf den Umfang und die Kosten der Instandhaltungsmaßnahmen auswirken. Das Verhalten der Instandhaltungsverantwortlichen in den Städten und Gemeinden wird teilweise durch Gesetze und Richtlinien des Bundes und der Länder politisch bestimmt. So hat zum Beispiel die Schulbauförderpolitik der einzelnen Bundesländer Einfluss auf die Instandhaltung von Schulen. Die sogenannten Schulbauförderrichtlinien der Länder schaffen politische Rahmenbedingungen zur Förderung des Schulbaus. Während der Neubau von

Schulen von den meisten Ländern gefördert wird, werden Modernisierungs- und Grundsanierungen häufig nicht oder nur geringfügig gefördert. Außerdem sind Teilsanierungen, wie zum Beispiel eine Dachsanierung oder der Austausch von Fenstern, nicht Gegenstand der Förderrichtlinien. Diese Rahmenbedingungen können zu einem Verhalten der Kommunen führen, das sich auf die Förderkriterien abstützt. Instandhaltungsmaßnahmen an den Schulen werden demnach erst dann durchgeführt, wenn die Förderfähigkeit eintritt, sodass die Schulbauförderpolitik somit unter anderem Auslöser für einen Instandhaltungs- und Modernisierungsstau bei Schulgebäuden sein kann [[Mark06] S. 2].

Darüber hinaus gilt für die öffentliche Hand in Finanzfragen das öffentliche Haushaltsrecht, wodurch die Städte und Gemeinden in den vergangenen Jahren an die kameralistische Haushaltsführung gebunden waren. Die Kameralistik erfasst im Gegensatz zur Doppik nur den Geldverbrauch und nicht den Werteverzehr, sodass lediglich die Einnahmen und Ausgaben eines Jahres erfasst werden. In der Instandhaltungspraxis der öffentlichen Hand hat die kamerale Buchhaltung dazu geführt, dass überschüssige Mittel am Ende eines Jahres komplett ausgegeben wurden, häufig auch für nicht notwendige Maßnahmen. Die Ursache dieses Verhaltens liegt darin, dass die Instandhaltungsverantwortlichen der öffentlichen Hand bei Nichtausschöpfung der vorhandenen Mittel Gefahr liefen, im nächsten Jahr ein geringeres Budget zu erhalten, das dann eventuell nicht mehr ausreichen könnte [[[Heck80] S. 109].

Auch Prestigegründe spielen nach Heck [[Heck80] S. 110] bei der Instandhaltung eine bedeutende Rolle. Beispielsweise haben große Investitionsmaßnahmen politisch betrachtet eine bessere Wirkung als langfristig angelegte Instandhaltungsprojekte, die zwar nachhaltig sind, in der Regel jedoch kaum wahrgenommen werden [[Häge 07] S. 1].

Offiziell wird ein prestige- oder förderorientiertes Verhalten von den Verantwortlichen ebenso bestritten wie die Ausgabe überschüssiger Mittel am Jahresende. Vor diesem Hintergrund ist es sehr schwierig den politischen Einfluss auf die Instandhaltung von öffentlichen Immobilien zu quantifizieren, weshalb seitens der Literatur diesbezüglich auch keine genaueren Aussagen getroffen werden.

Validierung durch empirische Realdaten

Auch mit Hilfe der analysierten Fallbeispiele ist eine genauere Untersuchung der politischen Einflüsse nicht möglich. Da die Schulgesetzgebung und die Schulbaufördersysteme in Länderhoheit liegen, könnten die Auswirkungen der Schulbauförderrichtlinien grundsätzlich durch eine Gegenüberstellung von Schulgebäuden verschiedener Bundesländer festgestellt werden. Die im Rahmen dieser Arbeit untersuchten Immobilien stammen jedoch alle aus dem Bundesland Baden-Württemberg, sodass ein Ländervergleich nicht möglich ist. Politisch orientierte Entscheidungen im Rahmen der Instandhaltung sowie die Durchführung von unnötigen Instandhaltungsmaßnahmen am Jahresende, konnten im Rahmen dieser Arbeit rückwirkend nicht festgestellt werden, weshalb eine eventuelle Einflusswirkung nicht näher untersucht und quantifiziert werden kann.

Zusammenfassung

In der Literatur wird davon ausgegangen, dass sich politische Rahmenbedingungen auf die Instandhaltung von Immobilien auswirken. Untersuchungen, die eine derartige Einflusswirkung quantifizieren, liegen jedoch nicht vor. Auch die Untersuchungen der vorliegenden Arbeit ermöglichen aufgrund der regionalen Beschränkung auf das Bundesland Baden-Württemberg sowie der schwierigen Nachweisbarkeit von politisch orientiertem Handeln, keine genaueren Aussagen.

5.4.2 Instandhaltungsstrategie

Angaben der Literatur

Die gewählte Instandhaltungsstrategie hat nach Angaben der Literatur einen Einfluss auf die Instandhaltung von Immobilien und somit auch auf deren Kosten. Der Strategiebegriff stammt ursprünglich aus dem Griechischen und bedeutet Heeresführung. Heute wird Strategie definiert als *„grundsätzliche, langfristige Verhaltensweise der Unternehmung und relevanter Teilbereiche gegenüber ihrer Umwelt zur Verwirklichung der langfristigen Ziele"* [[Gabl00] S. 2949]. Im Rahmen der Instandhaltung von Immobilien wird im Allgemeinen zwischen den nachfolgenden drei Grundstrategien differenziert [[Alca00] S. 86]:

- Ausfallstrategie

- Präventivstrategie

- Inspektionsstrategie

Während die ausfallbedingte Instandhaltung von der Behebung eingetretener Schäden ausgeht, versucht die präventive und auch die zustandsabhängige Instandhaltung einen eventuellen Schaden bereits vor seinem Eintreten zu verhindern [[Alca00] S.86].

Hinsichtlich der Einflusswirkung einer bestimmten Strategie auf die Höhe der Instandhaltungskosten unterscheiden sich jedoch die Meinungen der Experten [Stoy04]. Es wird vermutet, dass die Höhe der Instandhaltungskosten zu einem bestimmten Zeitpunkt von den vorangegangenen Instandhaltungsmaßnahmen abhängen. Jedoch wurde bisher nicht quantifiziert nachgewiesen, welche Strategie die Instandhaltungskosten positiv oder negativ beeinflusst [CPTT02].

Validierung durch empirische Realdaten

Die im Rahmen dieser Arbeit analysierten Fallbeispiele wurden in der Vergangenheit nicht systematisch instand gehalten. Die Immobilienbesitzer erklärten in persönlichen Gesprächen, dass aufgrund der knappen finanziellen Mittel meist erst Instandhaltungsmaßnahmen durchgeführt wurden, wenn bereits Schäden eingetreten waren. Somit wurde bei den untersuchten Immobilien die sogenannte Ausfallstrategie angewandt. Da alle Immobilien der gleichen Strategie unterliegen, kann die Auswirkung der oben aufgeführten Grundstrategien im Rahmen dieser Arbeit nicht quantifiziert werden.

Zusammenfassung

Der Einfluss der gewählten Instandhaltungsstrategie auf die Maßnahmen der Instandhaltung ist in der Literatur unumstritten. Jedoch liegen keine Studien und Untersuchungen vor, die die Auswirkungen auf die Höhe der Instandhaltungskosten beziffern. Da bei allen analysierten Fallbeispielen die Ausfallstrategie verwendet wurde, kann der Einfluss der verschiedenen Strategien auch im Rahmen dieser Arbeit nicht näher untersucht werden.

5.5 Zusammenfassung

Das Kapitel „Einflussfaktoren auf die Kosten der Instandhaltung" untersucht sowohl gebäudeabhängige als auch nutzungs- und standortabhängige Parameter hinsichtlich ihrer Einflusswirkung auf die Höhe der Instandhaltungskosten. Darüber hinaus werden weitere Faktoren wie zum Beispiel politische oder strategiebedingte Einflüsse beleuchtet.

Als Grundlage für die Auseinandersetzung mit den Einflussfaktoren werden zunächst Angaben aus der Literatur dargestellt und diskutiert. Diese werden mit Hilfe der Analyse empirischer Daten aus den Fallbeispielen validiert und bewertet. Darüber hinaus wird überprüft, ob es Einflussfaktoren gibt, die in der Literatur bisher noch nicht erkannt wurden.

Die Ergebnisse zeigen, dass die Einflussparameter und deren Auswirkung auf die Höhe der Instandhaltungskosten von der grundsätzlichen Art der Maßnahme abhängen. Für die Entwicklung des Berechnungsverfahrens zur Budgetierung von Instandhaltungsaufwendungen ist es daher notwendig zwischen den beiden nachfolgenden Maßnahmentypen zu differenzieren:

- regelmäßige Instandhaltungsarbeiten: Maßnahmen der Wartung, Inspektion und Instandsetzung nach DIN 31051 [DIN03]

- ausserordentliche Instandhaltungsarbeiten: Maßnahmen der Verbesserung nach DIN 31051 [DIN03]

Während für die erste Gruppe zum Beispiel der Technikanteil einer Immobilie einen maßgeblichen Einfluss auf die Höhe der Instandhaltungskosten ausübt, ist dieser im Rahmen umfassender Sanierungsarbeiten nicht von Bedeutung. Für diese Art der Instandhaltungsarbeiten sind Parameter, wie zum Beispiel das Verhältnis von Außenfläche zu Volumen wichtige Kostentreiber, welches wiederum für die regelmäßigen Maßnahmen irrelevant ist. Aufgrund des meist auf wenige Jahre beschränkten Untersuchungszeitraums wurde dieser Zusammenhang in keiner der bisherigen Studien erkannt. Diese Tatsache erklärt auch die sich teilweise widersprechenden Aussagen verschiedener Studien in der Literatur, wie zum Beispiel hinsichtlich der Einflusswirkung der Gebäudegröße. Da die unterschiedliche Kosten beeinflussende Wirkung der Faktoren für verschiedene Arten der Instandhaltungsmaßnahmen bislang nicht erkannt wurde, liegen den sich widersprechenden Studien vermutlich jeweils Instandhaltungskosten aus den verschiedenen Maßnahmengruppen zu Grunde.

Welche Einflussfaktoren für die jeweiligen Maßnahmen von Bedeutung sind und somit im Rahmen der Budgetierung von Instandhaltungsmitteln berücksichtigt werden müssen, ist in den beiden nachfolgenden Tabellen als Übersicht zusammengestellt.

Tabelle 5-10: Einflussfaktoren f. Wartungs-, Inspektions- und Instandsetzungsmaßnahmen

Maßnahmen der Wartung, Inspektion und Instandsetzung nach DIN 31051

Einflussfaktor	Einfluss auf Höhe der Instandhaltungskosten*	Berücksichtigung bei der Budgetierung
Alter	++	ja
Größe	0	nein
Technikanteil	++	ja
Qualität der Planung und Erstellung	+	ja
Gebäudegeometrie	0	nein
Art der Nutzung	++	ja
Nutzungsintensität	+	indirekt über Art der Nutzung
standortabh. Einflüsse	keine Aussage möglich	nein
politische Einflüsse	keine Aussage möglich	nein
Instandhaltungsstrategie	keine Aussage möglich	nein

* ++ starker Einfluss, + Einfluss, 0 kein Einfluss

Hinsichtlich der Intensität der Gebäudenutzung ist zu erwähnen, dass diese die Höhe der Instandhaltungskosten zwar beeinflusst, jedoch in der Art der Gebäudenutzung enthalten ist und im Rahmen der Budgetierung somit bereits indirekt berücksichtigt wird. Gleichermaßen verhält es sich auch mit dem in nachfolgender Tabelle aufgeführten Parameter der Gebäudegröße im Rahmen umfassender Sanierungsarbeiten, welche durch die Berücksichtigung der Kompaktheit eines Gebäudes bzw. dessen Geometrie bereits indirekt berücksichtigt wird.

Tabelle 5-11: Einflussparameter für Maßnahmen der Verbesserung nach DIN 31051

Maßnahmen der Verbesserung nach DIN 31051

Einflussfaktor	Einfluss auf Höhe der Instandhaltungskosten*	Berücksichtigung bei der Budgetierung
Alter	++	ja
Größe	+	indirekt über Gebäudegeometrie
Technikanteil	0	nein
Qualität der Planung und Erstellung	+	ja
Gebäudegeometrie	++	ja
Art der Nutzung	0	nein
Nutzungsintensität	0	nein
standortabh. Einflüsse	keine Aussage möglich	nein
politische Einflüsse	keine Aussage möglich	nein
Instandhaltungsstrategie	keine Aussage möglich	nein

* ++ starker Einfluss, + Einfluss, 0 kein Einfluss

Aufgrund der unterschiedlichen Kosten beeinflussenden Faktoren ist im Rahmen der Budgetierung eine differenzierte Betrachtung der beiden aufgeführten Maßnahmengruppen erforderlich. Da dieser Zusammenhang bisher nicht erfasst wurde, ergibt sich hieraus ein komplett neuartiger Budgetierungsansatz, der sich von den bisherigen Verfahren maßgeblich unterscheidet.

6 Entwicklung des Berechnungsverfahrens PABI

Generell betrachtet richtet sich das für die Instandhaltung notwendige Budget entweder nach den geometrischen Größen der instand zu haltenden Immobilien, oder nach deren Kostendaten. Grundlage der Berechnung bilden daher entweder das Flächenausmaß beziehungsweise die Kubatur der Immobilien, oder beispielsweise deren Herstellungskosten. Diese so genannte Berechnungsgrundlage gibt allein jedoch noch keine Auskunft wie viele Mittel für Maßnahmen der Instandhaltung einzuplanen sind. Um das Instandhaltungsbudget zunächst grob zu bemessen, ist hierzu noch ein Richtwert erforderlich, der das Verhältnis zwischen der Berechnungsgrundlage und den hieraus resultierenden finanziellen Anforderungen für Maßnahmen der Instandhaltung beschreibt. Dieser Richtwert wird im Folgenden als Bemessungsparameter bezeichnet. Basiert die Berechnung auf einer monetären Größe, so kann beispielsweise ein Prozentsatz als Bemessungsparameter verwendet werden, wie zum Beispiel x % des Herstellungswertes. Da mit dem Budgetierungsverfahren finanzielle Mittel in Euro berechnet werden sollen, kann diese prozentuale Form des Bemessungsparameters bei einer geometrischen Ausgangsbasis wie der Kubatur oder der Gebäudegröße jedoch nicht verwendet werden. In diesem Fall ist eine Kostenangabe in Abhängigkeit von der geometrischen Größe wie zum Beispiel ein entsprechender Raummeter- oder Quadratmeterpreis in €/m³ bzw. €/m² notwendig. Der Bemessungsparameter und die Berechnungsgrundlage ermöglichen zusammen jedoch nur eine sehr grobe Abschätzung der für die Instandhaltung notwendigen Mittel. Die Ergebnisse der in Kapitel 5 durchgeführten Analysen zeigen, dass die Höhe der Instandhaltungskosten hauptsächlich durch gebäude- und nutzungsspezifische Eigenschaften bestimmt wird. Eine Berechnung des Instandhaltungsbudgets ist somit erst durch die Berücksichtigung maßgeblicher Einflussfaktoren wie zum Beispiel des Alters der Immobilien möglich. Basis des zu entwickelnden Budgetierungsverfahrens bilden somit die drei nachfolgenden Größen:

- Berechnungsgrundlage (z.B. Kubatur oder Herstellungswert)

- Bemessungsparameter (z.B. Raummeterpreis oder prozentualer Richtwert)

- Korrekturfaktoren für maßgebliche Einflussparameter

Die Ergebnisse aus Kapitel 5 zeigen, dass die jeweils maßgeblichen Einflussparameter von der Art der durchgeführten Instandhaltungsmaßnahme abhängen. Hierdurch ist eine Aufteilung der Budgetierung in regelmäßige Instandhaltungsmaßnahmen, wie zum Beispiel Wartungsarbeiten, Inspektionen oder Maßnahmen der Instandsetzungen und ausserordentliche Instandhaltungsmaßnahmen mit Projektcharakter, die nach DIN 31051 [DIN03] unter die Grundmaßnahme der Verbesserung fallen, notwendig.

Vor diesem Hintergrund wird das neu zu entwickelnde Budgetierungsverfahren mit dem Namen PABI (praxisorientierte, adaptive Budgetierung von Instandhaltungsmaßnahmen) nach folgendem Schema entwickelt:

$$B_{IH} = \underbrace{\sum_{i=1}^{n} B_{IH,r,i}}_{\substack{\text{regelmäßige} \\ \text{Maßnahmen}}} + \underbrace{\sum_{i=1}^{n} B_{IH,a,i}}_{\substack{\text{ausserordentliche} \\ \text{Maßnahmen}}} \qquad (6.20)$$

B_{IH}	*Instandhaltungsbudget*	*r*	*regelmäßig*
i	*Laufindex über Immobilien*	*a*	*ausserordentlich*
n	*Anzahl der Immobilien*		

Das Instandhaltungsbudget für regelmäßige Maßnahmen ($B_{IH,r}$) sowie das ausserordentliche Instandhaltungsbudget ($B_{IH,a}$) berechnet sich nach folgendem Schema.

$$B_{IH} = \underbrace{\sum_{i=1}^{n} BP_{I,W,IS} \cdot BG_i \cdot KF_{I,W,IS,i}}_{\text{jährliche Maßnahmen}} + \underbrace{\sum_{i=1}^{n} BP_V \cdot BG_i \cdot KF_{V,i}}_{\text{einm. Maßnahmen}} \qquad (6.21)$$

B_{IH}	*Instandhaltungsbudget*	*BP*	*Bemessungsparameter*
n	*Anzahl der Immobilien*	*BG*	*Berechnungsgrundlage*
i	*Laufindex über Immobilien*		
KF	*Korrekturfaktor zur Berücksichtigung von Einflussfaktoren*		
I,W,IS	*Regelmäßige IH-Maßnahmen wie z.B. Inspektion, Wartung und Instandsetzung nach DIN 31051*		
V	*Ausserordentliche IH-Maßnahmen mit Projektcharakter wie z.B. Maßnahmen der Verbesserung nach DIN 31051*		

Wobei sich der Korrekturfaktor ($K_{I,W,\,IS}$) für regelmäßige Instandhaltungsarbeiten mit Maßnahmen der Wartung, Inspektion und der Instandsetzung nach DIN 31051 [DIN03] nach den Ergebnissen aus Kapitel 5 aus den jeweiligen Gewichtungsfaktoren wie folgt berechnet:

$$KF_{I,W,IS} = G_{A,r} \cdot G_T \cdot G_N \cdot G_{FM,r}$$

(6.22)

KF	*Korrekturfaktor zur Berücksichtigung von Einflussfaktoren*
I,W,IS	*Regelmäßige IH-Maßnahmen wie z.B. Inspektion, Wartung und Instandsetzung nach DIN 31051*
G_A	*Gewichtungsfaktor für das Gebäudealter*
G_T	*Gewichtungsfaktor für den Technikanteil*
G_N	*Gewichtungsfaktor für die Art der Nutzung*
G_{FM}	*Gewichtungsfaktor für FM gerechtes Gebäude*
r	*regelmäßig*

Der Korrekturfaktor (K_V) für ausserordentliche Instandhaltungsmaßnahmen berechnet sich hingegen aus den nachfolgenden Gewichtungsfaktoren.

$$KF_V = G_{A,a} \cdot G_G \cdot G_{FM,a}$$

(6.23)

KF	*Korrekturfaktor zur Berücksichtigung von Einflussfaktoren*
V	*Ausserordentliche IH-Maßnahmen mit Projektcharakter wie z.B. Maßnahmen der Verbesserung nach DIN 31051*
G_G	*Gewichtungsfaktor für die Gebäudegeometrie*
G_A	*Gewichtungsfaktor für das Gebäudealter*
G_{FM}	*Gewichtungsfaktor für FM gerechtes Gebäude*
a	*ausserordentlich*

Bewertungskriterium des zu entwickelnden Budgetierungsverfahrens namens PABI ist sowohl dessen erreichte Genauigkeit, als auch dessen Praxistauglichkeit, wobei die Verfügbarkeit der Daten einen zentralen Aspekt darstellt. Hier kommt der Arbeit zu Gute, dass die erhobenen Einflussfaktoren bereits auf Realdaten beruhen, die von Immobilenbesitzern in der Praxis ohne Erhebungsaufwand zur Verfügung gestellt werden konnten. Die Verwendung von Realdaten ermöglicht darüber hinaus eine Validierung der bisherigen Verfahren hinsichtlich der beiden aufgestellten Kriterien Praxistauglichkeit und Genauigkeit. Ungeeignete Verfahren können somit identifiziert und verworfen werden, wohingegen Teile einer passenden Methode eventuell in das Budgetierungsverfahren PABI integriert werden können.

Neben der reinen Berechnung der für die Instandhaltung notwendigen Mittel, die den realen Anforderungen im Rahmen der Instandhaltung von Immobilien vor dem Hintergrund der aufgestellten Kriterien gerecht wird, soll PABI darüber hinaus auch als transparentes Werkzeug einsetzbar sein. Es soll Objektivität schaffen und den Verantwortlichen somit als Argumentationshilfe zur fachlichen Begründung des benötigten Budgets dienen. Durch die Ergebnisse aus Kapitel 5 wird sichergestellt, dass alle wesentlichen Einflussfaktoren entsprechend berücksichtigt und die unwesentlichen Parameter gleichzeitig vernachlässigt werden, was wiederum der Einfachheit und Klarheit des Verfahrens zu Gute kommt.

Grundsätzlich wird das Budgetierungsverfahren so aufgebaut, dass es einen „Grundbaustein" enthält, welcher mit Hilfe von Parametern auf einfache Art und Weise an verschiedene Anforderungen angepasst werden kann. Vor diesem Hintergrund werden für die beiden Teile des Verfahrens ein über die gesamte Lebenszeit hinweg konstanter Bemessungsparameter und eine einheitliche Berechnungsgrundlage erarbeitet, die hinsichtlich der jeweiligen Einflussparameter mit Hilfe von Gewichtungsfaktoren entsprechend modifiziert werden können. Das Berechnungsverfahren PABI kann hierdurch sehr einfach ergänzt, oder falls erforderlich, abgeändert werden. Der modulare Aufbau des Berechnungsverfahrens bietet darüber hinaus die Möglichkeit, das berechnete Budget gemäß den Anforderungen zu skalieren. Ist zum Beispiel nur eine grobe Kostenabschätzung gefragt, so kann ein Anhaltswert mit Hilfe der Bemessungsgrundlage, dem jeweiligen Bemessungsparameter sowie den wichtigsten Einflussfaktoren berechnet werden. Auf eine individuelle Anpassung durch weitere Gewichtungsfaktoren kann in diesem Fall verzichtet werden.

Das Budgetierungsverfahren PABI wird im Folgenden auf Basis der Ergebnisse aus der Realdatenanalyse schrittweise entwickelt. Hierfür wird zunächst festgelegt, welche Instandhaltungsmaßnahmen das Verfahren umfasst und für welchen Anwendungsbereich es gilt. Danach werden die Berechnungsgrundlage und der für die jeweiligen Instandhaltungsmaßnahmen gültige Bemessungsparameter erarbeitet. Anschließend werden für die in Kapitel 5 evaluierten wichtigsten Einflussgrößen der jeweiligen Maßnahmen spezielle Gewichtungsfaktoren definiert. Die Ergebnisse aus den nachfolgenden, einzelnen Kapiteln werden letztendlich in Form des Budgetierungsverfahrens PABI zusammengefasst dargestellt.

Es wird darauf hingewiesen, dass sich das Verfahren auf die im Rahmen dieser Arbeit analysierte Stichprobe stützt und somit zunächst nur für die 17 beschriebenen Fallbeispiele gültig ist. Dies gilt insbesondere für die in den nachfolgenden Kapiteln erarbeiteten Bemessungsparameter, als auch für die Gewichtungsfaktoren zur Berücksichtigung der jeweiligen Einflussgrößen. Die Übertragbarkeit der aufgeführten Werte muss zunächst kritisch überprüft werden. Jedoch zeigen die nachfolgenden Kapitel die grundsätzliche Herangehensweise auf, sodass die angegebenen Prozentzahlen sowie die Gewichtungsfaktoren für weitere Immobilien, in Zukunft fallspezifisch angepasst werden können.

6.1 Anwendungsbereich und Maßnahmendefinition

Für die Entwicklung des Budgetierungsverfahrens PABI und insbesondere auch für dessen spätere Verwendbarkeit in der Praxis ist die genaue Abgrenzung des Anwendungsbereiches wie zum Beispiel die baulichen oder technischen Anlagen sowie die Festlegung der hierin enthaltenen Maßnahmen, beispielsweise Wartungs- oder Instandsetzungsarbeiten, wichtig. Zur Vermeidung von Unstimmigkeiten muss sowohl die Bereichsabgrenzung als auch die Maßnahmendefinition möglichst eindeutig festgelegt werden. Dies kann am einfachsten durch die Verwendung von bestehenden Normen und Richtlinien erfolgen. Vor diesem Hintergrund wird im Folgenden auf die DIN 31051:2003-06: *Grundlagen der Instandhaltung* [DIN03] zurück gegriffen.

Für das Budgetierungsverfahren wird die „Instandhaltung" gemäß DIN 31051:2003-06 als *„Kombination aller technischen und administrativen Maßnahmen sowie Maßnahmen des Managements während des Lebenszyklus einer Betrachtungseinheit zur Erhaltung des funktionsfähigen Zustandes oder der Rückführung in diesen, so dass sie die geforderte Funktion erfüllen kann"* [[DIN03] S.3] verstanden. Die Instandhaltung umfasst die Grundmaßnahmen „Wartung", „Inspektion", „Instandsetzung" und „Verbesserung", welche nach DIN 31051:2003-06 wie folgt definiert sind:

- Wartung: *„Maßnahmen zur Verzögerung des Abbaus des vorhandenen Abnutzungsvorrats"* [[DIN03] S.3]

- Inspektion: *„Maßnahmen zur Feststellung und Beurteilung des Istzustandes einer Betrachtungseinheit einschließlich der Bestimmung der Ursachen der Abnutzung und dem Ableiten der notwendigen Konsequenzen für ein künftige Nutzung"* [[DIN03] S.3]

- Instandsetzung: *„Maßnahmen zur Rückführung einer Betrachtungseinheit in den funktionsfähigen Zustand, mit Ausnahme von Verbesserungen"* [[DIN03] S.4]

- Verbesserung: *„Kombination aller technischen und administrativen Maßnahmen sowie Maßnahmen des Managements zur Steigerung der Funktionssicherheit einer Betrachtungseinheit, ohne die von ihr geforderte Funktion zu ändern"* [[DIN03] S.4]

Aufgrund der gegenseitigen Abhängigkeiten dieser Grundmaßnahmen (Vgl. Kapitel 2.2) wird das Verfahren zur Budgetierung der gesamten Instandhaltungsaufwendungen entwickelt. Die Kosten für Wartung, Inspektion, Instandsetzung und Verbesserung sind hierunter subsumiert und werden lediglich aufgrund der voneinander abweichenden Einflussfaktoren in die beiden Teile für regelmäßige und ausserordentliche Instandhaltungsmaßnahmen aufgeteilt.

Hinsichtlich des Anwendungsbereiches umfasst das Budgetierungsverfahren die Baukonstruktion und die technischen Anlagen eines Gebäudes. Außenanlagen und Innenausstattung der Immobilien sind hinsichtlich des Erhalts der Bausubstanz von untergeordneter Bedeutung und werden aus diesem Grund durch das Verfahren nicht abgedeckt. Für entsprechende Maßnahmen in diesem Bereich müssen somit separat Mittel bereitgestellt werden.

6.2 Festlegung der Berechnungsgrundlage

Prinzipiell richtet sich das für die Instandhaltung notwendige Budget entweder nach geometrischen Größen der Immobilien oder nach deren Kostendaten. Vor diesem Hintergrund kommen für die Wahl der Bemessungsgrundlage grundsätzlich geometrische Daten wie zum Beispiel das Flächenausmaß bzw. die Kubatur einer Immobilie oder Kostendaten, beispielsweise in Form der Herstellungskosten in Betracht.

Die jeweils alternativ denkbaren Möglichkeiten sind in nachfolgender Tabelle als Übersicht zusammengestellt:

Tabelle 6-1: Potentielle Berechnungsgrundlagen

Geometrische Daten	Abkürzung	Einheit	Normen / Richtlinien
Brutto-Grundfläche	BGF	[m²]	DIN 277
Netto-Grundfläche	NGF	[m²]	DIN 277
Nutzfläche	NF	[m²]	DIN 277
Geschossfläche	GF	[m²]	BauNVO
Wohnfläche	WF	[m²]	II. BV
Brutto-Rauminhalt	BRI	[m³]	DIN 277
Kostendaten		**Einheit**	**Normen / Richtlinien**
Herstellungswert	HK	[€]	DIN276
Wiederbeschaffungswert	WBW	[€]	Rechengrundlage: DIN 276
Friedensneubauwert	FNW	[€]	Rechengrundlage: DIN 276

Es stellt sich die Frage, welche der aufgeführten Möglichkeiten sich als Bemessungsgrundlage am besten eignet. Grundsätzlich sollte die Bemessungsgrundlage eindeutig definiert sein, damit sie von allen späteren Anwendern gleich verstanden wird. Darüber hinaus sollte sie einfach zu ermitteln oder aus anderen bereits vorliegenden Größen leicht ableitbar sein. Eine umfangreiche Erhebung ist aus Gründen der Praxistauglichkeit zu vermeiden. Sie muss für alle Gebäude anwendbar sein und vor dem Hintergrund der später gewünschten Akzeptanz des Budgetierungsverfahrens sollte die Bezugsgröße auch dem Aspekt der allgemeinen Verständlichkeit Rechnung tragen. Die Analysen in Kapitel 4 haben darüber hinaus gezeigt, dass eine Anpassung an die sich jährlich ändernden Baupreise entscheidend ist. Um die Berücksichtigung der Preissteigerung zu gewährleisten, sollte die Anpassung bei der Berechnung des Instandhaltungsbudgets automatisch erfolgen und daher Teil des Budgetierungsverfahrens sein.

Aus den in Tabelle 6-1 aufgeführten Alternativen wird nur der Wiederbeschaffungswert dem Kriterium hinsichtlich der zwangsläufigen Beachtung der Baupreissteigerung gerecht. Der Wiederbeschaffungswert kann mit Hilfe der Baupreisindizes des Statistischen Bundesamtes [stat05] leicht aus den Herstellungskosten einer Immobilie abgeleitet werden und ist für alle Immobilienarten gleichermaßen anwendbar. Da auch die Gebäudeversicherung den Wiederbeschaffungswert verwendet, ist der Begriff und dessen Bedeutung bereits im Alltag der Immobilienverantwortlichen verankert. Der Wiederbeschaffungswert wird durch eine genaue

Rechenvorschrift auf einfache Weise berechnet (vgl. Formel (6.24)) und ist somit eindeutig und für alle gleichermaßen verständlich definiert. Im Gegensatz zu den anderen in Tabelle 6-1 aufgeführten Alternativen erfüllt der Wiederbeschaffungswert alle aufgeführten Kriterien, sodass dieser als Bemessungsgrundlage ausgewählt wird.

Der Wiederbeschaffungswert, teilweise auch Wiederbeschaffungszeitwert genannt, stellt die Kosten für einen identischen Neuaufbau eines Gebäudes dar. Nach KGSt sind dies die Kosten, die „...*für die Wiederbeschaffung oder Wiederherstellung (Ersatz/Erneuerung) von Objekten gleicher Leistungsfähigkeit im Zeitpunkt der Bewertung aufzuwenden wären, hier also per Baupreisindex hochgerechnete Baukostensummen"* [[KGSt84] S.14].

Der Wiederbeschaffungswert wird mit Hilfe der Baupreisindizes des Statistischen Bundesamtes [dest07a] (Vgl. Kapitel 4.1.3) aus den ursprünglichen Investitionskosten wie folgt abgeleitet.

$$WBW(t_2) = HK(t_1) \cdot \frac{BI(t_2)}{BI(t_1)} \qquad\qquad (6.24)$$

WBW	*Wiederbeschaffungswert [€]*
HK	*Herstellungskosten [€]*
BI	*Baupreisindex*
t_1	*Jahr der Gebäudeherstellung*
t_2	*beliebiges Jahr*

Wobei für das Budgetierungsverfahren lediglich die Herstellungskosten bzw. Investitionskosten der beiden nachfolgenden Kostengruppen nach DIN 276 [DIN93] anzusetzen sind:

- Kostengruppe 300: *Bauwerk – Baukonstruktionen*

- Kostengruppe 400: *Bauwerk - Technische Anlagen*

Zur Wahl des Wiederbeschaffungswertes als Berechnungsgrundlage ist kritisch anzumerken, dass dieser im Vergleich zu den aktuellen Herstellungskosten einer gleichartigen Immobilie relativ ungenau ist. Insbesondere bei älteren Immobilien weichen die Kosten des historisch identischen Wiederaufbaus von den aktuellen Herstellungskosten, die dem aktuellen Stand der Technik Rechnung tragen, um bis zu 10 % ab. Die Bestimmung der aktuellen Herstellungskosten, zum Beispiel mit Hilfe von Kostenkennwerten des Baukosteninformationszentrums

(BKI), ist für Immobilienbesitzer in der Praxis jedoch nur schwer zu realisieren. Das notwendige Know-how ist in größeren Verwaltungen zwar meist vorhanden, jedoch muss insbesondere bei kleineren Gemeinden und Verwaltungen mit mangelnden technischen Fachkenntnissen von Sachbearbeitern, die mehrere Bereiche gleichzeitig betreuen, gerechnet werden. Vor diesem Hintergrund wird im Rahmen dieser Arbeit auf den Wiederbeschaffungswert, der aus der Versicherungsbranche bereits bekannt ist und auf einfache Weise aus den Herstellungskosten abgeleitet werden kann, zurückgegriffen.

6.3　Festlegung des Bemessungsparameters

Der Bemessungsparameter beschreibt das grobe Verhältnis zwischen der Berechnungsgrundlage und den daraus resultierenden notwendigen finanziellen Mitteln für die Maßnahmen der Instandhaltung. Beim Wiederbeschaffungswert, der im vorangehenden Kapitel 6.2 als Berechnungsgrundlage gewählt wurde, handelt es sich um eine monetäre Größe, sodass als Bemessungsparameter ein prozentualer Richtwert empfohlen wird. Die Kombination aus Richtwert und Wiederbeschaffungswert ermöglicht unter Berücksichtigung des Gebäudealters eine erste grobe Abschätzung des Instandhaltungsbudgets.

Nachfolgendes Beispiel verdeutlicht die Bedeutung des Bemessungsparameters: Vernichtet eine Katastrophe im Jahr t-1 den gesamten Gebäudebestand, so ist für den Wiederaufbau im Jahr t ein Budget in Höhe der summierten Wiederbeschaffungswerte erforderlich. Der Bemessungsparameter beträgt in diesem Fall 100 % des Wiederbeschaffungswertes. Von diesem Ansatz gehen auch die Gebäudeversicherer aus. Der Fokus dieser Arbeit liegt jedoch nicht wie beschrieben auf dem kompletten Wiederaufbau eines Gebäudebestandes, sondern auf dessen Instandhaltung, sodass der Bemessungsparameter Werte von wenigen Prozent einnehmen wird. Nachfolgend wird die Höhe des Bemessungsprozentsatzes für das neue Budgetierungsverfahren PABI hergeleitet.

Die Auswertungen aus Kapitel 4 zeigen, dass die Berechnungen der KGSt [KGSt84] mit 1,2 % des Wiederbeschaffungswertes für die ersten drei Jahrzehnte die genauesten Ergebnisse erzielen. Die Abweichung von den tatsächlichen Instandhaltungsaufwendungen beträgt hier nur 5 %. Abbildung 5-3 verdeutlicht, dass innerhalb der ersten drei Jahrzehnte in erster Linie Maßnahmen der Inspektion, Wartung und Instandsetzung durchgeführt werden, sodass bei der

Ermittlung des Bemessungsparameters für regelmäßige Maßnahmen der Instandhaltung auf den Erfahrungswert der KGSt [KGSt84] zurück gegriffen werden kann. Vor diesem Hintergrund wird der Bemessungsparameter für die regelmäßigen Instandhaltungsmaßnahmen ($BP_{I,W,IH}$) für das zu entwickelnde Verfahren im Rahmen dieser Arbeit auf 1,2 % des Wiederbeschaffungswertes festgelegt.

Zwischen dem 30sten und 40sten Lebensjahr treten an den Gebäuden darüber hinaus verstärkt umfassende Sanierungsmaßnahmen auf. Wie die Analyse der Fallbeispiele zeigt, wird der „Sockel" von regelmäßigen Instandhaltungsmaßnahmen in diesem Altersabschnitt von ausserordentlichen Sanierungsmaßnahmen überlagert.

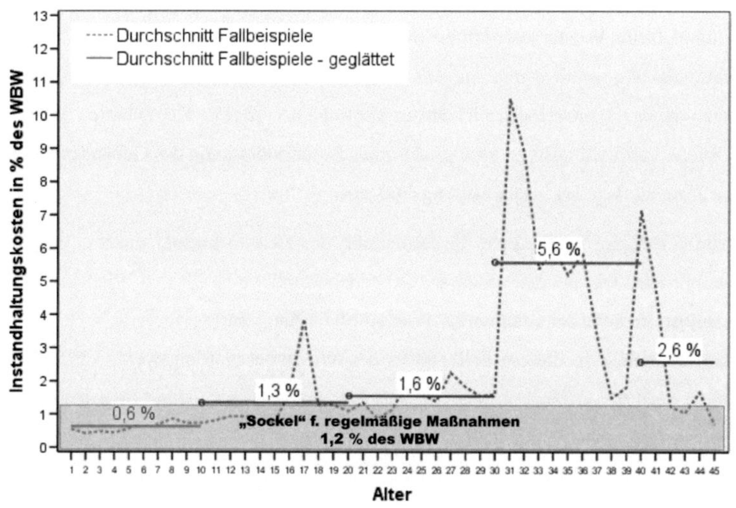

Abbildung 6-1: Instandhaltungskosten in Prozent des Wiederbeschaffungswertes

Die Validierung der bisherigen Budgetierungsmethoden in Kapitel 4 zeigt, dass umfassende Sanierungsmaßnahmen im Alter zwischen 30 und 40 Jahren bei der Budgetierung von Instandhaltungsmitteln bislang nicht berücksichtigt werden. Die berechneten Instandhaltungsmittel liegen in diesem Altersabschnitt somit bei allen Verfahren weit unterhalb der tatsächlichen Instandhaltungsanforderungen der Fallbeispiele.

Im Gegensatz zu den regelmäßigen Instandhaltungsmaßnahmen kann bei der Bestimmung des Bemessungsparameters der ausserordentlichen Maßnahmen nicht auf Erfahrungswerte bisheriger Verfahren zurückgegriffen werden. Vor diesem Hintergrund muss der Richtwert für ausserordentliche Maßnahmen mit Hilfe der im Rahmen dieser Arbeit durchgeführten Auswertungen bestimmt werden. Abbildung 6-1 zeigt, dass die Höhe der Instandhaltungskosten im Alter zwischen 30 und 40 Jahren 5,6 % des Wiederbeschaffungswertes betragen, wovon 1,2 % des Wiederbeschaffungswertes auf regelmäßige Maßnahmen entfallen. Für ausserordentliche Maßnahmen verbleiben somit 4,4 % des Wiederbeschaffungswertes, sodass der Bemessungsparameter BP_V auf den Wert von 4,4 % festgelegt wird.

Die beiden festgelegten Bemessungsparameter sowie die Berechnungsgrundlage in Form des Wiederbeschaffungswertes ermöglichen unter Kenntnis des Immobilienalters jedoch nur eine sehr grobe Abschätzung des erforderlichen Instandhaltungsbudgets. Die Ergebnisse aus Kapitel 5 zeigen, dass verschiedene Parameter die Höhe der Instandhaltungskosten maßgeblich beeinflussen, sodass diese bei der Bestimmung des Instandhaltungsbudgets berücksichtigt werden müssen. Vor diesem Hintergrund bilden die Berechnungsgrundlage und der Bemessungsparameter die Basis, die mit Hilfe sogenannter Gewichtungsfaktoren für die jeweiligen Einflussparameter ergänzt wird. Die Bestimmung der entsprechenden Gewichtungsfaktoren erfolgt in nachfolgendem Kapitel 6.4.

Kritisch anzumerken ist, dass die Bestimmung der Bemessungsparameter in Höhe von 1,2 % bzw. 4,4 % des Wiederbeschaffungswertes auf der Analyse von nur 17 Immobilien der öffentlichen Hand mit den im Rahmen dieser Arbeit beschriebenen Eigenschaften aufbaut. Eine Übertragbarkeit auf weitere Immobilien mit eventuell abweichenden Eigenschaften muss durch weitere Forschungsarbeiten zunächst kritisch geprüft werden.

Der nachfolgend dargestellte „Grundbaustein" des Budgetierungsverfahrens PABI in Form des Wiederbeschaffungswertes und dem Bemessungsparameter in Höhe von 1,2 % bzw. 4,4% gilt somit zunächst nur für die im Rahmen der vorliegenden Arbeit analysierten Immobilien

PABI Grundbaustein:

$$B_{IH} = \sum_{i=1}^{n} \underbrace{1{,}2\,\% \cdot WBW_i}_{\substack{\text{regelmässige} \\ \text{Maßnahmen}}} + \sum_{i=1}^{n} \underbrace{4{,}4\,\% \cdot WBW_i}_{\substack{\text{ausserordentliche} \\ \text{Maßnahmen}}}$$

$$(6.25)$$

B_{IH}	*Instandhaltungsbudget*	*WBW*	*Wiederbeschaffungswert*
i	*Laufindex über Immobilien*	*n*	*Anzahl der Immobilien*

6.4 Berücksichtigung von Einflussfaktoren

Die Auswertung der Fallbeispiele in Kapitel 5 zeigt, dass die Höhe der gesamten Instandhaltungskosten von verschiedenen Einflussfaktoren abhängt, wobei die Art der Instandhaltungsmaßnahme bestimmt, welcher Parameter jeweils maßgeblich ist. Während der Technikanteil einer Immobilie zum Beispiel die Höhe der Kosten für Maßnahmen der Wartung, Inspektion und Instandsetzung beeinflusst, hat dieser auf die Kosten umfassender Sanierungsarbeiten wiederum keine Auswirkung. Umgekehrt bestimmt das Verhältnis von Außenfläche zu Volumen zwar die Sanierungskosten, dieses hat jedoch keinen signifikanten Einfluss auf die Kosten der Inspektion, Wartung und Instandsetzung. Durch die Berücksichtigung von Einflussparametern kann die prospektive Bestimmung des notwendigen Instandhaltungsbudgets abhängig von der Art der Maßnahme an die tatsächlichen Anforderungen angepasst und somit deutlich verbessert werden. Im Rahmen der Budgetierung von Instandhaltungsmaßnahmen ist daher eine gebäudespezifische Gewichtung der Berechnungsgrundlage erforderlich. Hinsichtlich der Einfachheit und der Anwendbarkeit in der Praxis konzentriert sich das Verfahren auf die Berücksichtigung der wichtigsten Einflussparameter und vernachlässigt die unbedeutenden.

Die in Kapitel 5 durchgeführten Analysen zeigen, dass im Rahmen des zu entwickelnden Budgetierungsverfahrens PABI nachfolgende Parameter bei der entsprechenden Maßnahmenart zu berücksichtigen sind:

Tabelle 6-2: Zu berücksichtigende Einflussparameter

Maßnahmen der Wartung, Inspektion und Instandsetzung	Maßnahmen der Verbesserung
Gebäudealter	Gebäudealter
Technikanteil	Gebäudegeometrie
Nutzungsart	Qualität der Planung und Erstellung
Qualität der Planung und Erstellung	

Die durchgeführten Untersuchungen zeigen, dass alle weiteren Faktoren keine wesentlichen Abweichungen des Instandhaltungsbedarfes der analysierten Fallbeispiele zur Folge haben und somit bei der Budgetierung vernachlässigt werden können.

Damit das zu entwickelnde Verfahren den unterschiedlichen Anforderungen der Immobilien eines Portfolios gerecht wird, muss der PABI-Grundbaustein so modifiziert werden, dass die verschiedenen Einflussparameter einfach berücksichtigt werden können. Eine Anpassung mit Hilfe von Gewichtungsfaktoren bietet diesbezüglich eine gute Möglichkeit, da das Verfahren auf diese Weise einfach erweitert oder auch abgeändert werden kann. Des Weiteren bietet eine derartige Lösung die Möglichkeit, die Budgetierung entsprechend der jeweiligen Anforderungen zu skalieren.

In den nachfolgenden Kapiteln werden für die analysierten 17 Immobilien die Einflussparameter jeweils einzeln bewertet und spezifische Gewichtungsfaktoren zur Modifizierung des PABI-Grundbausteins festgelegt. Es ist zu beachten, dass diese Faktoren nur für die Stichprobe dieser Arbeit gelten und im Falle einer Übertragung auf weitere Immobilien fallspezifisch angepasst werden müssen.

6.4.1 Gebäudealter

Die Besonderheit von Gebäuden liegt in der, gegenüber Konsumgütern, langen Nutzungsdauer. Die geplante Nutzungszeit kann zwischen 20 und 100 Jahren liegen, sodass das Gebäudealter innerhalb eines Portfolios entsprechend variiert. Die Analyse der Fallbeispiele in Kapitel 5.1.1 zeigt, dass der Instandhaltungsbedarf mit zunehmendem Alter ansteigt und das Gebäudealter im Rahmen der Budgetierung somit beachtet werden muss. Von den in Kapitel 2.3 vorgestellten Budgetierungsmethoden wird das Gebäudealter nur beim Verfahren der KGSt [KGSt84], dem Essener Berechnungsmodell [SpSt91a] sowie dem Bayerischen Verfahren

[KöSc88] und den Kennzahlen der II. Berechnungsverordnung [BV03] berücksichtigt, wobei die Einflusswirkung von den Verfahren unterschiedlich bewertet wird. Während die II. Berechnungsverordnung und somit auch das Essener Berechnungsmodell von einem Anstieg der Instandhaltungskosten nach 22 sowie nach 31 Lebensjahren ausgeht, setzt die KGSt einen Kostenanstieg nach 10, nach 30 und darüber hinaus nach 80 Lebensjahren an. Im Gegensatz hierzu geht das Bayerische Verfahren von einem kontinuierlichen Anstieg der Instandhaltungskosten aus.

Die Ergebnisse der Auswertungen in Kapitel 5.1.1 zeigen, dass Gebäude mit unterschiedlichem Alter im Rahmen der Budgetierung verschieden berücksichtigt werden müssen. Da sich der Instandhaltungsbedarf über das Alter einer Immobilie ändert, der allgemeine Bemessungsparameter des neuen Budgetierungsverfahrens jedoch konstant auf 1,2 % bzw. 4,4 % des Wiederbeschaffungswertes festgelegt wurde (Vgl. Kapitel 6.3), ist eine „Alterskorrektur" der Berechnung dringend erforderlich. Im Rahmen des Berechnungsverfahrens PABI wird dieser Anforderung mit Hilfe von Gewichtungsfaktoren für verschiedene Altersabschnitte Rechnung getragen, wobei die nachfolgend abgeleiteten Faktoren zunächst nur für die im Rahmen dieser Arbeit analysierte Stichprobe gelten.

In nachfolgender Abbildung ist der Verlauf der gesamten Instandhaltungskosten der Fallbeispiele über das Alter hinweg in Prozent des Wiederbeschaffungswertes grafisch dargestellt:

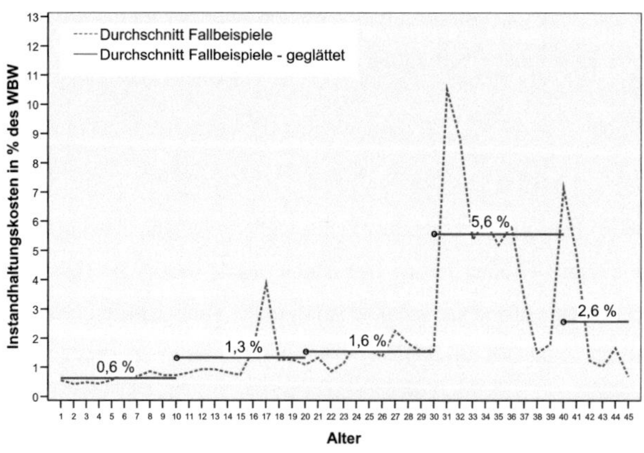

Abbildung 6-2: IHK über Alter in Prozent des Wiederbeschaffungswertes

Die beiden Kostenverläufe stellen jeweils den prozentualen Anteil der realen Instandhaltungskosten am Wiederbeschaffungswert der Immobilien dar. Einmal in Form der regelmäßigen Aufwendungen (blauer, gestrichelter Graf) und darüber hinaus in gemittelter Form (roter, durchgehender Graf). Aus der Abbildung wird deutlich, dass die realen Instandhaltungskosten die zuvor festgelegten konstanten Prozentsätze von 1,2 % bzw. 4,4 % des Wiederbeschaffungswertes innerhalb des ersten Jahrzehntes deutlich unter-, mit zunehmendem Alter hingegen sichtlich überschreiten. Der dargestellte Kostenverlauf unterstreicht hierdurch nochmals die Notwendigkeit, die bisher statische Berechnung, die sich abhängig von der Maßnahmenart aus einem konstanten Bemessungsparameter und dem Wiederbeschaffungswert der Immobilien zusammensetzt, an den dynamischen Verlauf über das Alter hinweg anzupassen.

Im Rahmen der Budgetierung ist das Alter junger Gebäude folglich weniger stark zu gewichten als das der älteren. Durch die Bestimmung des Anteils der realen Instandhaltungsaufwendungen der Fallbeispiele an den in Kapitel 6.3 festgelegten, konstanten Werten von 1,2 % und 4,4 % des Wiederbeschaffungswertes, ist es möglich die Gewichtungsfaktoren zur Berücksichtigung des Gebäudealters abzuleiten. Zum Beispiel betragen die tatsächlichen Instandhaltungskosten der analysierten Immobilien im Alter zwischen ein und zehn Jahren, wie in Abbildung 6-2 grafisch dargestellt, 0,6 % des Wiederbeschaffungswertes. Der PABI – Grundbaustein gibt jedoch einen Wert von 1,2 % des Wiederbeschaffungswertes an. Der Alterskorrekturfaktor G_A für diese Altersklasse berechnet sich somit wie folgt:

$$G_A = \frac{0,6 \% \, WBW}{1,2 \% \, WBW} = 0,5 \tag{6.26}$$

G_A *Gewichtungsfaktor für das Gebäudealter*
WBW *Wiederbeschaffungswert*

Für die regelmäßigen Instandhaltungsmaßnahmen der analysierten Fallbeispiele ergeben sich somit die nachfolgend dargestellten Gewichtungsfaktoren.

Tabelle 6-3: Regelmäßige Instandhaltungsmaßnahmen: Gewichtung Gebäudealter ($G_{A,r}$)

Gebäudealter [Jahre]	1 bis 10	11 bis 20	21 bis 30	31 bis 40
Gewichtungsfaktor $G_{A,r}$	0,5	1,1	1,3	1,0

Hinsichtlich der ausserordentlichen Sanierungsmaßnahmen wird im Rahmen dieser Arbeit von der Vorgabe eines bestimmten Sanierungszeitpunktes abgesehen. Da die Entwicklung des Budgetierungsverfahrens vor dem Hintergrund der Praxistauglichkeit erfolgt, wird für diese Maßnahmen der in der Realität vorgefundene Zeitrahmen zwischen 30 und 40 Jahren aufgegriffen. Den Immobilienverantwortlichen wird hierdurch ein maximales Maß an Flexibilität sowie ein großer Handlungsspielraum eingeräumt. Eine Korrektur des in Kapitel 6.3 festgelegten, konstanten Anteils von 4,4 % am Wiederbeschaffungswert ist aufgrund der gleich hohen realen Aufwendungen für Maßnahmen der Verbesserung somit nicht erforderlich, sodass der Gewichtungsfaktor für die ausserordentlichen Instandhaltungsmaßnahmen der Fallbeispiele, wie in nachfolgender Tabelle dargestellt, den Wert eins annimmt:

Tabelle 6-4: Ausserordentliche Instandhaltungsmaßnahmen: Gewichtung Alter ($G_{A,a}$)

Gebäudealter [Jahre]	1 bis 10	11 bis 20	21 bis 30	31 bis 40
Gewichtungsfaktor $G_{A,a}$	0,0	0,0	0,0	1,0

Der PABI Grundbaustein (vgl. Formel (6.25)) wird zur Berücksichtigung des Gebäudealters der analysierten Immobilien um den Gewichtungsfaktor G_A wie folgt erweitert:

PABI-Ausbaustufe I:

$$B_{IH} = \underbrace{\sum_{i=1}^{n} 1{,}2\ \% \cdot WBW_i \cdot G_{A,r,i}}_{\substack{\text{regelmäßige} \\ \text{Maßnahmen}}} + \underbrace{\sum_{i=1}^{n} 4{,}4\ \% \cdot WBW_i \cdot G_{A,a,i}}_{\substack{\text{ausserordentliche} \\ \text{Maßnahmen}}} \qquad (6.27)$$

B_{IH}	*Instandhaltungsbudget*	*WBW*	*Wiederbeschaffungswert*
i	*Laufindex über Immobilien*	*n*	*Anzahl der Immobilien*
r	*regelmäßig*	*a*	*ausserordentlich*
G_A	*Gewichtungsfaktor für das Gebäudealter*		

Die in Tabelle 6-3 und Tabelle 6-4 dargestellten Faktoren stützen sich auf die 17 analysierten Immobilien dieser Arbeit ab. Hierdurch wird zwar ein erster Anhaltswert gegeben, jedoch sind die Gewichtungsfaktoren zunächst nur für die Fallbeispiele dieser Arbeit gültig. Um allgemeingültige Gewichtungsfaktoren zur Berücksichtigung des Gebäudealters zu entwickeln sind weitere Forschungsarbeiten mit einer größeren Stichprobe erforderlich.

6.4.2 Technikanteil

Die Analyse der Fallbeispiele zeigt, dass die Höhe des Technikanteils einer Immobilie einen entscheidenden Einfluss auf den Umfang der regelmäßigen Instandhaltungsmaßnahmen und die hieraus resultierenden Instandhaltungskosten hat (Vgl. Kapitel 5.1.2). Im Rahmen der Budgetierung wird der Technikanteil bisher jedoch weder bei den kennzahlen- noch bei den wertorientierten Verfahren berücksichtigt. Einige analytische Verfahren wie zum Beispiel das Berliner Verfahren [KöSc88], die Methode des Arbeitskreis Maschinen- und Elektrotechnik (AMEV) [AMEV 85] oder das Verfahren der KGSt [KGSt84] bilden hierbei Ausnahmen. Dabei wird der Anteil der Gebäudetechnik bei den verschiedenen Methoden auf unterschiedliche Art und Weise berücksichtigt. Während der AMEV und das Berliner Verfahren das Gebäude in verschiedene Teile wie zum Beispiel Hochbau oder Technik aufteilen und hierfür separate Instandhaltungsrichtwerte angeben, betrachtet die KGSt das Gebäude als ganzes (Vgl. Kapitel 3.4.). Die ersten beiden Methoden gehen von unterschiedlichen Abnutzungen und somit verschiedenen Lebensdauern der einzelnen Bauteile aus. Das Gebäude wird demgemäß aufgeteilt, wobei der Instandhaltungsprozentsatz für den Technikanteil deutlich höher ist, als derjenige für den Hochbauanteil. Das Berliner Verfahren setzt zur Instandhaltung des Hochbauanteils beispielsweise 1,2 % des Wiederbeschaffungswertes für den Technikanteil hingegen 4 % zuzüglich einer Wartungspauschale von 1 % an. Im Gegensatz hierzu gibt die Methode der KGSt [KGSt84] einen Instandhaltungsprozentsatz für das gesamte Gebäude an, wobei zur Berücksichtigung des Technikanteils entsprechende Gewichtungsfaktoren eingesetzt werden. Dieser Ansatz ist hinsichtlich der Einfachheit für die Anwendung in der Praxis besser geeignet als die Angabe von mehreren unterschiedlichen Prozentsätzen. Dies gilt insbesondere auch für den politischen Gebrauch des Verfahrens als Argumentationshilfe zur Begründung des benötigten Budgets gegenüber der Geschäftsleitung. Durch die Angabe eines konstanten Prozentsatzes, der jedes Jahr für die Budgetierung verwendet wird, prägt sich dieser bei allen beteiligten Akteuren ein und findet hierdurch größere Akzeptanz als unterschiedliche Prozentsätze. Verwechslungen oder Missverständnisse können auf diese Weise im Voraus vermieden werden. Vor diesem Hintergrund werden für das zu entwickelnde Budgetierungsverfahren nachfolgend Gewichtungsfaktoren erarbeitet, die eine einfache Berücksichtigung des unterschiedlichen Technikanteils von Immobilien ermöglichen.

Erfahrungen aus der Datenerhebungsphase zur Folge, verfügen die Immobilienbesitzer in der Praxis nur im Ausnahmefall über genaue Kenntnis des Technikanteils ihrer Immobilien. Dessen Bestimmung könnte grundsätzlich über die Abrechnungen der Baukosten nach DIN 276 [DIN93] erfolgen, was jedoch mit erheblichem Zeitaufwand verbunden ist und für ältere Gebäude aufgrund fehlender Bauabrechnungen häufig nicht möglich ist. Da der Technikanteil daher meist nur grob geschätzt wird und die Bestimmung des Instandhaltungsbudgets möglichst einfach und praxistauglich sein soll, beschränkt sich das Budgetierungsverfahren PABI auf die Differenzierung der drei nachfolgenden Technikcluster:

- Technikanteil ist kleiner als 25 %

- Technikanteil ist größer als 25 %, jedoch kleiner als 40 %

- Technikanteil ist größer als 40 %

Aufgrund der relativ groben Clusterung ist die Zuordnung der Immobilien in eine der drei Gruppen von den Instandhaltungsverantwortlichen leicht möglich. Eine feinere Aufteilung, zum Beispiel in 5 % - Schritten, wie sie von der KGSt [KGSt84] vorgeschlagen wird, täuscht eine Genauigkeit vor, die aufgrund der in der Praxis vorgefundenen Bedingungen hinsichtlich der grob geschätzten Technikanteile so nicht zuordenbar ist. Vor diesem Hintergrund beschränkt sich das zu entwickelnde Verfahren auf die aufgeführten drei Cluster, wobei sich im analysierten Portfolio lediglich Immobilien der ersten und zweiten Gruppe befinden. Gewichtungsfaktoren zur Berücksichtigung des Technikanteils können im Rahmen dieser Arbeit somit nur für diese Technikcluster entwickelt werden. Für hochinstallierte Gebäude mit einem Technikanteil von über 40 % sind weitere Untersuchungen erforderlich, wobei das zu entwickelnde Budgetierungsverfahren jederzeit um entsprechende Korrekturfaktoren erweitert werden kann.

Zur Bestimmung der Gewichtungsfaktoren für die regelmäßigen Instandhaltungsmaßnahmen sind in nachfolgender Abbildung 6-3 die Instandhaltungskosten in Prozent des Wiederbeschaffungswertes für die Immobilien der entsprechenden Technikcluster den Kosten des gemischten Portfolios gegenüber gestellt.

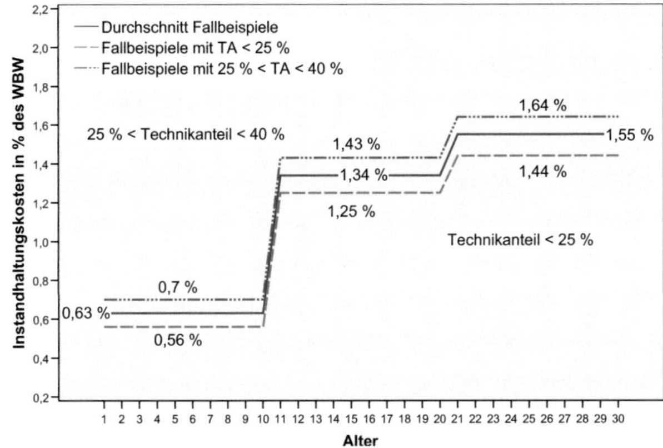

Abbildung 6-3: IHK in Prozent des Wiederbeschaffungswertes nach Technikcluster

Nun wird der Anteil der regelmäßigen Instandhaltungskosten des jeweiligen Technikclusters an den Aufwendungen des gemischten Portfolios bestimmt, wobei der Wert des gesamten Portfolios als Normung verwendet wird. Im Alter zwischen ein und zehn Jahren beträgt der Normwert aus der Alterskorrektur zum Beispiel 0,63 % des Wiederbeschaffungswertes. Für Gebäude mit einem Technikanteil, der größer als 25 %, jedoch kleiner als 40 % ist, betragen die Instandhaltungskosten in diesem Altersabschnitt jedoch 0,7 % des Wiederbeschaffungswertes. Daraus berechnet sich der Gewichtungsfaktor für die Gebäudetechnik wie folgt:

$$G_T = \frac{0,7\,\%\,WBW}{0,63\,\%\,WBW} = 1,1 \tag{6.28}$$

G_T *Gewichtungsfaktor für den Technikanteil*
WBW *Wiederbeschaffungswert*

Für die anderen Altersabschnitte und Technikanteile der analysierten Immobilien ergeben sich auf diese Weise die in nachfolgender Tabelle dargestellten Gewichtungsfaktoren:

Tabelle 6-5: Regelmäßige Instandhaltungsmaßnahmen: Gewichtung Technikanteil (G_T)

Gebäudealter [Jahre]	1 bis 10	11 bis 20	21 bis 30	31 bis 40
Gewichtungsfaktor G_T TA < 25 %	0,9	0,9	0,9	1,0
Gewichtungsfaktor G_T 25 % < TA < 40 %	1,1	1,1	1,1	1,0

Stufe I der Budgetierungsmethode PABI (vgl. Formel (6.27)) wird zur Berücksichtigung der Einflusswirkung des Technikanteils im Rahmen der regelmäßigen Instandhaltungsmaßnahmen um den Gewichtungsfaktor G_T wie folgt erweitert:

PABI II:

$$B_{IH} = \sum_{i=1}^{n} \underbrace{1{,}2\ \% \cdot WBW_i \cdot G_{A,r,i} \cdot G_{T,i}}_{\substack{\text{regelmäßige} \\ \text{Maßnahmen}}} + \sum_{i=1}^{n} \underbrace{4{,}4\ \% \cdot WBW_i \cdot G_{A,a,i}}_{\substack{\text{ausserordentliche} \\ \text{Maßnahmen}}} \qquad (6.29)$$

B_{IH}	*Instandhaltungsbudget*	*WBW*	*Wiederbeschaffungswert*
i	*Laufindex über Immobilien*	*n*	*Anzahl der Immobilien*
r	*regelmäßig*	*a*	*ausserordentlich*
G_A	*Gewichtungsfaktor für das Gebäudealter*		
G_T	*Gewichtungsfaktor für den Technikanteil*		

Ebenso wie die Gewichtungsfaktoren zur Berücksichtigung des Gebäudealters gelten die in Tabelle 6-5 dargestellten Gewichtungsfaktoren zunächst nur für die im Rahmen dieser Arbeit analysierten Immobilien. Hinsichtlich der Übertragbarkeit auf andere Immobilien sind weitere Untersuchungen erforderlich.

6.4.3 Art der Gebäudenutzung

Durch die Berücksichtigung des Gebäudetyps wird indirekt dem unterschiedlichen Nutzerverhalten Rechnung getragen. In Kapitel 5.2.1 wurde der Einfluss der Nutzungsart einer Immobilie auf die Höhe der Instandhaltungskosten untersucht. Die Analyse der Fallbeispiele zeigt, dass Schulgebäude höhere Instandhaltungsaufwendungen pro Quadratmeter BGF und Jahr aufweisen als Büro- und Verwaltungsgebäude. Es kann somit von einem nutzungsabhängigen Verschleiß ausgegangen werden, der im Rahmen der Budgetierung berücksichtigt werden muss. Dieser Anforderung tragen bereits viele kennzahlen- und wertorientierte Budgetierungsverfahren Rechnung, indem sie die Kosten für Instandhaltungsmaßnahmen in Abhängigkeit von der Art des Gebäudes angeben, wie zum Beispiel der IFMA Benchmarking Report [IFMA05], der BMI Report [BMI90] oder die Angaben des FM – Monitor [pom07]. Bei den analytischen Methoden wird die Art der Gebäudenutzung meist durch entsprechende Gewichtungsfaktoren wie beispielsweise beim Verfahren der KGSt [KGSt84] oder dem Bayerischen Berechnungsverfahren [KöSc88] in die Kalkulation des Instandhaltungsbudgets einbezogen. Diese Form der Berücksichtigung der Nutzungsart wird vor dem Hintergrund der Praxistauglichkeit und der Möglichkeit der Durchführung entsprechender Änderungen und Erweiterungen auch für das Budgetierungsverfahren PABI gewählt.

Analog zur Bestimmung der Gewichtungsfaktoren für den Einfluss des Gebäudealters und des Technikanteils werden die Instandhaltungskosten der verschiedenen Nutzungsarten in Prozent des Wiederbeschaffungswertes berechnet, wobei der Anteil der jeweiligen Nutzungsart an den Aufwendungen des gemischten Portfolios bestimmt wird. Hieraus ergeben sich die in nachfolgender Tabelle dargestellten Gewichtungsfaktoren:

Tabelle 6-6: Gewichtungsfaktoren für den Einfluss der Nutzungsart

Gebäudealter [Jahre]	0 bis 10	11 bis 20	21 bis 30	31 bis 40
Gewichtungsfaktor $G_{N\,Schule}$	1,3	1,3	1,1	1,0
Gewichtungsfaktor $G_{N\,Büro}$	0,5	0,8	0,9	1,0

Die aufgezeigten Gewichtungsfaktoren zur Berücksichtigung der Nutzungsart gelten ebenso wie die Gewichtungsfaktoren für Alter und Technikanteil nur für die im Rahmen dieser Arbeit beschriebenen Fallbeispiele. Für weitere Immobilien müssen derartige Faktoren fallspezifisch neu bestimmt werden, was insbesondere auch für andere Nutzungstypen gilt. Die dargestellten Gewichtungsfaktoren geben für Schulen sowie für Büro- und Verwaltungsgebäude zwar einen ersten Anhaltswert, jedoch sind hinsichtlich der Übertragbarkeit auf weitere Immobilien weitere Untersuchungen erforderlich.

Stufe II der Budgetierungsmethode PABI (vgl. Formel (6.29)) wird zur Berücksichtigung der Einflusswirkung der Gebäudenutzung im Rahmen der regelmäßigen Instandhaltungsmaßnahmen um den Gewichtungsfaktor G_N wie folgt erweitert:

PABI III:

$$B_{IH} = \underbrace{\sum_{i=1}^{n} 1{,}2\,\% \cdot WBW_i \cdot G_{A,r,i} \cdot G_{T,r} \cdot G_{N,r,i}}_{\substack{\text{regelmäßige}\\\text{Maßnahmen}}} + \underbrace{\sum_{i=1}^{n} 4{,}4\,\% \cdot WBW_i \cdot G_{A,a,i}}_{\substack{\text{ausserordentliche}\\\text{Maßnahmen}}} \qquad (6.30)$$

B_{IH}	*Instandhaltungsbudget*	*WBW*	*Wiederbeschaffungswert*
i	*Laufindex über Immobilien*	*n*	*Anzahl der Immobilien*
r	*regelmäßig*	*a*	*ausserordentlich*
G_A	*Gewichtungsfaktor für das Gebäudealter*		
G_T	*Gewichtungsfaktor für den Technikanteil*		
G_N	*Gewichtungsfaktor für die Art der Nutzung*		

6.4.4 Gebäudegeometrie

Die Analyse der Fallbeispiele in Kapitel 5.1.4 zeigt, dass es sich bei den Gebäudeelementen Fenster, Fassade und Dach hinsichtlich der Instandhaltung um die kostenintensivsten Bauteile handelt. Aufgrund ihrer exponierten Lage und dem hierdurch erhöhten Verschleiß dieser Bauteile treten bei Immobilien mit großen Umfassungsflächen im Rahmen umfassender Sanierungsarbeiten höhere Instandhaltungskosten auf als bei kompakten Gebäuden. Trotz des maßgeblichen Einflusses der Gebäudeform auf diese Art von Instandhaltungsaufwendungen wird dieser Parameter von keinem der bisherigen Budgetierungsverfahren berücksichtigt. Ausnahme bildet hierbei das Bayerische Verteilungsverfahren, welches sich als einziges Verfahren auf die Kubatur der Immobilien bezieht und darüber hinaus den Bruttorauminhalt sowie das Verhältnis von Bruttorauminhalt und Hauptnutzfläche in Form von Gewichtungsfaktoren bei der Verteilung des Instandhaltungsbudgets einbezieht.

Da es sich bei den kostentreibenden Bauteilen um Elemente der Gebäudeaußenfläche handelt, wird die Form des Gebäudes beziehungsweise dessen Kompaktheit im Rahmen dieser Arbeit mit Hilfe des Verhältnisses von Außenfläche (A) zu Volumen (V) beschrieben. Im Hinblick auf eine einfache spätere Anwendbarkeit in der Praxis wird hinsichtlich der Form zwischen kompakten, durchschnittlichen sowie zergliederten Gebäuden differenziert.

Die Ergebnisse aus Kapitel 5.1.4 zeigen, dass die Kompaktheit einer Immobilie im Rahmen von Wartungs-, Inspektions- und Instandsetzungsmaßnahmen keine maßgebliche Rolle spielt. Vor diesem Hintergrund werden die Gewichtungsfaktoren für die umfassenden Sanierungsmaßnahmen im Alter zwischen 30 und 40 Jahren entwickelt. Hierfür werden die Instandhaltungskosten der verschiedenen Gebäudeformen in Prozent des Wiederbeschaffungswertes den Aufwendungen des gesamten Portfolios gegenüber gestellt.

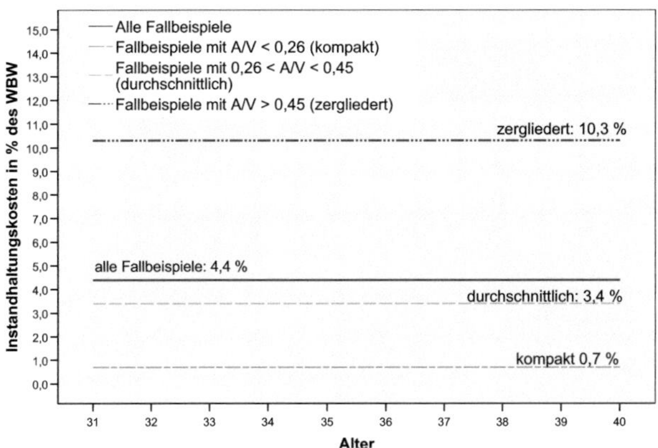

Abbildung 6-4: IHK in Prozent des Wiederbeschaffungswertes nach Gebäudeform

Für den Sanierungszeitraum wird nun der Anteil der Instandhaltungskosten der jeweiligen Gebäudeform an den Aufwendungen des gemischten Portfolios bestimmt. Dabei wird für die ausserordentlichen Maßnahmen der Wert von 4,4 % des Wiederbeschaffungswertes als Normwert verwendet. Für durchschnittlich kompakte Gebäude beträgt der Instandhaltungskostenanteil jedoch nur 3,4 % des Wiederbeschaffungswertes, sodass sich der Gewichtungsfaktor zur Berücksichtigung der Gebäudegeometrie wie folgt berechnet:

$$G_G = \frac{3,4 \% \ WBW}{4,4 \% \ WBW} = 0,8 \qquad\qquad (6.31)$$

G_G *Gewichtungsfaktor für die Gebäudegeometrie*
WBW *Wiederbeschaffungswert*

Für kompakte und zergliederte Gebäude wurden die nachfolgend dargestellten Gewichtungsfaktoren in gleicher Weise berechnet:

Tabelle 6-7: Gewichtungsfaktoren für den Einfluss der Gebäudegeometrie

Gebäudealter [Jahre]	0 bis 10	11 bis 20	21 bis 30	31 bis 40
Gewichtungsfaktor $G_{G\ \text{kompakt}}$	0	0	0	0,2
Gewichtungsfaktor $G_{G\ \text{durchschnittlich}}$	0	0	0	0,8
Gewichtungsfaktor $G_{G\ \text{zergliedert}}$	0	0	0	2,4

Die dritte Stufe der Budgetierungsmethode PABI (vgl. Formel (6.30)) wird zur Berücksichtigung der Einflusswirkung der Gebäudegeometrie im Rahmen der ausserordentlichen Instandhaltungsmaßnahmen um den Gewichtungsfaktor G_G wie folgt erweitert:

<u>PABI IV:</u>

$$B_{IH} = \underbrace{\sum_{i=1}^{n} 1{,}2 \% \cdot WBW_i \cdot G_{A,r,i} \cdot G_{T,i} \cdot G_{N,ri}}_{\substack{\text{regelmäßige} \\ \text{Maßnahmen}}} + \underbrace{\sum_{i=1}^{n} 4{,}4 \% \cdot WBW_i \cdot G_{A,a,i} \cdot G_{G,a,i}}_{\substack{\text{ausserordentliche} \\ \text{Maßnahmen}}} \qquad (6.32)$$

B_{IH} *Instandhaltungsbudget* WBW *Wiederbeschaffungswert*
i *Laufindex über Immobilien* n *Anzahl der Immobilien*
r *regelmäßig* a *ausserordentlich*
G_A *Gewichtungsfaktor für das Gebäudealter*
G_T *Gewichtungsfaktor für den Technikanteil*
G_N *Gewichtungsfaktor für die Art der Nutzung*
G_G *Gewichtungsfaktor für die Gebäudegeometrie*

Die Gewichtungsfaktoren zur Berücksichtigung der Gebäudegeometrie gelten wie die in den vorangehenden Kapiteln berechneten Gewichtungsfaktoren nur für die im Rahmen dieser Arbeit analysierten 17 Immobilien mit den beschriebenen Eigenschaften. Für weitere Immobilien müssen derartige Faktoren fallspezifisch neu bestimmt werden.

6.4.5 Qualität der Planung und Erstellung (FM Faktor)

Die Ergebnisse der in Kapitel 5.1.5 durchgeführten Analysen zeigen, dass teuer erstellte Immobilien nicht automatisch niedrige Instandhaltungskosten zur Folge haben und somit eine differenziertere Betrachtung notwendig ist. Die Höhe der Instandhaltungskosten wird den Ergebnissen zu Folge primär durch die nachfolgend dargestellten Auslöser für niedrige oder hohe Planungs- und Erstellungskosten bestimmt:

- Die Investitionskosten sind aufgrund mangelhafter Planung, minderwertiger Bauteilqualität sowie schlechter Materialverarbeitung niedrig und haben aus diesem Grund hohe Instandhaltungskosten zur Folge.

- Die Investitionskosten sind aufgrund einer soliden und Facility Management gerechten Planung und Erstellung hoch und haben aufgrund dessen auch geringere Instandhaltungskosten zur Folge.

- Die Investitionskosten sind aufgrund eines aufwändigen Immobiliendesigns, dem Einbau von Sonderbauteilen oder einer ausgefallenen technischen Anlage hoch und weisen dem zu Folge sehr hohe Instandhaltungskosten auf.

Trotz des maßgeblichen Einflusses der in der Planungs- und Realisierungsphase getroffen Entscheidungen auf die nachfolgenden Instandhaltungskosten werden diese Parameter von keinem der bisherigen Budgetierungsverfahren berücksichtigt.

Die Qualität der Planung und Erstellung eines Gebäudes wird grundsätzlich durch die Qualität der Materialien und Bauelemente, die ganzheitliche Planung und Konzeptionierung der Immobilie sowie durch die Bauausführung bestimmt. Vor dem Hintergrund der bei der Budgetierung gewünschten Praxistauglichkeit wird hinsichtlich der Qualität bei der Planung und Erstellung zwischen der so genannten „Sparvariante", der „FM-gerechten-Variante" sowie der „Luxusvariante" differenziert. Die Eigenschaften der jeweiligen Ausführungsvarianten sind in nachfolgender Tabelle zusammengefasst dargestellt:

Tabelle 6-8: Eigenschaften verschiedener Ausführungsvarianten

Sparvariante	**FM-gerechte-Variante**	**Luxusvariante**
qualitativ minderwertige Materialien	bewährte und qualitativ hochwertige Materialien	teure, qualitativ hochwertige, häufig jedoch neuartige Materialien
unzureichende Dimensionierung von Bauteilen	lebenszyklusorientierte Dimensionierung von Bauteilen	Bauteile zum Teil überdimensioniert
schadensanfällige Bauteile	bewährte Bauteile	Sonderbauteile
einfache Konstruktionen	einfache Konstruktionen	komplizierte Konstruktionen
schlechte Detailplanung	gut durchdachte Detailplanung	gut durchdachte Detailplanung
Mängel bei der Bauausführung	einwandfreie Herstellung	Ausführungsfehler aufgrund komplizierter Konstruktionen und aufgrund von Sonderbauteilen

Die Bedeutung der drei Varianten hinsichtlich der Herstellungs- und Instandhaltungskosten sind in nachfolgender Abbildung grafisch dargestellt:

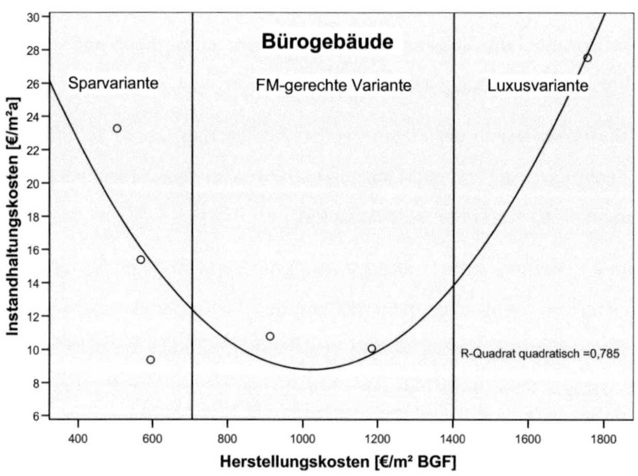

Abbildung 6-5: Ausführungsvarianten von Immobilien

Damit das zu entwickelnde Budgetierungsverfahren den Instandhaltungsanforderungen der unterschiedlichen Ausführungsvarianten gerecht wird, muss es mit Hilfe von Gewichtungsfaktoren entsprechend modifiziert werden. Da die Ausprägungsstärke der einzelnen Gruppen stark variieren kann, wird nachfolgend jeweils eine Spanne von sogenannten FM-Korrekturfaktoren angegeben. Hierdurch wird den Instandhaltungsverantwortlichen eine angepasste Bewertung der jeweiligen Ausführungsart ihrer Gebäude ermöglicht.

Die Spannweiten der FM-Korrekturfaktoren sind für die entsprechenden Ausbauvarianten in nachfolgender Tabelle dargestellt.

Tabelle 6-9: Gewichtungsfaktoren für Einfluss der Planungs- und Erstellungsqualität

Ausführungsvariante	Gewichtungsfaktor G_{FM}
Sparvariante	1,1
FM-gerechte Variante	1,0
Luxusvariante	1,1

Handelt es sich zum Beispiel um eine Immobilie, die grundsolide mit hochwertigen Materialien und ohne Baumängel erstellt wurde, so ist der FM-Fakor gleich 1,0 zu setzen. Wurden wichtige Bauteile wie zum Beispiel das Dach oder die Fassade so dimensioniert, dass sich deren Lebensdauer verlängert, dann sollte der FM-Faktor kleiner als 1,0 gewählt werden. Denkbar sind in diesem Zusammenhang zum Beispiel die Planung von Dachüberständen, welche die Fassade vor Umwelt- und Klimaeinflüssen schützen, oder auch bewusst eingeplante Verschleißschichten, zum Beispiel bei Flachdächern, die die Lebensdauer des jeweiligen Bauteils verlängern [Sieb02]. Wurde die Immobilie hingegen mit qualitativ minderwertigen Materialien erstellt, so ist mit einem schnelleren Verschleiß und somit höheren Instandhaltungskosten zu rechnen. Der FM-Faktor nimmt vor diesem Hintergrund einen Wert größer 1,0 an. Wurden darüber hinaus Bauteile unzureichend dimensioniert, sodass zum Beispiel die Betondeckung von Bewehrungseisen nicht ausreichend ist, wichtige Details in der Planungsphase vergessen oder bei der Erstellung der Immobilie gepfuscht, so ist mit nochmals höheren Instandhaltungskosten zu rechnen. Bei der „Luxusvariante" steigen die Instandhaltungsaufwendungen mit dem Umfang und der Anzahl von Sonderbauteilen sowie der Komplexität des Gebäudes und dessen Ausstattung.

Falls die für das Instandhaltungsbudget verantwortliche Person zur Bestimmung des FM-Faktors nicht über ausreichendes Fachwissen verfügt, kann hierfür einmalig ein Bau- oder FM-Experte hinzugezogen werden.

In der fünften und letzen Stufe der Budgetierungsmethode PABI werden neben den in den vorangehenden Kapiteln aufgeführten Einflussfaktoren sowohl bei den regelmäßigen als auch bei den ausserordentlichen Maßnahmen die Qualität der Planung und Erstellung mit Hilfe der in Tabelle 6-9 aufgeführten Gewichtungsfaktoren wie folgt berücksichtigt:

PABI V:

$$B_{IH} = \underbrace{\sum_{i=1}^{n} 1{,}2\ \% \cdot WBW_i \cdot G_{A,r,i} \cdot G_{T,i} \cdot G_{N,i} \cdot G_{FM,r,i}}_{\text{regelmäßige Maßnahmen}} + \underbrace{\sum_{i=1}^{n} 4{,}4\ \% \cdot WBW_i \cdot G_{A,a,i} \cdot G_{G,i} \cdot G_{FM,a}}_{\text{ausserordentliche Maßnahmen}} \quad (6.33)$$

B_{IH}	*Instandhaltungsbudget*	*WBW*	*Wiederbeschaffungswert*
i	*Laufindex über Immobilien*	*n*	*Anzahl der Immobilien*
r	*regelmäßig*	*a*	*ausserordentlich*

G_A *Gewichtungsfaktor für das Gebäudealter*
G_T *Gewichtungsfaktor für den Technikanteil*
G_N *Gewichtungsfaktor für die Art der Nutzung*
G_G *Gewichtungsfaktor für die Gebäudegeometrie*
G_{FMj} *Gewichtungsfaktor für die Qualität der Planung und Erstellung*

Abschließend wird das entwickelte Budgetierungsverfahren hinsichtlich der beiden aufgestellten Bewertungskriterien „Genauigkeit" und „Praxistauglichkeit" bewertet. Da das Verfahren auf empirischen Daten basiert, die von realen Immobilienbesitzern ohne weitere Erhebungen zur Verfügung gestellt wurden, wird das entwickelte Budgetierungsverfahren hinsichtlich der Praxistauglichkeit als „gut" eingestuft.

Bezüglich der Genauigkeit der Berechnung ist zu sagen, dass diese durch den modularen Aufbau des Verfahrens von den Instandhaltungsverantwortlichen skaliert werden kann. Je genauer die Ergebnisse sein müssen, desto mehr Einflussfaktoren sind zu berücksichtigen, wobei für grobe Kostenabschätzungen einzelne Faktoren vernachlässigt werden können. Die Basis der Berechnung stellt grundsätzlich der PABI-Grundbaustein dar, der für die entsprechenden Ausbaustufen um jeweils einen Einflussfaktor erweitert wird. Die PABI-Ausbaustufen und die berücksichtigten Einflussfaktoren sind in nachfolgender Tabelle zur Übersicht zusammengefasst dargestellt:

Tabelle 6-10: Ausbaustufen des entwickelten Verfahrens

Stufe	Berücksichtigung von Einflussfkatoren
0	keine
I	Alter
II	Alter, Technik
III	Alter, Technik, Nutzungsart
IV	Alter, Technik, Nutzungsart, Geometrie
V	Alter, Technik, Nutzungsart, Geometrie, Qualität der Planung und Erstellung

Vor dem Hintergrund der Tatsache, dass sich mit zunehmender Ausbaustufe auch der Rechenaufwand jeweils leicht erhöht, kann der Instandhaltungsverantwortliche entscheiden, welcher Level für die jeweilige Anforderung in Frage kommt.

Das Berechnungsverfahren PABI wurde auf Basis der durchschnittlichen Instandhaltungsaufwendungen der analysierten Immobilien abgeleitet. Zur Verdeutlichung der Aussagekraft des Mittelwertes sind in nachfolgender Tabelle neben dem Mittelwert der Instandhaltungskosten (in Prozent des Wiederbeschaffungswertes) auch der Median sowie die Varianz und die Standardabweichung aufgeführt:

Tabelle 6-11: Standardabweichung der IHK in Prozent des WBW

Gebäudealter [Jahre]	1 bis 10	11 bis 20	21 bis 30	31 bis 40
Mittelwert	0,6	1,3	1,6	5,6
Median	0,6	0,9	1,2	1,4
Varianz	0,3	8,0	2,3	139,8
Standardabweichung	0,5	1,8	1,4	10,4

Die Gegenüberstellung zeigt, dass die Genauigkeit des Berechnungsverfahrens kritisch zu betrachten ist. Die hohen Standardabweichungen von 0,5 im ersten Jahrzehnt, bzw. 1,8 im Alter von 11 bis 20 Jahren und 1,4 im dritten Jahrzehnt bei Mittelwerten in Höhe von 0,6 bzw. 1,3 und 1,6 zeigen, dass die Werte der einzelnen Immobilien weit um den Mittelwert streuen. Für die älteren Immobilien im Alter zwischen 30 und 40 Jahren sind die Abweichungen noch stärker. Während der Mittelwert bei 5,6 liegt, nimmt der Median einen Wert von 1,4 an. Auch die sehr hohe Standardabweichung von 10,4 verdeutlicht, dass die Bandbreite der Werte sehr hoch ist und diese sehr stark um den Mittelwert streuen.

Aufgrund der großen Streuungen liefert das mit dem Verfahren PABI berechnete Budget für einzelne Immobilien nur ungenaue Ergebnisse. Vor diesem Hintergrund ist dringend zu empfehlen das Berechnungsverfahren nur für größere Immobilienportfolios anzuwenden, bei welchen sich die Abweichungen relativieren.

Um die erreichte Genauigkeit des entwickelten Verfahrens genauer zu bestimmen, ist eine unabhängige Datenbasis zur Validierung erforderlich. Vor diesem Hintergrund wurde überprüft, ob eventuell auf die Untersuchungsergebnisse von Büro- und Verwaltungsgebäuden von Siegel und Wonneberg [SiWo77] oder die Arbeiten von Fuchs [Fuch70], Kleinfenn [Klein76] oder Sagebiel [Sage77] im Bereich der Schulgebäude zurückgegriffen werden kann. Jedoch liegt der Schwerpunkt dieser Arbeiten auf den Bau- und Betriebskosten, wobei unter Betriebskosten primär Energie- und Reinigungskosten verstanden werden. Instandhaltungskosten spielen im Rahmen dieser Untersuchungen nur eine untergeordnete Rolle und sind nur als Wartungskostenkennzahl wiedergegeben, sodass diese Studien nicht zur Validierung des Berechnungsverfahrens herangezogen werden können. Im Rahmen der vorliegenden Arbeit ist es nicht möglich eine unabhängige Stichprobe neu zu erfassen. Hieraus ergibt sich die Notwendigkeit, das entwickelte Verfahren im Rahmen einer weiteren Forschungsarbeit mit Hilfe eines größeren Immobilienportfolios, welches sich aus Schul- und Bürogebäuden zusammensetzt, zu validieren und anzupassen.

Abschließend ist kritisch zu erwähnen, dass das Verfahren aus einer Stichprobe von nur 17 Fallbeispielen der öffentlichen Hand der Nutzungsarten Schule sowie Büro- und Verwaltungsgebäude mit den beschriebenen Eigenschaften abgeleitet wurde. Sowohl die angegebene Prozentzahl als auch die Höhe der Gewichtungsfaktoren gelten zunächst nur für diese Immobilien. Zur Bestimmung des Instandhaltungsbedarfes weiterer Immobilien mit anderen Eigenschaften müssen die Gewichtungsfaktoren sowie der Bemessungsparameter fallspezifisch neu bestimmt werden. Darüber hinaus besteht hinsichtlich der Erweiterung und Anpassung des Budgetierungsverfahrens auf andere Immobilientypen noch enormer Forschungsbedarf.

6.5 Instandhaltungsrückstau

Seit Jahren besteht aufgrund der knappen finanziellen Mittel und der oftmals geringen Wertschätzung der Instandhaltung sowohl bei der Privatwirtschaft als auch bei der öffentlichen Hand eine erhebliche Differenz zwischen dem Instandhaltungsbedarf von Immobilien und den in diesem Bereich getätigten Investitionen. Eine nicht bedarfsgerechte Instandhaltung von Gebäuden führt mittel- bis langfristig jedoch zu einem zunehmendem Verfall der Bausubstanz, welcher sich in Form von maroden Gebäuden bereits deutlich abzeichnet. Bei zahlreichen Gebäuden hat sich in den letzten Jahren ein erheblicher Instandhaltungsrückstau gebildet, wobei das Ausmaß des Rückstaus einer Immobilie jeweils von den in der Vergangenheit durchgeführten Instandhaltungsmaßnahmen abhängt und sich somit von Gebäude zu Gebäude unterscheidet.

Aufgrund der sehr verschiedenen Zustände der jeweiligen Gebäudesubstanz, ist eine Berücksichtigung des entsprechenden Nachholbedarfes im Rahmen des entwickelten Budgetierungsverfahrens nicht möglich. Das Verfahren geht somit von einem durchschnittlichen, gebrauchstauglichen Erhaltungszustand der Immobilien aus, sodass ein vorliegender Instandhaltungsrückstau bei der Einführung des Budgetierungsverfahrens separat berücksichtigt werden muss. Zur Bestimmung des Instandhaltungsrückstaus kommen grundsätzlich die beiden nachfolgenden Möglichkeiten in Betracht:

- Rückstau ergibt sich aus der Differenz zwischen den mit Hilfe des Berechnungsverfahrens rückwirkend bestimmten notwendigen Instandhaltungsausgaben und den tatsächlich getätigten Investitionen

- Rückstau wird durch einen Fachmann vor Ort durch eine Begehung der Immobilien bestimmt

6.6 Dringlichkeit von Maßnahmen

Die Dringlichkeit einer Instandhaltungsmaßnahme hängt entscheidend davon ab, welche Folgeschäden bei einer Verschiebung oder vollständigen Unterlassung der Maßnahme entstehen und welche Kosten dies zur Folge hat. Vor diesem Hintergrund kann die Instandhaltung eines nur gering beschädigten Bauteils wichtiger sein, als die Instandhaltung eines schwer beschädigten oder bereits ausgefallenen Elements [SiHS87]. Der entscheidende Unterschied hinsichtlich der Dringlichkeit liegt also in den Folgen, wobei eine ausbleibende oder auch ungenügende Instandhaltung nicht nur zu Schäden am betroffenen Bauteil selbst führt, sondern darüber hinaus auch angrenzende oder tiefer liegende Bauteile in Mitleidenschaft zieht [Buer04]. Die Durchführung von Instandhaltungsmaßnahmen sollte sich nach folgender Rangordnung ergeben:

- Sicherheit von Menschen und Sachanlagen

- Beeinträchtigung der Nutzung des Gebäudes

- Beeinträchtigung der Funktion weiterer Bauteile

- Starke Abnutzung bei längerer Vernachlässigung

- Abnutzungen ohne Einfluss auf die Gebäudefunktion

- Prävention

Durch die Vorgabe der aufgeführten Rangordnung wird gewährleistet, dass bei knappen finanziellen Mitteln diejenigen Maßnahmen mit der höchsten Dringlichkeit als Erstes durchgeführt werden. Entscheidungen hinsichtlich der zeitlichen Durchführung von Instandhaltungsmaßnahmen sollten darüber hinaus Kosten von Folgeschäden oder erhöhte Instandhaltungskosten durch verschlechterte Bedingungen ebenso berücksichtigen wie eventuelle Mietausfallkosten oder weitere Kosten wie zum Beispiel erhöhte Energie- und Reinigungskosten.

6.7 Zusammenfassung

Im Zentrum von Kapitel 6 steht die schrittweise Entwicklung eines Ansatzes zur Budgetierung von Instandhaltungsaufwendungen der öffentlichen Hand. Ausgangsbasis bilden die Ergebnisse aus Kapitel 5 „Einflussfaktoren auf die Kosten der Instandhaltung". Die Erkenntnis, dass die jeweils wichtigen Kosten beeinflussenden Faktoren von der Art der durchgeführten

Instandhaltungsmaßnahme abhängen, führt zu einer Aufteilung der Budgetierung in regelmäßige Instandhaltungsmaßnahmen und ausserordentliche Instandhaltungsmaßnahmen. Die differenzierte Betrachtung führt zu einem Budgetierungsansatz, der sich von den bisherigen Herangehensweisen maßgeblich unterscheidet.

Für die Entwicklung eines Berechnungsverfahrens ist die Festlegung der Berechnungsgrundlage und der für die jeweiligen Instandhaltungsmaßnahmen gültige Bemessungsparameter ein wesentlicher Aspekt. Als Berechnungsgrundlage wird, trotz der damit einhergehenden Ungenauigkeit bei älteren Immobilien, sowohl für die regelmäßigen als auch für die ausserordentlichen Maßnahmen der Wiederbeschaffungswert des Gebäudes gewählt. Der Bemessungsparameter unterscheidet sich jedoch, abhängig von der Art der Maßnahme, in seiner Größe.

Darüber hinaus werden die in Kapitel 5 herausgearbeiteten Einflussparameter mit Hilfe sogenannter Gewichtungsfaktoren im Rahmen der Budgetierung berücksichtigt. Diese Art der Modifizierung bietet die Möglichkeit, das Budgetierungsverfahren in Zukunft auf einfache Weise weiter zu ergänzen und fallspezifisch anzupassen. Darüber hinaus können Einflussparameter berücksichtigt oder auch vernachlässigt werden, sodass das Verfahren entsprechend der jeweiligen Anforderungen skaliert werden kann. Zur Bestimmung des Instandhaltungsbudgets sind nur einfache Rechnungen durchzuführen, wodurch das Budgetierungsverfahren den Anforderungen der Praxistauglichkeit Rechnung trägt. Der entwickelte Ansatz zur Budgetierung von Instandhaltungsmaßnahmen ist in nachfolgender Formel dargestellt:

$$B_{IH} = \sum_{i=1}^{n} \underbrace{1,2\,\% \cdot WBW_i \cdot KF_{I,W,IS,i}}_{\text{jährl. Maßnahmen}} + \sum_{i=1}^{n} \underbrace{4,4\,\% \cdot WBW_i \cdot KF_{V,i}}_{\text{einm. Maßnahmen}} \qquad (6.34)$$

B_{IH}	*Instandhaltungsbudget*	*WBW*	*Wiederbeschaffungswert*
i	*Laufindex über Immobilien*	*n*	*Anzahl der Immobilien*

KF *Korrekturfaktor zur Berücksichtigung von Einflussfaktoren*

I,W,IS   *Regelmäßige IH-Maßnahmen wie z.B. Inspektion, Wartung und Instandsetzung nach DIN 31051*

V   *Ausserordentliche IH-Maßnahmen mit Projektcharakter wie z.B. Maßnahmen der Verbesserung nach DIN 31051*

Die dargestellten Werte des Bemessungsparameters in Höhe von 1,2 % bzw. 4,4 % des Wiederbeschaffungswertes basiert auf der Analyse von 17 Immobilien der öffentlichen Hand mit den beschriebenen Eigenschaften. Eine Übertragbarkeit auf weitere Immobilien ist vor diesem Hintergrund kritisch zu prüfen. Ebenso gelten die nachfolgend dargestellten Gewichtungsfaktoren zunächst nur für die Stichprobe dieser Arbeit und müssen im Rahmen der Budgetierung fallspezifisch neu bestimmt werden.

Der Korrekturfaktor ($K_{I,W,IH}$) für regelmäßige Instandhaltungsarbeiten mit Maßnahmen der Wartung, Inspektion und der Instandsetzung nach DIN 31051 [DIN03] wird hierbei durch die Multiplikation der Gewichtungsfaktoren für das Gebäudealter, den Technikanteil der Immobilien sowie die Planungs- und Erstellungsqualität und die Nutzungsart wie folgt ermittelt:

$$KF_{I,W,IS} = G_{Aj} \cdot G_T \cdot G_N \cdot G_{FMj}$$

(6.35)

KF	*Korrekturfaktor zur Berücksichtigung von Einflussfaktoren*
I,W,WIE	*Regelmäßige IH-Maßnahmen wie z.B. Wartung, Inspektion und Instandsetzung nach DIN 31051*
G_A	*Gewichtungsfaktor für das Gebäudealter*
G_T	*Gewichtungsfaktor für den Technikanteil*
G_N	*Gewichtungsfaktor für die Art der Nutzung*
G_{FM}	*Gewichtungsfaktor für die Qualität der Planung und Erstellung*
j	*regelmäßig*

Der Korrekturfaktor (K_V) für die ausserordentlichen Instandhaltungsmaßnahmen berechnet sich hingegen aus den Gewichtungsfaktoren für das Gebäudealter, die Gebäudegeometrie sowie die Qualität der Planung und Erstellung.

$$KF_V = G_{Ae} \cdot G_G \cdot G_{FMe}$$

(6.36)

KF	*Korrekturfaktor zur Berücksichtigung von Einflussfaktoren*
v	*Ausserordentliche IH-Maßnahmen mit Projektcharakter wie z.B. Maßnahmen der Verbesserung nach DIN 31051*
G_G	*Gewichtungsfaktor für die Gebäudegeometrie*
G_{FM}	*Gewichtungsfaktor für die Qualität der Planung und Erstellung*
e	*ausserordentlich*

Die Werte der in Formel (6.35) aufgeführten Gewichtungsfaktoren für die analysierten 17 Fallbeispiele sind für die jeweiligen Altersabschnitte in nachfolgender Tabelle zusammengefasst dargestellt:

Tabelle 6-12: Werte der Gewichtungsfaktoren für regelmäßige Instandhaltungsmaßnahmen

Einfluss	**Gewichtungsfaktoren**	**0 bis 10**	**11 bis 20**	**21 bis 30**	**31 bis 42**	**43 bis 50**
Alter	Gewichtungsfaktor G_{Aj}	0,5	1,2	1,3	2,5	3,3
Technik	Gewichtungsfaktor G_T TA < 25 %	0,9	0,9	1,0	0,8	0,9
Technik	Gewichtungsfaktor G_T 25 % < TA < 40 %	1,1	1,1	1,0	1,3	1,2
Nutzung	Gewichtungsfaktor G_N Schule	1,3	1,2	1,1	1,3	0,9
Nutzung	Gewichtungsfaktor G_N Büro	0,5	0,9	0,9	0,8	1,2
Qualität der Planung und Erstellung	Gewichtungsfaktor G_{FMj} Sparvariante	1,1	1,1	1,1	1,1	1,1
Qualität der Planung und Erstellung	Gewichtungsfaktor G_{FMj} FM-gerechte-Variante	1,0	1,0	1,0	1,0	1,0
Qualität der Planung und Erstellung	Gewichtungsfaktor G_{FMj} Luxusvariante	1,1	1,1	1,1	1,1	1,1

Die Werte zur Berechnung des Korrekturfaktors (K_V) in Formel (6.36) für die Immobilien dieser Arbeit sind der nachfolgenden Tabelle zu entnehmen.

Tabelle 6-13: Werte der Gewichtungsfaktoren für ausserordentliche Sanierungsmaßnahmen

Einfluss	Gewichtungsfaktoren	0 bis 10	11 bis 20	21 bis 30	31 bis 42	43 bis 50
Alter	Gewichtungsfaktor G_{Ae}	0	0	0	1,0	0
Gebäudegeometrie	Gewichtungsfaktor G_G kompakt (A/V< 0,26)	0	0	0	0,1	0
	Gewichtungsfaktor G_G durchschnittlich (0,26<A/V<0,45)	0	0	0	0,7	0
	Gewichtungsfaktor G_G zergliedert (A/V<0,45)	0	0	0	2,9	0
Qualität der Planung und Erstellung	Gewichtungsfaktor G_{FMe} Sparvariante	0	0	0	1,1	0
	Gewichtungsfaktor G_{FMe} FM-gerechte-Variante	0	0	0	1,0	0
	Gewichtungsfaktor G_{FMe} Luxusvariante	0	0	0	1,1	0

Neben der Notwendigkeit, die Gewichtungsfaktoren sowie den Bemessungsparameter fallspezifisch neu zu bestimmen, ist zu beachten, dass ein eventuell vorliegender Instandhaltungsrückstau der Immobilien bei dem Berechnungsverfahren nicht berücksichtigt wird. Bei der Einführung des Verfahrens ist dieser separat zu berücksichtigen.

7 Fazit und Ausblick

Die Instandhaltung von Gebäuden gewinnt derzeit insbesondere unter wirtschaftlichen Aspekten verstärkt an Bedeutung. Nach Angaben des Statistischen Bundesamtes hat sich das Bruttobauanlagevermögen seit 2001 um fast 20 % erhöht. Bis 2007 wurde ein Gebäudebestand mit einem Bruttobauanlagevermögen von über 10 Bil. € aufgebaut, der eine umfassende und zunehmend komplexe Instandhaltung erfordert. Im Gegensatz zur Kostenplanung im Neubau liegen im Gebäudebestand bisher erhebliche Defizite hinsichtlich der Berechnung der Baunutzungskosten und somit auch der Instandhaltungskosten vor. Hierbei stellt der Einfluss zahlreicher Faktoren, die auf die Gebäude einwirken, eine besondere Herausforderung dar. Hinsichtlich der wesentlichen kostenbestimmenden Parameter und deren Auswirkungen auf die Höhe der notwendigen Instandhaltungsaufwendungen existieren bisher noch keine fundierten Kenntnisse. Die vorliegende Arbeit greift diesen Sachverhalt auf und leistet hierzu einen ersten Beitrag.

Bezüglich der Begrifflichkeiten ist eine Überarbeitung und insbesondere auch eine Vereinheitlichung der Definitionen in den zahlreichen Normen, Richtlinien und Verordnungen aus dem Bereich der Instandhaltung, sowohl auf nationaler als auch auf europäischer Ebene, erforderlich. Mit der EN 13306 wurde diesbezüglich ein erster wichtiger Schritt unternommen. Jedoch wird die Norm den spezifischen Anforderungen der einzelnen Länder nicht gerecht, sodass diese meist nur als Ergänzung der nationalen Normen eingesetzt wird.

Neben den abweichenden Definitionen stellt die sachgemäße Budgetierung der notwendigen Instandhaltungsmaßnahmen derzeit eine große Herausforderung dar. Die Untersuchungen zeigen, dass sich sowohl die Instandhaltungskennwerte, als auch die Höhe der nach verschiedenen Verfahren berechneten Instandhaltungsmittel erheblich voneinander unterscheiden. Die Gegenüberstellung mit den tatsächlich getätigten Instandhaltungsaufwendungen zeigt, dass die Kostenansätze und Berechnungen erheblich vom realen Mittelbedarf abweichen (Vgl. Kapitel 4).

Im Rahmen dieser Arbeit wurde auf Basis einer sehr aufwendigen und detaillierten Analyse von 17 Fallbeispielen mit den aufgezeigten Eigenschaften ein analytisches Berechnungsverfahren abgeleitet. Einschränkend ist noch mal zu betonen, dass die Aussagen hinsichtlich der herausgearbeiteten Zusammenhänge zwischen den verschiedenen Parametern und deren Auswirkungen auf die Höhe der Instandhaltungskosten quantitativ sind und somit zunächst nur für die vorliegende Stichprobe gelten. Sowohl die Prozentangaben als auch die Gewichtungsfaktoren des hieraus abgeleiteten Berechnungsverfahrens müssen fallspezifisch neu bestimmt werden. Trotz aller Skepsis hinsichtlich einer derartigen Berechnung wird im Rahmen dieser Arbeit Folgendes deutlich:

- Die bisherigen Budgetierungsverfahren werden den realen Instandhaltungsanforderungen der Immobilien nicht gerecht. Während sich die tatsächlichen Instandhaltungskosten über das Alter der Immobilien dynamisch verhalten, wird bei den bisherigen Verfahren mit Ausnahme einiger analytischer Verfahren meist von konstanten Werten ausgegangen.

- Ausserordentliche bzw. regelmäßige Instandhaltungsmaßnahmen unterliegen jeweils unterschiedlichen Kosten beeinflussenden Faktoren. Vor diesem Hintergrund ist im Rahmen der Budgetierung eine differenzierte Betrachtung dieser beiden Maßnahmengruppen notwendig.

Um den Schwierigkeiten der Instandhaltung, wie sie derzeit aufgrund knapper Mittel insbesondere bei der öffentlichen Hand vorliegen, entgegenzutreten, sollten aus den gewonnenen Erkenntnissen Schlussfolgerungen für die zukünftige Instandhaltung des öffentlichen Gebäudebestandes gezogen werden.

Grundsätzlich sollte bei der Budgetierung der notwendigen Instandhaltungsmittel ein analytisches Verfahren verwendet werden, das es ermöglicht verschiedene Einflussfaktoren zu berücksichtigen. Da die Art der Maßnahme bestimmt, welcher Parameter maßgeblich ist, sollte das Verfahren zwischen ausserordentlichen und regelmäßigen Maßnahmen differenzieren. Trotz der Ungenauigkeit bei älteren Immobilien, wird aufgrund der einfachen Berechnung und der automatischen Berücksichtigung der Baupreissteigerung sowie dem allgemeinen Bekanntheitsgrad im Rahmen dieser Arbeit der Wiederbeschaffungswert als Berechnungsbasis festgelegt. Für regelmäßige bzw. ausserordentliche Maßnahmen sind jeweils unterschiedliche Bemessungsparameter erforderlich. Um die entsprechenden Einflussfaktoren zu berücksichtigen, kann das Verfahren mit Hilfe von Gewichtungsfaktoren fallspezifisch modifiziert und erweitert werden.

Als Bemessungsparameter scheint ein Wert von 1,2 % des Wiederbeschaffungswertes für die regelmäßigen und ein Wert von 4,4 % für die ausserordentlichen Maßnahmen als geeignet. Jedoch wird nochmals darauf hingewiesen, dass diese Angaben aus dem realen Kostenverlauf von nur 17 Fallbeispielen der öffentlichen Hand abgeleitet sind und eine Übertragbarkeit auf weitere Immobilien zunächst kritisch geprüft werden muss. Ebenso verhält es sich auch mit den im Rahmen dieser Arbeit hergeleiteten Gewichtungsfaktoren zur Berücksichtigung der verschiedenen Einflussparameter. Vor diesem Hintergrund wurde der Berechnungsansatz so entwickelt, dass er jederzeit fallspezifisch angepasst werden kann. Hieraus ergibt sich der Bedarf, die gewonnenen Ergebnisse im Rahmen einer weiteren Forschungsarbeit mit Hilfe eines umfassenden Immobilienportfolios, nicht in der gleichen Tiefe jedoch für ein breiteres Spektrum zu verifizieren, anzupassen und zu ergänzen. Da die maßgeblichen Einflussparameter und der Ansatz des Verfahrens im Rahmen der vorliegenden Untersuchungen bereits erarbeitet wurden, reduziert sich der Aufwand hierfür erheblich.

Weiteren Forschungsbedarf sieht die Autorin im Bereich der optimalen Instandhaltungsstrategie. Derzeit ist es nicht möglich eine Aussage darüber zu treffen, welche Strategie die Instandhaltungskosten über den gesamten Lebenszyklus positiv oder negativ beeinflusst. Da die im Rahmen dieser Arbeit analysierten Immobilien alle nach der Ausfallstrategie bewirtschaftet werden, kann hinsichtlich des Instandhaltungsbedarfs eines Immobilienportfolios, das nicht wie bei der öffentlichen Hand nach der Ausfall- sondern zum Beispiel nach der Präventivstrategie bewirtschaftet wird, keine Aussage getroffen werden. In diesem Bereich besteht noch großer Forschungsbedarf, wobei eine Gegenüberstellung des Instandhaltungsbedarfs der beiden Strategien besonders interessant wäre.

Die Anwendung des Verfahrens setzt einen durchschnittlichen, gebrauchstauglichen Instandhaltungszustand der Immobilien voraus. Liegt ein Instandhaltungsrückstau bei der Einführung des Verfahrens bei den Immobilien vor, so muss dieser separat berücksichtigt werden.

Die Schwierigkeiten im Bereich der Instandhaltung sind unter anderem auch auf die mangelhaften Bestandsdaten zurückzuführen. In diesem Zusammenhang wird abschließend noch auf die Relevanz der Gebäudedaten sowie der gebäudespezifischen Instandhaltungsdaten eingegangen. Die Erfassung der Daten hat im Rahmen dieser Arbeit große Schwierigkeiten bereitet und war mit erheblichem Aufwand verbunden. Die Untersuchung zeigt, dass statistische Daten zur Instandhaltung nur selten oder in sehr unterschiedlicher Form vorgehalten werden. In verschiedenen Städten und Gemeinden liegen die Daten zum Beispiel nur aggregiert für einzelne Bereiche vor. Zum Beispiel sind die Kosten aller Schulgebäude oder aller Verwaltungsgebäude zusammengefasst dargestellt. Rückschlüsse auf eine einzelne Immobilie können hieraus nicht gezogen werden. Hinsichtlich einer ökonomischen Instandhaltung von Gebäuden stellt die Verbesserung der Informationsbasis einen wichtigen Aspekt dar. Von besonderer Bedeutung ist die langjährige Fortschreibung der Gebäudedaten. Um mehr Informationen über zukünftige Instandhaltungsmaßnahmen oder auch für Neubauplanungen erhalten zu können, muss die derzeitige Datenerfassung in Form von Bauausgabebüchern, Haushaltsüberwachungslisten usw. dringend verbessert werden. In diesem Zusammenhang wäre eine Standardisierung der Kostendaten wie sie zum Beispiel im Bereich der Flächen mit der DIN 277 in den letzten Jahren erfolgreich durchgeführt wurde, hilfreich.

Das derzeitige Informationsdefizit im Bereich der Instandhaltung kann nur durch systematische Datensammlung und –dokumentation abgebaut werden. Langfristig könnten hieraus Erkenntnisse hinsichtlich der Kosten beeinflussenden Faktoren gewonnen werden, die weit über die vorliegenden Untersuchungen hinausführen.

Literaturverzeichnis

[Alca00]   Alcalde Rasch, Alejandro: *Erfolgspotential Instandhaltung: Theoretische Untersuchung und Entwurf eines ganzheitlichen Instandhaltungsmanagements.* Berlin: Erich Schmidt Verlag, 2000.

[AMEV 85]   Arbeitskreis Maschinen- und Elektrotechnik staatlicher und kommunaler Verwaltungen – AMEV: Basis ist der Wiederbeschaffungswert. Methode zur Ermittlung notwendiger finanzieller Mittel für die Instandhaltung technischer Anlagen in Gebäuden. In: *Sanitär und Heizungstechnik*, Band 50, (1985), Heft 8, Seite 524-526

[atis05]   Atisreal Property Management: Key-Report Office 2005

[Back61]   Backhaus, Otto: *Kosten der Instandhaltung bei Wohnungsbauten*; Gutachten erstattet im Auftrage des Gesamtverbandes gemeinnütziger Wohnungsunternehmen, e.V., Köln, Hammonia-Verlag GmbH, Hamburg, 1961

[Bahr01]   Bahr, Carolin: *Analyse der maßgeblichen Einflussfaktoren auf die Kennzahlen zum Medienverbrauch von Immobilien*, Diplomarbeit Universität Karlsruhe (TH), Institut für Technologie und Management im Baubetrieb, Professur für Facility Management, Karlsruhe, 2001

[BAKA07]   Bundesarbeitskreis Altbauerneuerung e.V., BAKA: Der BAKA stellt sich den erweiterten Beratungsaufgaben im Wachstumsmarkt „Bauen im Bestand", Presseinformation vom 15.01.2007

[Bied 85]   Biedermann, Hubert: Erfolgsorientierte Instandhaltung durch Kennzahlen: Führungsinstrument für die Instandhaltung. Verlag TÜV Rheinland, 1985, Köln

[BMBa89]   Bundesministerium für Raumordnung, Bauwesen und Städtebau –BMBau-, Bonn (Spon.); GEWOS Institut für Stadt-, Regional- und Wohnforschung GmbH: *Optimierung von Investitions- und Instandhaltungskosten*, IRB Verlag, 1989, Stuttgart

[BMBa95]   Bundesministerium für Raumordnung, Bauwesen und Städtebau: Dritter Bericht über Schäden an Gebäuden, 1995

[BMI05]   Building Maintenance Information: *Review of Maintenance Costs.* Serial 341 BMI Special Report – May 2005, RICS, London, 2005

[BMI90]   Building Maintenance Information: *Occupancy Cost Indices – Description, Methodology and Background.* Special Report 190. RICS, London, 1990

[BORH98]   Bayerischer Oberster Rechnungshof, Jahresbericht 1998

[BrMS75]   Braun; Menkhoff; Sagebiel: *Baunutzungskosten im Schulbau*, Herausgegeben vom Schulbauinstitut der Länder Berlin 1975

[Broc99]   Brockhaus: dtv Lexikon, Band 14, Pas – Qua, „Prognose", Brockhaus GmbH Mannheim und Deutscher Taschenbuch Verlag GmbH & Co. KG, München, 1999

[Brue76]   Brückner, Otto: *Wertermittlung von Grundstücken: Wertermittlungsrichtlinien.* Werner Verlag, Düsseldorf, 1976

[Buer04]   Buergel-Goodwin, Ebba: Vergleichende Studie zur Erneuerung, Unterhalt und Betrieb von Bestandsgebäuden auf Bauteilebene, Diplomarbeit an der Universität Karlsruhe (TH), Fakultät für Architektur, Institut für Industrielle Bauproduktion, 2004

[Bund01]   Bundesministerium für Verkehr, Bau und Wohnungswesen: *Leitfaden Nachhaltiges Bauen*; Bundesamt für Bauwesen und Raumordnung, 2001

[Bund06]   Bundesministerium für Verkehr, Bau und Stadtentwicklung: *Vereinfachungen für die Aufnahme geometrischer Abmessungen und die Ermittlung energetischer Kennwerte von Bauteilen und Anlagensystemen sowie Erfahrungswerte für Bauteile und Anlagenkomponenten von bestehenden Nichtwohngebäuden.* Bekanntmachung gemäß § 9 Abs. 2 Satz 3 EnEV. Im Einvernehmen mit dem Bundesministerium für Wirtschaft und Technologie. Stand 16.11.2006

[Buri73]   Burianek, Peter: *Folgekosten bei Gebäuden*, Dissertation an der Technischen Universität München, Fakultät für Bauwesen, 1973

[BV03]   *Verordnung über wohnungswirtschaftliche Berechnungen nach dem zweiten Wohnungsbaugesetz: II. Berechnungsverordnung.* Stand: Neugefasst durch Bek. Vom 12.10.1990, 2178; zuletzt geändert durch Art. 3V v. 25.11.2003

[Cacc04]   Caccavelli Dominique: INVESTIMMO – A decision-making tool for long-term efficient investment strategies in housing maintenance and refurbishment; Final Technical Report, Centre Scientifique et Technique du Bâtiment (CSTB), Dèpartement Dèvelopement Durable, *2004*

[ChMe99]   Christen, Kurt; Meyer-Meierling, Paul: *Optimierung von Instandsetzungszyklen und deren Finanzierung bei Wohnbauten: Forschungsbericht.* Zürich: vdf Hochschulverlag AG an der ETH Zürich, 1999

[CPTT02]   Cristen, K.; Pfister, U.; Thalmann, P.; Truninger, R.: Ratingsystem für Immobilien. Zürich, 2002

[ChSw96]   Chanter, Barrie; Swallow, Peter: *Building Maintenance Management.* Blackwell Science Ltd, UK, 1996

[Coub79]   Couball, Bernd: Eine Methode zur Erfassung und Bewertung des Bauzustandes von Gebäuden der Industrie, In: *Bauplanung – Bautechnik*, März 1979, Heft 3, S 121 ff., 1979

[DABa96]   Dienstanweisung der staatlichen Hochbauverwaltung des Landes Hessen, 4. Austauschlieferung, Mai 1996.

[Debe92]   Debelius, Ralf: *Die Ausgaben zur Erhaltung der kommunalen Infrastruktur*, Analytica Verlagsgesellschaft, 1992, Berlin, ISBN: 3-929342-01-4

[dest07a]   Internetpräsentation Statistisches Bundesamt, www.destatis.de/presse/deutsch/abisz/baupreisindex.htm

[dest07b]   Destatis, statistisches Bundesamt: Volkswirtschaftliche Gesamtrechnungen. Inlandsproduktberechnung, detaillierte Jahresergebnisse, Wiesbaden 2007

[Dete01]   Deters, Karl: *Bauunterhaltungskosten beanspruchter Bauteile in Abhängigkeit von Baustoffen und Baukonstruktionen*, Fraunhofer IRB-Verlag, Stuttgart, 2001

[Died78]   Diederichs, Claus, Jürgen: Kostenstrukturen und Kosteneinflussfaktoren im Hochbau, in: *DBZ Forschung und Praxis*, 11/78, Seiten 1575-1583 [difu05]   Deutsches Institut für Urbanistik, 2005

[Dilg91]   Dilger, Frank: *Budgetierung als Führungsinstrument: Budgetierung-sinstrumente und ihre spezifischen Anwendungsgebiete*, Müller Botemann Verlag, 1991, Köln, ISBN: 3-88105-103-1

[DIN07]   DIN 18960: *Nutzungskosten im Hochbau*, ENTWURF, DIN Deutsches Institut für Normung, Beuth Verlag, 2007, Berlin

[DIN05]   DIN 277: *Grundflächen und Rauminhalte von Bauwerken im Hochbau*, Deutsches Institut für Normung, Beuth Verlag, 2005, Berlin

[DIN03]   DIN 31051: *Grundlagen der Instandhaltung*, Deutsches Institut für Normung, Beuth Verlag, 2003, Berlin

[DIN00]   DIN 32736: *Gebäudemanagement, Begriffe und Leistungen.* Deutsches Institut für Normung, Beuth Verlag, 2000, Berlin

[DIN99]   DIN 18960: *Nutzungskosten im Hochbau*, DIN Deutsches Institut für Normung, Beuth Verlag, 1999, Berlin

[DIN93]   DIN 276: *Kosten im Hochbau*, DIN Deutsches Institut für Normung, Beuth Verlag, 1993, Berlin

[DIN85]   DIN 31051: *Instandhaltung, Begriffe und Maßnahmen*, Deutsches Institut für Normung, Beuth Verlag, 1985, Berlin

[DIN81]   DIN 31052: *Instandhaltung, Inhalt und Aufbau von Instandhaltungsanleitungen*, Deutsches Institut für Normung, Beuth Verlag, 1981, Berlin

[DIN76]   DIN 18960: *Baunutzungskosten von Hochbauten; Begriff, Kostengliederung*, DIN Deutsches Institut für Normung, Beuth Verlag, 1976, Berlin

[DyBr79]   Dyllick-Brenzinger, Frank: *Betriebskosten von Buero- und Verwaltungsgebäuden – Vorausermittlung des Aufwands für Gebäudereinigung, Wasser und Abwasser, Wärme und Kälte, Strom ; Bedienung, Wartung und Inspektion sowie Verkehrs- und Grünflächen*, Dissertation am Institut für Baubetriebslehre der Universität Stuttgart (TH), 1979

[EFNM01]   ENFNMS Building Maintenance Working Group and EUREKA-Project 2081 EUROENVIRON-MAINTENVIR: Building Maintenance considered under ecological and economical aspects *Building Maintenance and Environment: Volume 2: Tactical Level,* 2000., IFIN, Brussels (Belgium)

[DIEN01]   DIN EN 13306: *Begriffe der Instandhaltung*, Deutsches Institut für Normung, Beuth Verlag, 2001, Berlin

[epiqxx]   Fraunhofer Institut für Bauphysik; Handbuch epiqr; Fraunhofer Institut für Bauphysik

[EN01]   EN 13306: *Begriffe der Instandhaltung.* Europäische Komitee für Normung, CEN-TC 319, März 2001

[FeBF99]   Ferry, Douglas; Brandon, Peter; Ferry, Jonathan: Cost Planning of Buildings. Blackwell Wissenschafts-Verlag GmbH, Berlin, 1999

[Frauxx]   Wetzel, Christian; Optimierung des zukünftigen Instandhaltungsbedarfs und damit verbundener Kosten für Mehrparteien Wohngebäude; Fraunhofer Institut für Bauphysik

[FrRe95]   Frutig, Daniel; Reiblich, Dietrich: *Facility Management: Objekte erfolgreich verwalten und bewirtschaften.* Versus Verlag AG, Zürich, 1995

[Fuch70]   Fuchs, A.: Methodische Beiträge zur Analyse und Planung der Bau-, Instandhaltungs- und Betriebskosten; Nutzungskostenrechnung, Herausgegeben vom Schulbauinstitut der Länder, Berlin 1970

[Füch70]   Füchsle, Gerhard: *Planung von Verwaltungsgebäuden*. Dissertation an der Wirtschafts- und Soziawissenschaftlichen Fakultät der Friedrich-Alexander-Universität Erlangen-Nürnberg, 1970

[Gabl00]   Gabler Wirtschaftslexikon, 15. vollständig überarbeitete und aktualisierte Auflage. Betriebswirtschaftlicher Verlag Dr. TH. Gabler GmbH, Wiesbaden 2000

[GEFM98]   GEFMA 108: *Betrieb-Instandhaltung-Unterhalt von Gebäuden und gebäudetechnischen Anlagen; Begriffsbestimmungen*, Entwurf, GEFMA Deutscher Verband für Facility Management e.V., Bonn, 1998

[GEFM96]   GEFMA 122, Betriebsführung von Gebäuden, gebäudetechnischen Einrichtungen und Außenanlagen, GEFMA Deutscher Verband für Facility Management e.V., Bonn 1996

[GEFM96]   GEFMA 300: *Benchmarking im Facility Management – Bezugsgrößen*, Anwendung, GEFMA Deutscher Verband für Facility Management e. V., Bonn, 1996

[GEFM04]   GEFMA 200 (Entwurf): *Kosten im Facility Management, Kostengliederungsstruktur zu GEFMA 100*. GEFMA Deutscher Verband für Facility Management e.V., Bonn, Juli 2004

[Gera80]   Gerardy, Theo: *Praxis der Grundstücksbewertung*. Verlag Moderne Industrie, München, 1980

[GrRW97]   Gredig, Jürg; Rüst, Bernhard; Wright, Martin; Diagnosemethode für die Unterhalts- und Erneuerungsplanung verschiedener Gebäudearten: Schlussbericht Forschungsprojekt; Zentralschweizerisches Technikum Luzern, Ingenieurschule HTL; Pfäffikon, 1997

[Grün72]   Grüneis, Horst: *Investitions- und Folgekosten von Forschungs- und Entwicklungseinrichtungen*; Dissertation an der Fakultät für Bauwesen, der Technischen Hochschule Carolo-Wilhelmina zu Braunschweig, 1972

[Grun80]   Grunau, Edvard B.: *Lebenserwartung von Baustoffen – Funktionsdauer von Baustoffen u. Bauteilen – Wirtschaftlichkeit durch langlebige Baustoffe*, Braunschweig ; Wiesbaden : Vieweg&Sohn Verlagsgesellschaft mbH, 1980. ISBN: 3-528-08847-8

[Häge 07]   Hägemann, Florian: „Ausbau oder Instandhaltung des öffentlichen Kapitalstocks? – Zum optimalen Einsatz öffentlicher Investition in Infrastruktur". Hausarbeit zur Seminarveranstaltung „Aktuelle Probleme der Finanzpolitik", Universität Köln, 2007

[Hamp82]   Hampe, Karl-Heinz: Bauteile und Bauunterhaltungskosten. Herausgegeben vom Institut für Bauforschung e.V., Hannover 1982

[Hamp86]   Hampe, Karl-Heinz: *Vergleich des Einflusses unterschiedlicher Konstruktionen, Baustoffe und Ausstattungen bei sonst gleichen Gebäuden auf die Herstellungs- und Baunutzungskosten*, im Auftrag des Bundesministeriums für Raumordnung, Bauwesen und Städtebau, bearbeitet im Institut für Bauforschung e.V. , IRB Verlag, Stuttgart, 1986

[Hans87]   Hanssmann, Friedrich: *Einführung in die Systemforschung : Methodik der*

	modellgestützten Entscheidungsvorbereitung. 3., völlig überarb. Aufl. München, 1987
[Heck80]	Heck, Karlheinz: Bestimmungsfaktoren und Struktur des Prozesses der Planung der Instandhaltungskosten. Universität Dortmund, Abteilung Wirtschafts- und Sozialwissenschaften, Diss., 1980
[HeKl04]	Henning, P.; Klapproth, T.: Integration der Wartung und Instandhaltung von Gebäuden in der Planungsphase. In: Facility Management, 2004
[Helb00]	Helbling Management Consulting, Studie *„Facility Management in der Immobilienwirtschaft"*, Zürich, 2000
[HeMe04]	Heß, Jens-Uwe; Meinen, Heiko: Renditesteigerung durch Planung von Instandhaltungsbudgets. In: *BundesBauBlatt*, Band 53, (2004), Heft 7/8, Seite 22-29
[HeMe02]	Heß, Jens-Uwe; Meinen, Heiko: Budgetplanung für Instandhaltungsmaß-nahmen in Wohnungsunternehmen. In: *BundesBauBlatt*, Band 51, (2002), Nr. 11, S. 29 – 33
[Hirs95]	Hirschberger, Heinz: *Senkung der Baufolgekosten durch systematische und zustandsabhängige Erhaltung von Gebäuden und langzeitkostenopti-male Baustoffwahl*: Abschlußbericht einer Forschungsarbeit im Auftrag des Bundesministeriums für Raumordnung, Bauwesen und Städtebau ;Fraunhofer-Informationszentrum Raum und Bau (Hrsg.), IRB- Verlag, Stuttgart, 1995
[HOAI01]	HOAI: *Verordnung über die Honorare für Leistungen der Architekten und der Ingenieure.* 20., neubearbeitete Auflage. Stand 1. Oktober 2000, Deut-scher Taschenbuch Verlag GmbH & Co. KG, 2001
[Hölz91]	Hölzgen, Michael: *Erhaltungskosten von Brücken – Ein Strategiemodell und ein Verfahren zur Berechnung der Kosten auf der Grundlage einer objektbezogenen Bedarfsermittlung*, Dissertation an der TH Darmstadt, Fortschrittberichte VDI Reihe 4, Nr. 101, Düsseldorf, VDI-Verlag, 1991
[ifB01]	Institut für Bauforschung e.V.: *Bauunterhaltungskosten beanspruchter Bauteile in Abhängigkeit von Baustoffen und Baukonstruktionen*; For-schungsbericht , Hannover, 2001
[IFMA05]	*IFMA Benchmarking Report 2005.* Herausgegeben von der IFMA Deutschland e.V., Karlsfeld b. München, 2005
[IPBau95]	Impulsprogramm Bau- Erhaltung und Erneuerung: *Grobdiagnose – Zu-standserfassung und Kostenschätzung von Gebäuden*, 2. Auflage; Bundes-amt für Konjunkturfragen; Bern 1995
[IPBau94]	Impulsprogramm IP Bau: *Alterungsverhalten von Bauteilen und Unter-haltskosten: Grundlagendaten für den Unterhalt und die Erneuerung von Wohnbauten.* Bern: Bundesamt für Konjunkturfragen, 1994.
[IPBau93]	Impulsprogramm Bau- Erhaltung und Erneuerung: *Feindiagnose im Hochbau*, Bundesamt für Konjunkturfragen; Bern 1993
[JoLL06]	Jones, Lang, Lasalle: OSCAR Büronebenkostenanalyse, Office Service Charge Analysis Report, Jones Lang Lasalle GmbH, 1996 – 2006
[Jehl89]	Jehle, Peter: *Ein Instandhaltungsmodell für Hochbauten.* Essen, Universi-tät – Gesamthochschule, Fachbereich Bauwesen, Diss., 1989
[Kalu04]	Kalusche, Wolfdietrich: Technische Lebensdauer von Bauteilen und wirt-

schaftliche Nutzungsdauer eines Gebäudes; in: Held, Hans; Marti, Peter (Hrsg.): *Bauen, Bewirtschaften, Erneuern – Gedanken zur Gestaltung der Infrastruktur* : Festschrift zum 60. Geburtstag von Prof. Dr. Hans-Rudolf Schalcher. Zürich : vdf Hochschulverlag an der ETH Zürich, 2004, Seiten 55 bis 71. ISBN 3-7281-2966-6

[Kalu91]   Kalusche, Wolfdietrich: Gebäudeplanung und Betrieb, Einfluss der Gebäudeplanung auf die Wirtschaftlichkeit von Betrieben, Springer Verlag, Berlin, 1991, ISBN 3-540-52227-1

[Kalu88]   Kalusche, Wolfdietrich: Einfluss der Gebäudeplanung auf die Wirtschaftlichkeit von Betrieben, Dissertation an der Fakultät für Architektur der Universität Karlsruhe, 1988.

[KaNa02]   Kalusche, Wolfdietrich; Naber, Sabine: Baunutzungskosten im Hochbau – Ein neues Ermittlungsverfahren, in: *Forum der Forschung* 14/2002, Hrsg.: BTU Cottbus, 2002, Seiten 29 bis 35, ISSN 0947 – 6989

[Kand83]   Kandel, Lutz: *Baunutzungskostenplanung im Wohnungsbau : Untersuchung der Abhängigkeit der Investitions-, Betriebs- und Unterhaltskosten von Planungsentscheidungen im Wohnungsbau.* Schriftenreihe des Bundesministers für Raumordnung, Bauwesen und Städtebau. Bonn-Bad Godesberg, 1983

[KaOe03]   Kalusche, Wolfdietrich; Oelsner, Uta: Instandhaltung von Gebäuden und ihre Finanzierung,; in: *Forum der Forschung* – Heft 16, Hrsg. BTU Cottbus, 2003, Seiten 81 bis 87. ISSN 0947-6989

[KGSt84]   Kommunale Gemeinschaftsstelle für Verwaltungsvereinfachungen, Bericht Nr. 9/ 1984: *Richtwerte und Gestaltungsvorschläge zur Mittelbemessung, Maßnahmenplanung und Mittelbereitstellung,* Juli 1984

[KHKK70]   Küsgen, Horst; Hess, Ivo; Kleinefenn, Andreas;Küsgen Nanna, Riepl, Christoph: *Planung der langfristigen Investitionen von Hochschulen.* Erster Zwischenbericht für das Hoschul-Informations-System (HIS), Verlag Julius Beltz, Weinheim, 1970

[Klein77]   Kleinefenn, Andreas: *Betriebskosten von Hoschulen,* HIS Brief 63, Herausgegeben von der Hochschul-Informations-System GmbH, Verlag Dokumentation, München, 1977

[Klein76]   Kleinefenn, Andreas: *Kostenplanung mit Baukosten und Baunutzungskosten auf der Basis von Gebäudeelementen.* Schriften des Schulbauinstituts der Länder Heft 72, Berlin 1976

[Kloc88]   Klocke, Wilhelm: Mein Haus wird älter – was tun?: Ratgeber mit Checklisten zur Vermeidung von Bauschäden durch preiswerte Pflege und Unterhaltung; Bauverlag GmbH; Wiesbaden, Berlin, 1988

[Koeh76]   Koehn, G.: *Die Folgekosten von Immobilien – Optimale Nutzung von Gebäuden unter besonderer Berücksichtigung der laufenden Betriebskosten.* Studio-Verlag, Ittigen/Bern, 1976

[KöSc88]   König, Herbert; Schnoor, Carsten: *Bestandserhaltung von Hochschulgebäuden : Untersuchung zu den Rechtsgrundlagen, den Einflussgrößen und dem zukünftigen Mittelbedarf. Hochschulplanung,* Band 66, Herausgegeben von der Hochschul-Informations-System GmbH, 1988, Hannover

[Krän77]   Kräntzer, Karl-Richard: *Rationalisierungskatalog, Orientierungsdaten,*

Nachweisliste, Checkliste als Grundlage für die Planung und Beurteilung von Wohnungsbauten. Schriftenreihe des Bundesministers für Raumordnung, Bauwesen und Städtebau ; 021, Bonn, 1977

[Krug85] Krug, Klaus-Eberhard: *Wirtschaftliche Instandhaltung von Wohngebäuden durch methodische Inspektion und Instandsetzungsplanung,* Dissertation, Techn. Universität Braunschweig, 1985

[Kuhn91] Kuhne, Volker: Ein Instandhaltungsmodell für Hochbauten. In: *Schweizer Ingenieur und Architekt,* Band 109, (1991), Heft 11, Seite 246-249

[Küsg83] Küsgen, Horst: *Planen mit Baunutzungskosten – Verfahren der Baunutzungskostenplanung (BNK-Planung), Grundlagen, Verfahrensschritte, Beispiele,* Hrsg.: Institut für Bauökonomie der Universität Stuttgart, 1983

[Mark06] Markmann, Sven: *Evaluierung der Schulbauförderrichtlinien der einzelnen Bundesländer und Erarbeitung einer Fördermethode, welche die öffentliche Hand in einer lebenszyklusorientierten und optimierten Instandhaltung von Schulgebäuden unterstützt.* Diplomarbeit am Institut für Technologie und Management im Baubetrieb, Abteilung Facility Management, Karlsruhe, 2006

[MeVi84] Merminod, Pierre; Vicari, Jaques: *Handbuch MER: Methode zu Ermittlung der Kosten der Wohnungserneuerung*; Bundesamt für Wohnungswesen, Bern; 1984

[MuDr77] Muser, Bernd; Drings, Hans-Rüdiger: *Baunutzungskosten: DIN 18960; Erfahrungswerte und praktische Verwendung bei Planung und Betrieb von Gebäuden,* 1977

[Nabe02] Naber, Sabine: *Planung unter Berücksichtigung der Baunutzungskosten als Aufgabe des Architekten im Feld des Facility Management,* Peter Lang GmbH, Europäischer Verlag der Wissenschaften, Frankfurt 2002, ISBN 3-631-38828-4

[Nogg04] Nogga, Katrin: *Instandhaltung am Beispiel von Hochschulen,* Diplomarbeit an der Brandenburgische Technische Universität Cottbus, Fakultät II Architektur, Bauingenieurwesen und Stadtplanung, Lehrstuhl für Planungs- und Bauökonomie, Univ.- Prof. Dr.-Ing., Dipl.-Wirtsch.-Ing. Wolfdietrich Kalusche

[ÖNEN01] ÖNORM EN 13306: *„Begriffe der Instandhaltung",* Österreichisches Normungsinstitut. Ausgabedatum: 2001-08-01

[ÖNOR85] ÖNORM M 8100: *„Instandhaltung; Benennungen, Definitionen und Maßnahmen".* Ausgabedatum 1985-04-01.

[olev07] Internetpräsentation Online-Verwaltungslexikon: http://www.olev.de/

[Peit80] Peitz, F.: Kostenplanung und Budgetierung von Instandhaltekosten, In: *VDI-Berichte 380: Praxisorientierte Instandhaltung,* 1980

[Pete84] Peters, Heinz: *Instandhaltung und Instandsetzung beim Wohnungseigentum.* Bauverlag, Wiesbaden, 1984

[Pfar71] Pfarr, Karlheinz: Wirtschaftlichkeit von Bauobjekten – Sicht des Bauherrn, des Architekten, der Bauindustrie. In: *Baupraxis,* 4/1971, S. 49 - 53

[Pist00] Pistohl, Wolfram: *Handbuch der Gebäudetechnik: Planungsgrundlagen und Beispiele/* Wolfram Pistohl. Band2 3.Auflage. Düsseldorf: Werner Verlag, 2000. – ISBN 3-8041-2986-2 [pom07]   FM Monitor 2007, pom+Consulting AG, Zürich, 2007

[RBBa03]   RBBau: *Richtlinien für die Durchführung von Bauaufgaben des Bundes*, 18. Austauschlieferung, Herausgegeben vom Bundesministerium für Verkehr, Bau- und Wohnungswesen, 2003, Berlin

[Rieg04]   Riegel, Gert: *Ein softwaregestütztes Berechnungsverfahren zur Prognose und Beurteilung der Nutzungskosten von Bürogebäuden*. Dissertation des Fachbereich Bauingenieurwesen und Geodäsie der Technischen Universität Darmstadt, 2004

[RöLS81]   Rössler, Rudolf; Langner, Johannes; Simon, Jürgen: *Schätzung und Ermittlung von Grundstückswerten*. Luchterhand-Verlag, Darmstadt, 1981

[Sage79]   Sager, Rainer: *Die Bewertung der Investitions-, Betriebs- und Bauunterhaltungskosten von Gebäuden*. Braunschweig, Technische Universität Carolo-Wilhelmina, Fakultät für Bauwesen, Diss., 1979

[Sage77]   Sagebiel, Ulrich: *Planungs- und Kostendaten von Schulen*. Herausgegeben vom Schulbauinstitut der Länder Berlin 1977

[SBL72]   Studie 15 des Schulbauinstituts der Länder: *Folgekosten im Schulbau-Eine Einführung in den Problemkreis*, 1972

[Schr92]   Schröder, Jules et. Al.: Hauptbegriffe der Bauwerkerhaltung; In: *Schweizer Ingenieur und Architekt*, Nr. 45, (Nov. 92), Seite 84 ff., Verlags AG der Akademisch-Technischen Vereine, Zürich 1992

[Schr89]   Schröder, Jules: Zustandsbewertung großer Gebäudebestände, In: *Schweizer Ingenieur und Architekt*, Nr. 17, 1989, Verlags AG der Akademisch-Technischen Vereine, Zürich, 1989

[ScSt85]   Schub A., Stark K.: *Life Cycle Cost von Bauobjekten, Methoden zur Planung von Folgekosten*; Schriftenreihe der Gesellschaft für Projektmanagement, Verlag TÜV Rheinland, Köln 1985

[SIA82]   Schweizerischer Ingenieur- und Architekten-Verein: SIA 180/4: Energieverbrauchskennzahl / Schweizerischer Ingenieur- und Architekten-Verein, Zürich, 1982

[SIA97]   SIA 469: *Erhaltung von Bauwerken*, Schweizerischer Ingenieur- und Architekten-Verein, Zürich 1997

[Sieb02]   Sieber, Hannu: *Geplante Instandhaltung für Gebäude – Die Bedeutung der Instandhaltung für die Projektplanung und das Objektmanagement. Bearbeitet am Beispiel eines Schul-Neubaus*. Diplomarbeit am Lehrstuhl für Planungs- und Bauökonomie, Fakultät für Architektur, Bauingenieurwesen und Stadtplanung, BTU Cottbus, 2002

[Sieb97]   Siebert, Lothar: Virtualität und Realität von Energiekennzahlen. In: *Heizung Lüftung/ Klima Haustechnik* HLH, Bd. 48 (1997), Nr.8- August

[SiHS87]   Simons, Klaus; Hirschberger, H.; Stölting D.: *Lebensdauer von Bauteilen und Baustoffen*, Abschlussbericht einer Forschungsarbeit im Auftrage des Bundesministers für Raumordnung, Bauwesen und Städtebau; Bearbeitet am Institut für Bauwirtschaft und Baubetrieb der Technischen Universität, Braunschweig, 1987

[SiSa80]   Simons, Klaus; Sager, Rainer: *Berechnungsmethoden für Baunutzungskosten*; Schriftenreihe Bau- und Wohnforschung des Bundesministers für Raumordnung, Bauwesen und Städtebau, Bonn, 1980

[SiWo77]   Siegel, Curt; Wonneberg, Rudolf: Bau- und Betriebskosten von Büro- und Verwaltungsbauten – Eine Auswertung der Daten von 110 ausgeführten und in Betrieb genommenen Gebäuden, Bauverlag GmbH, Wiesbaden , 1977

[SNEN01]   SN EN 13306: *Begriffe der Instandhaltung*, SNV Schweizerische Normen-Vereinigung, 2001

[Spät99]   Späth, Dirk: *Der Einfluss unterschiedlicher Kubatur-Gebäudekennwerte auf die Investitionskosten im mehrgeschossigen Wohnungsbau.* Diplomarbeit des Fachbereiches Baubetrieb und Bauwirtschaft der Universität Rostock, Außenstelle Wismar, 1999

[SpOs00]   Spilker, R. und Oswald, R.: *Konzepte für die praxisorientierte Instandhaltungsplanung im Wohnungsbau.* Bauforschung für die Praxis Band 55, Fraunhofer IRB Verlag, 2000

[SpSt91a]   Spittank, Jürgen; Steffenbröer Reiner: Methoden zur Kostenschätzung für die Instandhaltung der Hochbauten der Deutschen Bundesbahn. Tl.1. In: *Der Eisenbahningenieur*, Band 42, (1991), Heft 10, Seite 552-557

[SpSt91b]   Spittank, Jürgen; Steffenbröer Reiner: Methoden zur Kostenschätzung für die Instandhaltung der Hochbauten der Deutschen Bundesbahn. Tl.2. In: *Der Eisenbahningenieur*, Band 42, (1991), Heft 11, Seite 624-629

[SLBW07]   Statistisches Landesamt Baden-Württemberg, Stuttgart
Internetpräsentation: http://www.statistik.baden-wuerttemberg.de/Konjunkturspiegel/buildCostIndex.asp

[stat05]   Internetpräsentation Statistisches Bundesamt, http://www.destatis.de

[Stei89]   Steiger, Peter: Recycling, ein falscher Trost. In: *Der Architekt* 3/1989, Seite 159 – 161

[Stoy04]   Stoy Christian: Benchmarks und Einflussfaktoren der Baunutzungskosten, Diss.ETH Nr. 15765, ETH Zürich Eigenverlag, Zürich, 2004

[STRA02]   Benutzerdokumentation, STRATUS Gebäude 3.00 CH; Basler und Hofmann Ingenieure und Planer AG; Zürich, 2002

[ToRF95]   Tomm, Arwed; Rentmeister, Oswald; Finke, Heinz: *Geplante Instandhaltung – Ein Verfahren zur systematischen Instandhaltung von Gebäuden,* Aachen, Landesinstitut für Bauwesen und angewandte Bauschadensforschung NRW, 1995

[VDI06]   VDI 2893: *Auswahl und Bildung von Kennzahlen für die Instandhaltung,* Verein Deutscher Ingenieure, Beuth Verlag, 2006, Berlin

[VDI03a]   VDI 2886: *Benchmarking in der Instandhaltung,* Verein Deutscher Ingenieure, Beuth Verlag, 2003, Berlin

[VDI03b]   VDI 2885: *Einheitliche Daten für die Instandhaltungsplanung und Ermittlung von Instandhaltungskosten – Daten und Datenermittlung,* Verein Deutscher Ingenieure, VDI-Gesellschaft Produktionstechnik, 2003

[VDI96]   VDI 2895: *Organisation der Instandhaltung – Instandhalten als Unternehmensaufgabe,* Verein Deutscher Ingenieure, Beuth Verlag, 1996, Berlin

[VDI94]   Verein Deutscher Ingenieure: VDI 3807 Blatt 1: *Energieverbrauchskennwerte für Gebäude*: Grundlagen/ Verein Deutscher Ingenieure, Düsseldorf 1994

[VDI83]   VDI 2076 Blatt 1: *Berechnung der Kosten von Wärmeversorgungsanla-
             gen; Betriebstechnische und wirtschaftliche Grundlagen.* Verein Deut-
             scher Ingenieure, Beuth Verlag, Dezember 1983, Berlin

[Voge77]   Vogels, Manfred: *Grundstücks- und Gebäudebewertung marktgerecht.*
             Bauverlag GmbH, Wiesbaden, 1977

[WertR02]   Wertermittlungsrichtlinien 2002 (WertR2002): Richtlinien für die Ermitt-
             lung der Verkehrswerte (Marktwerte) von Grundstücken, 2002

[WertV97]   Wertermittlungsverordnung (WertV): Verordnung über Grundsätze für die
             Ermittlung der Verkehrswerte von Grundstücken, 1997

[wile07]   Internetpräsentation Wirtschaftslexikon online: http://www.mein-
             wirtschaftslexikon.de/s/skaleneffekte.php

Anhang 1: Flächenbereinigte Kennwerte

Die in Kapitel 3.2 vorgestellten Kennwerte wurden mit Hilfe dieser Koeffizienten hinsichtlich der Bezugsfläche bereinigt. Die korrigierten Kennwerte der jeweiligen Institutionen sind nachfolgend dargestellt:

II. Berechnungsverordnung

Tabelle 0-1: Jährliche IHK pro m² BGF in Anlehnung an §28 Abs.2, II. BV [BV03]

Bezugsfertigkeit vor	max. Instandhaltungsrücklage [€/m²a] bezogen auf BGF
max. 22 Jahren	5,041
min. 22 bis max. 31 Jahren	6,39
min. 32 Jahren	8,165

BMI

Tabelle 0-2: Jährliche IHK pro m² in Anlehnung an [BMI05]

Gebäudetyp	Schönheitsreparaturen [€/m²a]	Instandhaltung Rohbau [€/m²a]	Wartung [€/m²a]	Total [€/m²a]
kommunale Verwaltungsgebäude	3,68	16,19	17,66	37,53
Gerichtsgebäude	3,68	13,98	21,34	39,00
Bürogebäude allgemein	3,68	13,98	21,34	39,00
Bürogebäude klimatisiert	3,68	14,72	30,17	48,56
Bürogebäude nicht klimatisiert	2,94	14,72	17,66	35,32
Krankenhäuser allgemein	5,15	16,92	23,55	45,62
Kindergärten	4,41	16,19	19,13	39,73
Grundschule	4,41	13,24	16,92	34,58
Oberschule	3,68	12,51	13,24	29,43
Universität	4,41	14,72	21,34	40,47
Wohngebäude	1,47	8,83	9,57	19,87

Office Service Charge Analysis Report (OSCAR)

Tabelle 0-3: Jährliche Wartungs- Instandsetzungs-, Hausmeister und Bauunterhaltungskosten pro m² BGF nach [JoLL06]

Gebäudetyp	Maßnahme	klimatisiert [€/m²a]	unklimatisiert [€/m²a]	Qualität einfach [€/m²a]	Qualität mittel [€/m²a]	Qualität hoch [€/m²a]
Büro- und Verwaltungsgebäude	Bauunterhalt	4,78	3,69	3,19	4,08	5,28
Büro- und Verwaltungsgebäude	Wartung, Instandsetzung, Hausmeister	13,94	11,16	10,16	12,15	15,04

Anhang 2: Gebäudeerfassungsbogen epiqr+

Adresse: .... **VE:** ....

Vor Ort zu ermittelnde Größen:

Traufhöhe:..

Firsthöhe:...

Anzahl Stockwerke:...

Anzahl der Treppeneinheiten:...........................

Anzahl Treppenhäuser:......................................

Anzahl Balkone:...

Fensterflächenanteil:...

Bitte in die Zeichnung eintragen:

- Dachform u.ggf. unterschiedliche Traufhöhen
- Lage Eingänge/Treppenhäuser
- ggf. Streckenmaße, falls keine Scan vorhanden
- bei geschlossener Bebauung Nachbargebäude mit geschätzter Höhe
- Anteile bzw. Bereiche mit unterschiedlichen Fassadenbekleidungen/Oberflächen

Daraus zu berechnende Größen:

Bruttogeschoßfläche(BGF):...............................

Gesamtfassadenfläche:......................................

..

Fensterfläche:...

Gebäudegrundfläche:..

Hauptnutzflächen:..

Be-und entlüftete Fläche:...................................

Anzahl allg. Unterrichts- und

Übungsräume[1]:...(1)

Anzahl besondere Unterrichts- und

Übungsräume:[2]...(2)

Anzahl Lehrküchen:...................................... (3)

Verwaltungsfläche Schulgebäude.................(4)

Verkehrsfläche Schulgebäude......................(5)

Sanitärfläche Schulgebäude:........................(6)

Anzahl Versammlungsräume..........................(7)

Anzahl Sporthallen...(8)

Anzahl Schwimmhallen:.................................9)

Umgebungsfläche:..

Aus dem wohnungswirtschaftl. System:

Baujahr:..

Grundstücksfläche:..

---

[1] Klassen-, Übungs-, Musik-, Werk-, Handarbeits-, Informatik-, Geschichts-, Geographie-, Zeichenräume

[2] Biologie-, Chemie-, Physik-, Fotolaborräume

Adresse Gebäude: _______________________ Datum: _____________
Mitarbeiter: _______________________
Hausverwalter: _______________________

		Bild-Nr.	%Typ	A	B	C	D
C1-2	**Fassaden - Schulgebäude**						
D01-02-01	Äußere Oberflächen	Fassade verputzt		A	B	C	D
D01-02-02		Sichtmauerwerk (Backstein, Kalksandstein)		A	B	C	D
D01-02-04		Leichte vorgehängte Verkleidung		A	B	C	D
D01-02-05		Vorgehängte Betonplatten		A	B	C	D
D01-02-07		Holzverkleidung		A	B	C	D
D01-02-08		Betonplatten		A	B	C	D
D01-02-10		Glasfassade		A	B	C	D
D01-02-11		Fenster und Fenstertüren allgemein		A	B	C	D
D01-02-12		Fenster und Fenstertüren Holz		A	B	C	D
D01-02-13		Fenster und Fenstertüren Kunststoff		A	B	C	D
D01-02-14		Fenster und Fenstertüren Metall		A	B	C	D
D01-02-15		Glasbausteine		A	B	C	D
D01-03-01	Fassade Dekorationen	Aufwendige Dekorationen (Gründerzeit)		A	B	C	D
D01-03-02		Einfache Dekorationen (20. Jahrhundert)		A	B	C	D
D01-04-01	Öffnungen, Fenster	Fenster und Fenstertüren allgemein		A	B	C	D
D01-04-02		Fenster und Fenstertüren Holz		A	B	C	D
D01-04-03		Fenster und Fenstertüren Kunststoff		A	B	C	D
D01-04-04		Fenster und Fenstertüren Metall		A	B	C	D
D01-05-01	Wetterschutz	Klapp- oder Schiebeladen aus Holz		A	B	C	D
D01-05-03		Rolladen und Lamellenstoren		A	B	C	D
D01-06-03	Aussentüren, Eingänge	Eingangstür Metall		A	B	C	D
D01-06-04		Eingangstür Holz		A	B	C	D
D01-06-05		Eingangstür Kunststoff		A	B	C	D
D01-07-01	Kellerfenster	Kellerfenster über Geländeoberkante		A	B	C	D
D01-07-02		Kellerfenster unter Geländeoberkante		A	B	C	D
D01-08-01	Balkone	Massivbalkon mit gemauerter oder betonierter Brüstung		A	B	C	D
D01-08-02		Massivbalkon mit Brüstung in Leichtbauweise		A	B	C	D
D01-08-03		Stahlbalkon mit Brüstung in Leichtbauweise		A	B	C	D
D01-08-04		Holzbalkon		A	B	C	D
D01-08-05		zu installierender Balkon		A	B	C	D
D01-09-01	Kelleraussentüren	Außentüren und (Garagen-)Tore		A	B	C	D
D01-09-02		Nur Außentüren über Geländeoberkante		A	B	C	D
D01-09-03		Nur Außentüren unter Geländeoberkante		A	B	C	D
D01-11-01	Sonnenschutz	Markisen		A	B	C	D
D01-11-02		Lamellen		A	B	C	D
D02-01-01	Tragkonstruktion	Mauerwerk mit Holzbalkendecken		A	B	C	D
D02-01-02		Mauerwerk mit Massivdecken		A	B	C	D
D02-01-03		Betonwände mit Betondecken		A	B	C	D
D02-01-04		Betonstützen mit Mauerwerkausfachung und Betondecken		A	B	C	D
D02-01-05		Fachwerk mit Holzbalkendecken		A	B	C	D
D02-01-06		Naturstein-Mauerwerkswände mit Holzbalkendecken		A	B	C	D
D04-02-02	Fassade Wärmedämmung	Wärmedämmung der nicht erhaltenswerten Fassade		A	B	C	D
D08-01-01	Gerüste und Baustelleneinrichtung	Fassadengerüste		A	B	C	D
S03-09-01	Eingangsbereiche	Großzügiger Eingangbereich integriert im Hauptgebäude		A	B	C	D
S03-09-02		Eingangbereich mit Vorbau und Windschutztüren		A	B	C	D
S03-09-03		mehrere schlichte Eingangbereiche		A	B	C	D
C3-2	**Dach - Schulgebäude**						
D02-02-01	Tragwerk Dach	Holztragwerk		A	B	C	D
D02-02-02		Flachdach mit innenliegender Trägerkonstruktion aus Metall		A	B	C	D
D02-02-03		Flachdach mit innenliegender Trägerkonstruktion aus Holz		A	B	C	D
D02-02-04		Flachdach mit überspannter Trägerkonstruktion aus Metall		A	B	C	D
D03-01-01	Dachdeckung	Steildach Ziegeldeckung		A	B	C	D
D03-01-02		Flachdach Bitumendeckung		A	B	C	D
D03-01-03		Steildach Blecheindeckung		A	B	C	D
D03-01-04		Flachdach Blecheindeckung		A	B	C	D
D03-01-05		Steildach Bitumenschindeldeckung		A	B	C	D
D03-01-06		Steildach Faserzementplattendeckung		A	B	C	D
D03-02-01	Dachabschlüsse, Dachentwässerung	Steildach		A	B	C	D
D03-02-03		Flachdach		A	B	C	D
D03-03-01	Dachöffnungen Glas	Steildach Dachluken		A	B	C	D
D03-03-02		Flachdach Lichtkuppeln und Dachausstiege		A	B	C	D
D03-03-03		Steildach Dachflächenfenster		A	B	C	D
D03-04-01	Dachaufbauten massiv	Schornsteine Sichtmauerwerk		A	B	C	D
D03-04-02		Schornsteine blechverkleidet		A	B	C	D
D03-07-01	Dachgauben	Dachgauben		A	B	C	D
D04-03-01	Dach Wärmedämmung	Steildach, Dachgeschoss ausgebaut		A	B	C	D
D04-03-02		Steildach, Dachgeschoss nicht ausgebaut		A	B	C	D
D04-03-03		Flachdach (Warmdach)		A	B	C	D
D04-03-04		Flachdach (Kaltdach)		A	B	C	D
S04-03-02	Dachraum	Dachraum MFH		A	B	C	D

© Calcon GmbH

		Bild-Nr.	%Typ	A	B	C	D
IU-2	**TGA - Schulgebäude**						
T10-02-01	**Einspeisung elektrisch**	Schulgebäude: Gebäudezuleitung, Verteilerkasten, Steigleitungen		A	B	C	D
T10-03-01	**Hauptverteilung Elektro**	Hauptverteilung Elektro		A	B	C	D
T10-04-01	**Unterverteilung Elektro**	Starkstrom: Gemeinanlagen		A	B	C	D
T10-09-01	**Elektroinstallationen Unterrichtsräume**	Elektroinstallationen: Unterrichtsräume		A	B	C	D
T10-10-01	**Elektroinstallationen Verwaltungsräume**	Elektroinstallationen: Verwaltungsräume		A	B	C	D
T10-11-01	**Elektroinstallationen Erschliessungsräume**	Elektroinstallationen: Erschliessungsräume		A	B	C	D
T10-12-01	**Beleuchtung Unterrichtsräume**	Beleuchtung: Unterrichtsräume		A	B	C	D
T10-13-01	**Beleuchtung Verwaltungsräume**	Beleuchtung: Verwaltungsräume		A	B	C	D
T10-14-01	**Beleuchtung Erschließungsräume**	Beleuchtung: Erschließungsräume		A	B	C	D
T10-15-01	**Photovoltaik- Anlage**	Stromerzeugung mit Photovoltaik- Anlage		A	B	C	D
T10-17-01	**Beleuchtung Versammlungs- Konferenzräume**	Beleuchtung Versammlungsräume		A	B	C	D
T10-18-01	**Beleuchtung Lagerräume/Technik**	Lagerräume/Technik		A	B	C	D
T10-21-01	**Elektroinstallationen Versammlungs- Konferenzräume**	Elektroinstallationen Versammlungsräume		A	B	C	D
T10-22-01	**Elektroinstallationen Lagerräume/Technik**	Elektroinstallationen Lagerräume/Technik		A	B	C	D
T11-01-01	**Telekommunikationsnetze**	Telefonnetz		A	B	C	D
T11-01-02		Telefon- und Informationsnetz		A	B	C	D
T11-01-03		Telefon- und Informationsnetz und TV-Anlage		A	B	C	D
T11-02-01	**Schwachstromanlage**	Schwachstrom		A	B	C	D
T11-03-01	**Blitzschutzanlage**	Äussere Blitzschutzanlage		A	B	C	D
T11-06-01	**Elektroakustische Anlagen**	Elektroakustische Anlagen		A	B	C	D
T11-07-01	**Uhrenanlage**	Uhrenanlage		A	B	C	D
T12-01-02	**Wärmeerzeugung**	Öl/Gas ohne Warmwasserbereitung		A	B	C	D
T12-01-03		Öl/Gas mit Warmwasserbereitung		A	B	C	D
T12-01-06		Fernwärme ohne Warmwasserbereitung		A	B	C	D
T12-01-08		Fernwärme mit Warmwasserbereitung		A	B	C	D
T12-03-01	**Wärmeverteilung**	Wärmeverteilung (Heizung)		A	B	C	D
T12-04-01	**Wärmeabgabe**	Heizkörper (Radiatoren, Heizwände, Konvektoren etc.)		A	B	C	D
T12-04-02		Fußboden und Deckenheizung		A	B	C	D
T12-05-01	**Messen, Steuern, Regeln: Heizungsanlage**	zentrale Regulierung (beim Wärmeerzeuger, Schaltschrank im Technikraum etc.)		A	B	C	D
T12-05-03		Einzelraumregulierung (nur mit Thermostatventilen)		A	B	C	D
T12-05-04		Möglichkeit der Installation einer Regulierung		A	B	C	D
T12-06-01	**Lagerung Energieträger**	Heizöltank im Keller		A	B	C	D
T12-06-02		erdverlegter Heizöltank		A	B	C	D
T12-07-01	**Speicherung Warmwasser**	Zentrale Speicherung indirekt beheizt		A	B	C	D
T12-07-02		Zentrale Speicherung direkt beheizt		A	B	C	D
T13-01-01	**Lüftungstechische Einrichtungen**	Fensterlüftung-Automatisiert		A	B	C	D
T13-01-02		Schachtlüftung		A	B	C	D
T13-02-01	**RLT-Anlagen**	Abluft- oder Zuluftanlage		A	B	C	D
T13-02-02		Abluft- und Zuluftanlage mit einer Luftbehandlungsstufe		A	B	C	D
T13-02-03		Dachaufsatzlüftung		A	B	C	D
T13-02-04		Konvektoren mit Aussenluftanschluß		A	B	C	D
T13-02-05		Abluft- und Zuluftanlage mit zwei Luftbehandlungsstufen		A	B	C	D
T13-02-06		Konvektoren mit zwei Luftbehandlungsstufen		A	B	C	D
T13-02-07		Niedergeschwindigkeits- Klimaanlage		A	B	C	D
T13-02-08		Hochgeschwindigkeits- Klimaanlage		A	B	C	D
T13-05-01	**Kanalnetz**	Blechkanal Luftführung Zu- oder Abluft		A	B	C	D
T13-05-02		Gemauerte/Betonierte Luftführung Zu- oder Abluft		A	B	C	D
T13-05-03		Kunststoff Luftführung Zu- oder Abluft		A	B	C	D
T13-05-04		Blechkanal Luftführung Zu- und Abluft		A	B	C	D
T13-05-05		Gemauerte/Betonierte Luftführung Zu- und Abluft		A	B	C	D
T13-05-06		Kunststoff Luftführung Zu- und Abluft		A	B	C	D
T13-06-01	**Lüftungskomponenten**	Klappen und Auslässe		A	B	C	D
T13-06-02		Aussenluft- und Fortlufthauben		A	B	C	D
T14-01-01	**Wasser-Hausanschluss und Hauptverteilung**	Wasser- Hausanschluss und Verteiler		A	B	C	D
T14-02-01	**Abwasserbehandlungsanlage**	Abwasserhebeanlage		A	B	C	D
T14-03-01	**Entsorgungsleitungen ab Anschluß bis Kellerdecke**	Entsorgungsleitungen ab Anschluss bis Kellerdecke		A	B	C	D
T14-04-01	**Entsorgungsleitungen ab Kellerdecke bis Grundstücksgrenze**	Hochliegende Sammelleitungen (an Kellerdecke bis Außenwand geführt)		A	B	C	D
T14-04-02		Fallstränge und Grundleitungen (bis Bodenplatte sichtbar - dann darunter)		A	B	C	D
T14-05-01	**Warmwasserverteilung**	Zentrale Warmwasserbereitung		A	B	C	D
T14-05-02		Einzelgeräte zur Wassererwärmung		A	B	C	D
T14-05-03		Sonnenkollektoren		A	B	C	D
T14-06-01	**Kaltwasserverteilung**	Kaltwasserverteilung		A	B	C	D
T14-09-01	**Entsorgungsleitungen Wasser Keller**	Entsorgungsleitungen ab Kellerdecke bis Grundstücksgrenze		A	B	C	D
T14-09-02		Entsorgungsleitungen ab Kellerdecke über Hebeanlage bis GG		A	B	C	D
T15-01-01	**Allgemeine Feuerlöschanlage**	Sprinkleranlage		A	B	C	D
T15-01-02		Feuerlöschposten		A	B	C	D

© Calcon GmbH

E

			Bild-Nr.	%Typ	A	B	C	D
T15-01-04		Inertisierungsanlage			A	B	C	D
T15-01-05		Feuerlöscher			A	B	C	D
T15-02-01	Rauch-Wärme-Abzugsanlage (RWA)	mechanische Rauchabzugsanlagen, inkl. Ventilatoren, Leitungen und Klappen			A	B	C	D
T15-02-02		Rauchabzugsanlagen			A	B	C	D
T15-04-01	Brandmeldeanlagen	Brandmeldeanlagen			A	B	C	D
T15-06-01	Notbeleuchtung	Notbeleuchtung mit zentraler Speisung und Steuerung			A	B	C	D
T15-07-01	Generalschließanlage	Generalschließanlage			A	B	C	D
T16-01-01	Aufzüge Personen	Personen Aufzüge			A	B	C	D
T16-01-02		neu zu installierender Aufzug			A	B	C	D
T16-02-01	Lasten- und Personenaufzug	Lasten- und Personenaufzug			A	B	C	D
T16-02-02		neu zu installierender Aufzug			A	B	C	D
T17-01-01	Gebäudeautomation	Gebäudeautomation			A	B	C	D
T18-01-01	Hausanschluss Erdgasleitung	Hausanschluss Erdgasleitung			A	B	C	D
T18-02-01	Gasverteilung	Gasverteilung			A	B	C	D
ZB-1	**Allgemeine Bereiche Schulgebäude**							
D04-01-01	Keller Wärmedämmung	Ungeheizter Keller - Wärmedämmung			A	B	C	D
D04-01-04		Geheizter Keller - Wärmedämmung			A	B	C	D
S02-04-01	WC- Räume	Sanitärräume ohne Urinale			A	B	C	D
S02-04-02		Sanitärräume mit Urinalen			A	B	C	D
S03-02-01	Treppen und Podeste	Massivtreppen			A	B	C	D
S03-02-02		Holz- oder Stahltreppen			A	B	C	D
S03-02-03		Treppen und Laubengänge			A	B	C	D
S03-03-01	Flur: Boden	Holzfußboden (Parkett und Dielenböden)			A	B	C	D
S03-03-02		Kunststoff und textile Beläge			A	B	C	D
S03-03-03		Keramik			A	B	C	D
S03-04-01	Flur: Wand	Anstriche auf Putz			A	B	C	D
S03-04-02		Tapeten			A	B	C	D
S03-04-03		Holzvertäfelung			A	B	C	D
S03-05-01	Flur: Decke	Gips- und Putzdecken			A	B	C	D
S03-05-02		Vertäfelung, Verkleidung			A	B	C	D
S03-05-03		Abgehängte Decke			A	B	C	D
S03-06-01	Aula, Eingangshalle: Boden	Holzfußboden (Parkett und Dielenböden)			A	B	C	D
S03-06-02		Kunststoff und textile Beläge			A	B	C	D
S03-06-03		Keramik			A	B	C	D
S03-07-01	Aula, Eingangshalle: Wand	Anstriche auf Putz			A	B	C	D
S03-07-02		Tapeten			A	B	C	D
S03-07-03		Holzvertäfelung			A	B	C	D
S03-08-01	Aula, Eingangshalle: Decke	Gips- und Putzdecken			A	B	C	D
S03-08-02		Vertäfelung, Verkleidung			A	B	C	D
S03-08-03		Abgehängte Decke			A	B	C	D
S03-10-01	Treppenhaus: Wände	Treppenhaus			A	B	C	D
S03-11-01	Treppenhaus: Decke	Gips- und Putzdecken			A	B	C	D
S03-11-02		Vertäfelung, Verkleidung			A	B	C	D
S03-12-01	Türen	Türen Holz			A	B	C	D
S03-12-02		Türen beschichtet			A	B	C	D
S04-10-01	Kellerräume	Kellerräume Aussenwände			A	B	C	D
S04-11-01	Lager und Nebenräume	Lager- und Nebenräume			A	B	C	D
ZB-2	**Schulspezifische Räume**							
S04-04-01	Kiosk	Kiosk mit Küche			A	B	C	D
S04-04-02		Kiosk ohne Küche			A	B	C	D
S04-05-01	Cafeteria	Cafeteria mit Küche			A	B	C	D
S04-05-02		Cafeteria ohne Küche			A	B	C	D
S04-06-01	Schulküche	Schulküche einer Halbtagsschule			A	B	C	D
S04-06-02		Schulküche einer Ganztagsschule			A	B	C	D
S04-07-01	Putzräume	Putzräume in den Geschossen			A	B	C	D
S04-07-02		Putzräume im UG			A	B	C	D
S04-08-01	Versammlungs- Konferenzräume	Einfache Ausstattung			A	B	C	D
S04-08-02		Gehobene Ausstattung			A	B	C	D
S04-09-01	Kühlräume	Kühlräume			A	B	C	D
S08-01-01	Anzahl allg. Unterrichts- und Übungsräume	Nicht-Instandgesetzte allg. Unterrichts- und Übungsräume mit Einrichtung			A	B	C	D
S08-01-02		Nicht-Instandgesetzte allg. Unterrichts- und Übungsräume ohne Einrichtung			A	B	C	D
S08-01-03		Teil-Instandgesetzte allg. Unterrichts- und Übungsräume mit Einrichtung			A	B	C	D
S08-01-04		Teil-Instandgesetzte allg. Unterrichts- und Übungsräume ohne Einrichtung			A	B	C	D
S08-01-05		Instandgesetzte allg. Unterrichts- und Übungsräume mit Einrichtung			A	B	C	D
S08-01-06		Instandgesetzte allg. Unterrichts- und Übungsräume ohne Einrichtung			A	B	C	D
S08-02-01	Anzahl besondere Unterrichts- und Übungsräume	Nicht-Instandgesetzte besondere Unterrichts- und Übungsräume mit Einrichtung			A	B	C	D
S08-02-02		Nicht-Instandgesetzte besondere Unterrichts- und Übungsräume ohne Einrichtung			A	B	C	D
S08-02-03		Teil-Instandgesetzte besondere Unterrichts- und Übungsräume mit Einrichtung			A	B	C	D
S08-02-04		Teil-Instandgesetzte besondere Unterrichts- und Übungsräume ohne Einrichtung			A	B	C	D
S08-02-05		Instandgesetzte besondere Unterrichts- und Übungsräume mit Einrichtung			A	B	C	D
S08-02-06		Instandgesetzte besondere Unterrichts- und Übungsräume ohne Einrichtung			A	B	C	D
S08-07-01	Lehrküchen	Nicht-Instandgesetzte Lehrküchen mit Einrichtung			A	B	C	D
S08-07-02		Nicht-Instandgesetzte Lehrküchen ohne Einrichtung			A	B	C	D
S08-07-03		Teil-Instandgesetzte Lehrküchen mit Einrichtung			A	B	C	D
S08-07-04		Teil-Instandgesetzte Lehrküchen ohne Einrichtung			A	B	C	D
S08-07-05		Instandgesetzte Lehrküchen mit Einrichtung			A	B	C	D
S08-07-06		Instandgesetzte Lehrküchen ohne Einrichtung			A	B	C	D

			Bild-Nr.	%Typ	A	B	C	D
ZB-3	**Verwaltungsräume Schulgebäude**							
S10-01-01	**Verwaltung: Schulleiterzimmer**	Schulleiterzimmer mit Einrichtung			A	B	C	D
S10-01-02		Schulleiterzimmer ohne Einrichtung			A	B	C	D
S10-02-01	**Verwaltung: Sekretariat**	Sekretariat mit Einrichtung			A	B	C	D
S10-02-02		Sekretariat ohne Einrichtung			A	B	C	D
S10-03-01	**Verwaltung: Bibliothek**	Nicht-Instandgesetzte Bibliothek mit Einrichtung			A	B	C	D
S10-03-02		Nicht-Instandgesetzte Bibliothek ohne Einrichtung			A	B	C	D
S10-03-03		Teil-Instandgesetzte Bibliothek mit Einrichtung			A	B	C	D
S10-03-04		Teil-Instandgesetzte Bibliothek ohne Einrichtung			A	B	C	D
S10-03-05		Instandgesetzte Bibliothek mit Einrichtung			A	B	C	D
S10-03-06		Instandgesetzte Bibliothek ohne Einrichtung			A	B	C	D
S10-04-01	**Verwaltung: Räume für Lehrkräfte**	Räume mit Einrichtung			A	B	C	D
S10-04-02		Räume ohne Einrichtung			A	B	C	D
S10-05-01	**Büroräume Lehrkräfte**	Einzelbüros: einfache Ausstattung			A	B	C	D
S10-05-02		Einzelbüros: gehobene Ausstattung			A	B	C	D
S10-05-03		Arbeitsgruppen-Büro: einfache Ausstattung			A	B	C	D
S10-05-04		Arbeitsgruppen-Büro: gehobene Ausstattung			A	B	C	D
S10-07-01	**Teeküchen**	Teeküchen			A	D	C	D
ZB-4	**Sportbereiche**							
D08-02-01	**Innengerüste**	Fahrbares Innengerüst			A	B	C	D
D08-02-02		Statisches Innengerüst			A	B	C	D
S11-01-01	**Sporthalle: Eingangsbereich**	schlichter Eingangbereich, keine Zuschaueransammlung möglich			A	B	C	D
S11-01-02		Eingangsbereich mit Nutzung zum Ausschank			A	B	C	D
S11-01-03		Eingangsbereich inkl. Ausschank-/Bewirtungsbereich			A	B	C	D
S11-02-01	**Sporthalle: Umkleideraum**	Umkleideraum ohne Nasszellen			A	B	C	D
S11-02-02		Umkleideraum mit Nasszellen			A	B	C	D
S11-02-03		Umkleideraum mit Nasszellen und Saunabereich			A	B	C	D
S11-03-02	**Sporthalle: Dachkonstruktion**	Flachdach mit innenliegender Trägerkonstruktion aus Holz			A	B	C	D
S11-02-03		Flachdach mit überspannter Trägerkonstruktion aus Metall			A	B	C	D
S11-04-01	**Hallenboden**	Linoleumboden			A	B	C	D
S11-04-02		Parkettboden			A	B	C	D
S11-05-01	**Geräteraum**	Geräteraum ohne Geräte			A	B	C	D
S11-05-02		Geräteraum mit Geräten			A	B	C	D
S11-06-01	**Regiekabine**	Regiekabine ohne technische Ausrüstung			A	B	C	D
S11-06-02		Regiekabine mit technische Ausrüstung			A	B	C	D
S11-07-01	**Zuschauerempore**	Ausfahrbare Zuschauerempore			A	B	C	D
S11-07-02		Statische Zuschauerempore			A	B	C	D
S11-08-01	**Sporthalle: Wandbekleidungen**	Anstriche auf Putz			A	B	C	D
S11-08-02		Tapeten			A	B	C	D
S11-08-03		Holzvertäfelung			A	B	C	D
S11-08-04		Prallschutz			A	B	C	D
S11-09-01	**Sporthalle: Deckenbekleidungen**	Gips- und Putzdecken			A	B	C	D
S11-09-02		Vertäfelung, Verkleidung			A	B	C	D
S11-09-03		Abgehängte Decke			A	B	C	D
S11-11-01	**Ausschank/-Bewirtungsraum**	Ausschank ohne Kücheneinrichtung			A	B	C	D
S11-11-02		Ausschank mit Kücheneinrichtung			A	B	C	D
S11-12-01	**Vereinszimmer**	Vereinszimmer mit Einrichtung			A	B	C	D
S11-12-02		Vereinszimmer ohne Einrichtung			A	B	C	D
S11-13-01	**Erste-Hilfe-Raum**	Erste-Hilfe-Raum mit Einrichtung			A	B	C	D
S11-13-02		Erste-Hilfe-Raum ohne Einrichtung			A	B	C	D
S11-14-01	**WC-Räume**	Sanitärräume ohne Urinale			A	B	C	D
S11-14-02		Sanitärräume mit Urinale			A	B	C	D
S11-15-01	**Kraftraum**	Kraftraum ohne Geräte			A	B	C	D
S11-15-02		Kraftraum mit Geräten			A	B	C	D
S11-16-01	**Einbaugeräte Sporthalle**	Einbaugeräte Sporthalle			A	B	C	D
T10-19-01	**Beleuchtung Sporthalle**	Beleuchtung Sporthalle			A	B	C	D
T10-23-01	**Elektroinstallationen Sporthalle**	Elektroinstallationen Sporthalle			A	B	C	D
ZB-5	**Schwimmhallen**							
D08-02-01	**Innengerüste**	Fahrbares Innengerüst			A	B	C	D
D08-02-02		Statisches Innengerüst			A	B	C	D
S14-01-01	**Schwimmhalle: Eingangsbereich**	Eingangsbereich schlicht, ohne Ausstattung			A	B	C	D
S14-01-02		Eingangsbereich mit Kassenanlagen			A	B	C	D
S14-02-01	**Schwimmhalle: Umkleideräume**	Umkleideräume ohne Nasszellen			A	B	C	D
S14-02-02		Umkleideräume mit Nasszellen			A	B	C	D
S14-03-01	**Schwimmhalle: Duschräume**	Duschräume ohne abgetrennten Bereichen			A	B	C	D
S14-03-02		Duschräume mit abgetrennten Duschkabinen			A	B	C	D
S14-04-01	**Schwimmbecken**	Schwimmbecken, Länge 25 m			A	B	C	D
S14-04-02		Schwimmbecken, Länge 50 m			A	B	C	D
S14-05-01	**sonstige Becken**	Kinderbecken			A	B	C	D
S14-05-02		Erholungsbecken			A	B	C	D
S14-05-03		Whirlpool			A	B	C	D
S14-05-04		Kältebecken			A	B	C	D

© Calcon GmbH

		Bild-Nr.	%Typ	A	B	C	D
S14-06-01	**Sauna**			A	B	C	D
	Sauna						
S14-07-01	**Dampfbad**			A	B	C	D
	Dampfbad						
S14-08-01	**WC-Räume**			A	B	C	D
	Sanitärräume ohne Urinale						
S14-08-02	Sanitärräume mit Urinale			A	B	C	D
	Schwimmhalle:						
S14-09-01	**Wandbekleidungen**			A	B	C	D
	Anstriche auf Putz						
S14-09-02	Tapeten			A	B	C	D
S14-09-03	Holzvertäfelung			A	B	C	D
S14-09-04	Vertäfelung, Verkleidung			A	B	C	D
	Schwimmhalle:						
S14-10-01	**Deckenbekleidungen**			A	B	C	D
	Gips- und Putzdecken						
S14-10-02	Vertäfelung, Verkleidung			A	B	C	D
S14-10-03	Abgehängte Decke			A	B	C	D
S14-11-01	**Erste-Hilfe-Raum**			A	B	C	D
	Erste-Hilfe-Raum mit Einrichtung						
S14-11-02	Erste-Hilfe-Raum ohne Einrichtung			A	B	C	D
S14-12-01	**Bodenbelag Schwimmhalle**			A	B	C	D
	Bodenbelag Schwimmhalle						
S14-25-01	**Badewasserkreislauf**			A	B	C	D
	Badewasserkreislauf (PE-Leitungen)						
S14-26-01	**Wasseraufbereitung**			A	B	C	D
	Wasseraufbereitung						
S14-27-01	**Hubboden**			A	B	C	D
	Hubboden						
S14-28-01	**Schwallwasserbehälter**			A	B	C	D
	Schwallwasserbehälter						
S14-29-01	**Sprungturm**						
	Sprungturm						
S14-30-01	**Startblöcke**			A	B	C	D
	Startblöcke Metall						
S14-30-02	Startblöcke Beton			A	B	C	D
S14-31-01	**Leitern und Austritte**			A	B	C	D
	Leitern und Austritte						
S14-32-01	**Überlaufrinne**			A	B	C	D
	Im Becken liegende Überlaufrinne						
S14-32-02	Überlaufrinne außerhalb des Beckens			A	B	C	D
	Desinfektionsanlage zum						
S14-33-01	**Abspritzen von Böden**			A	B	C	D
	Desinfektionsanlage zum Abspritzen von Böden						
S14-34-01	**Fußdesinfektion**			A	B	C	D
	Fußdesinfektion						
T10-20-01	**Beleuchtung Schwimmhalle**			A	B	C	D
	Beleuchtung Schwimmhalle						
	Elektroinstallationen						
T10-24-01	**Schwimmhalle**			A	B	C	D
	Elektroinstallationen Schwimmhalle						
ZB-6	**Aussenanlagen - Schulgebäude**						
V01-02-01	**Grün- und Hartflächen**			A	B	C	D
	Asphaltierte Beläge						
V01-02-02	Belag mit Pflastersteinen			A	B	C	D
V01-02-03	Plattenbelag			A	B	C	D
V01-02-04	Kiesbelag			A	B	C	D
V01-02-05	Betonbelag			A	B	C	D
V01-02-06	Rasenflächen			A	B	C	D
V01-02-07	Stauden- und Strauchflächen			A	B	C	D
V01-02-08	Sportrasenflächen			A	B	C	D
V01-04-01	**Leitungen im Grundstück**			A	B	C	D
	Abwasser- und Frischwasserleitungen						
V01-04-02	Frischwasserleitungen			A	B	C	D
V01-04-03	Retentionsanlagen			A	B	C	D
V01-06-01	**Einfriedungen**			A	B	C	D
	Mauer verputzt						
V01-06-02	Einfriedung aus Sichtmauerwerk			A	B	C	D
V01-06-03	Natursteinmauer			A	B	C	D
V01-06-04	Betonmauer			A	B	C	D
V01-06-05	Lattenzaun			A	B	C	D
V01-06-06	Einfriedung aus Sichtmauerwerk			A	B	C	D
V01-06-07	Maschendrahtzaun			A	B	C	D
V01-07-01	**Elektroanlagen außen**			A	B	C	D
	Elektrische Aussenanlage						
V01-08-01	**Wasserinstallation außen**			A	B	C	D
	Aussenanschlüsse für Wasser						
V01-09-02	**Wasserflächen**			A	B	C	D
	Brunnenanlage						
V01-09-03	Teichflächen			A	B	C	D
V01-10-01	**Treppen aussen**			A	B	C	D
	Ortbeton						
V01-10-02	Kunststein			A	B	C	D
V01-10-03	Naturstein			A	B	C	D
V01-10-04	Holztreppen			A	B	C	D
V01-12-01	**Spielplätze**			A	B	C	D
	Spielplatz						
V01-13-01	**Überdachter Aussenbereich**			A	B	C	D
	Steildach Ziegeldeckung						
V01-13-02	Flachdach Bitumendeckung			A	B	C	D
V01-13-03	Steildach Blecheindeckung			A	B	C	D
V01-13-04	Flachdach Blecheindeckung			A	B	C	D
V01-13-05	Steildach Bitumenschindeldeckung			A	B	C	D
V01-13-06	Steildach Faserzementplattendeckung			A	B	C	D
ZB-7	**Kindergarten**						
S10-07-01	**Teeküchen**			A	B	C	D
	Teeküchen						
S30-01-01	**Spielräume**			A	B	C	D
	Nicht-Instandgesetzte Spielräume ohne Einrichtung						
S30-01-02	Teil-Instandgesetzte Spielräume ohne Einrichtung			A	B	C	D
S30-01-03	Instandgesetzte Spielräume ohne Einrichtung			A	B	C	D
S30-02-01	**WC-Räume**			A	B	C	D
	WC-Räume						
S30-03-01	**Personalräume**			A	B	C	D
	Personalräume mit Einrichtung						
S30-03-02	Personalräume ohne Einrichtung			A	B	C	D
S30-04-01	**Gymnastikraum**			A	B	C	D
	Gymnastikraum						
U02-02-01	**Bad / WC Wohngebäude**			A	B	C	D
	Bad-WC						

© Calcon GmbH

Bisherige Veröffentlichungen des Instituts für Technologie und Management im Baubetrieb

Innerhalb der Karlsruher Reihe Bauwirtschaft, Immobilien und Facility Management,
Universitätsverlag Karlsruhe, ISSN 1867-5867

Band 1 Jochen ABEL
    „Ein produktorientiertes Verrechnungssystem für Leistungen des
    Facility Management im Krankenhaus"   2008

Die Bände sind unter www.uvka.de als PDF frei verfügbar oder als Druckausgabe bestellbar.

Innerhalb der REIHE F – FORSCHUNG, institutsintern verlegt

Heft 1	Hans PINNOW "Vergleichende Untersuchungen von Tiefbauprojekten in offener Bauweise"	1972
Heft 2	Heinrich MÜLLER "Rationalisierung des Stahlbetonbaus durch neue Schalverfahren und deren Optimierung beim Entwurf"	1972
Heft 3	Dieter KARLE "Einsatzdimensionierung langsam schlagender Rammbäre aufgrund von Rammsondierungen"	1972
Heft 4	Wilhelm REISMANN "Kostenerfassung im maschinellen Erdbau"	1973
Heft 5	Günther MALETON "Wechselwirkungen von Maschine und Fels beim Reißvorgang"	1973
Heft 6	Joachim HORNUNG "Verfahrenstechnische Analyse über den Ersatz schlagender Rammen durch die Anwendung lärmarmer Baumethoden"	1973
Heft 7	Thomas TRÜMPER/Jürgen WEID "Untersuchungen zur optimalen Gestaltung von Schneidköpfen bei Unterwasserbaggerungen"	1973
Heft 8	Georg OELRICHS "Die Vibrationsrammung mit einfacher Längsschwingwirkung - Untersuchungen über die Kraft- und Bewegungsgrößen des Systems Rammbär plus Rammstück im Boden"	1974
Heft 9	Peter BÖHMER "Verdichtung bituminösen Mischgutes beim Einbau mit Fertigern"	1974
Heft 10	Fritz GEHBAUER "Stochastische Einflußgrößen für Transportsimulationen im Erdbau"	1974
Heft 11	Emil MASSINGER "Das rheologische Verhalten von lockeren Erdstoffgemischen"	1976
Heft 12	Kawus SCHAYEGAN "Einfluß von Bodenkonsistenz und Reifeninnendruck auf die fahrdynamischen Grundwerte von EM-Reifen"	1975
Heft 13	Curt HEUMANN "Dynamische Einflüsse bei der Schnittkraftbestimmung in standfesten Böden"	1975
Heft 14	Hans-Josef KRÄMER "Untersuchung der bearbeitungstechnischen Bodenkennwerte mit schwerem Ramm-Druck-Sondiergerät zur Beurteilung des Maschineneinsatzes im Erdbau"	1976
Heft 15	Friedrich ULBRICHT "Baggerkraft bei Eimerkettenschwimmbaggern - Untersuchungen zur Einsatzdimensionierung"	1977

Heft 1	Vorträge anläßlich der Tagung "Forschung für den Baubetrieb" am 15. und 16. Juni 1972	1972
Heft 2	Vorträge anläßlich der Tagung "Forschung für den Baubetrieb" am 11. und 12. Juni 1974	1974
Heft 3	Vorträge anläßlich der Tagung "Forschung für den Baubetrieb" am 12. und 13. Juni 1979	1979
Heft 4	Vorträge anläßlich der Tagung "Forschung für die Praxis" am 15. und 16. Juni 1983	1983
Heft 5	Vorträge anläßlich der Tagung "Baumaschinen für die Praxis" am 04. und 05. Juni 1987	1987
Heft 6	Vorträge anläßlich der Tagung "Forschung und Entwicklung für die maschinelle Bauausführung" am 26. Juni 1992 **- vergriffen -**	1992
	Abschlusssymposium 2007 Graduiertenkolleg „Naturkatastrophen" Verständnis, Vorsorge und Bewältigung von Naturkatastrophen Stefan Senitz	2007

Wird künftig fortgesetzt in Reihe F.

REIHE U – UNTERSUCHUNGEN, institutsintern verlegt

Heft 1   Günter KÜHN
         "Monoblock- oder Verstellausleger?"   1973
         - vergriffen -

Heft 2   Roland HERR
         "Untersuchungen der Ladeleistung von Hydraulikbaggern im
         Feldeinsatz"   1974

Heft 3   Thomas TRÜMPER
         "Einsatzstudie hydraulischer Schaufelradbagger SH 400"   1975

Wird künftig fortgesetzt in Reihe F.

Heft 17	Fritz Gehbauer Baubetriebstechnik II Teil A: Erdbau Teil B: Tiefbau	1991
Heft 18	Die Studenten "Studenten-Exkursion 1991 Deutschland - Polen"	1991
Heft 19	Die Studenten "Studenten-Exkursion 1992 Südostasien - Bangkok - Hongkong - Taipeh"	1992
Heft 20	Alfred WELTE "Naßbaggertechnik - Ein Sondergebiet des Baubetriebes" Ausgewählte Kapitel - nur noch 1 Exemplar -	2001
Heft 21	Die Studenten "Studenten-Exkursion 1993 Großbritannien"	1993
Heft 22	Die Studenten "Studenten-Exkursion 1994 Österreich"	1994
Heft 23	Die Studenten "Studenten-Exkursion 1995 Deutschland" - vergriffen -	1995
Heft 24	Die Studenten "Studentenexkursion 1996 Neue Bundesländer"	1996
Heft 25	Herbert FEGER "Betonbereitung" Teil 1 der Vorlesung "Betonbereitung und -transport"	1997
Heft 26	Herbert FEGER "Betontransport" Teil 2 der Vorlesung "Betonbereitung und -transport"	1997
Heft 27	Die Studenten "Studenten-Exkursion 1997 Deutschland - Tschechien"	1997
Heft 27	Baubetriebsplanung und Grundlagen der Verfahrenstechnik im Hoch-, Tief- und Erdbau Band I Teil A: Baubetrieb Teil B: Hochbau Teil C: Schlüsselfertigbau	2004
Heft 28	Die Studenten "Studenten-Exkursion 1998 Deutschland"	1998
Heft 28	Baubetriebsplanung und Grundlagen der Verfahrenstechnik im Hoch-, Tief- und Erdbau Band II Teil A: Erbau Teil B: Tiefbau	2004